京都の森と文化

ナカニシヤ出版

口絵 1　ナラ枯れによりか赤茶けたナラが目立つ森林（平成 23 年 8 月）

口絵 2　ナラ枯れが目立つ大文字山（平成 23 年 8 月）

口絵３　清水寺背後の森林のシイ類を中心としたナラ枯れ（平成 21 年 12 月）（藤井智之撮影）

口絵４　カシノナガキクイムシがあけた孔道

口絵５　カシノナガキクイムシがあけた孔道から出た粉末状の木くず

口絵6　平成30年台風21号で倒木したスギ林

口絵 7　平成 30 年台風 21 号で倒木したシイ林

口絵 8　平成 30 年台風 21 号で倒木した針葉樹と倒木が少ない広葉樹

口図９　シカに樹皮を剥がされた樹木

口絵10　シカに林床植生を食べ尽くされ裸地となった斜面

口絵11　エサを求め林内を歩き回るシカの群れ

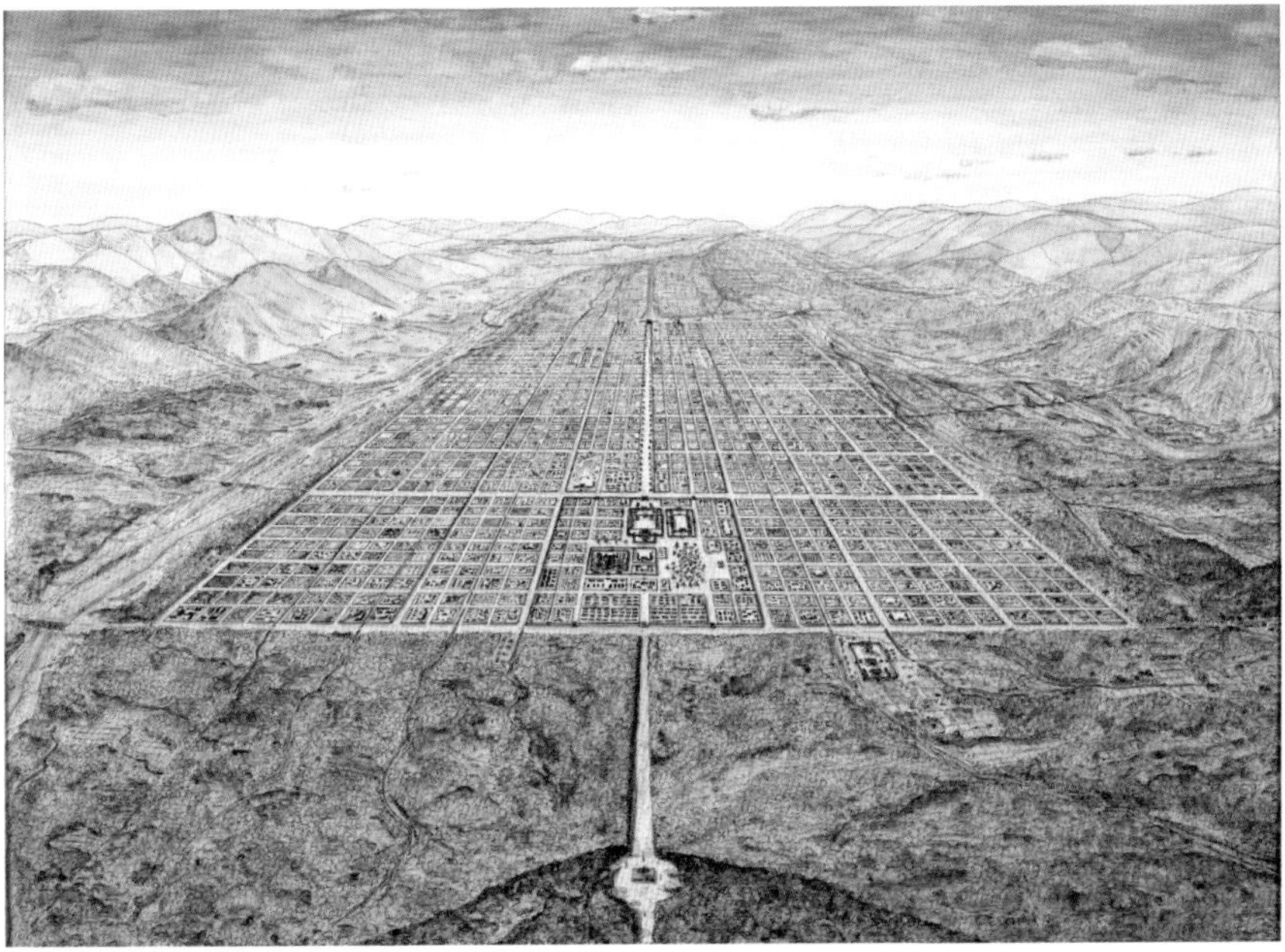

口絵 12　北山から見る平安京復元図（梶川敏夫作成）

口絵 13　平安京と北山（梶川敏夫作成）

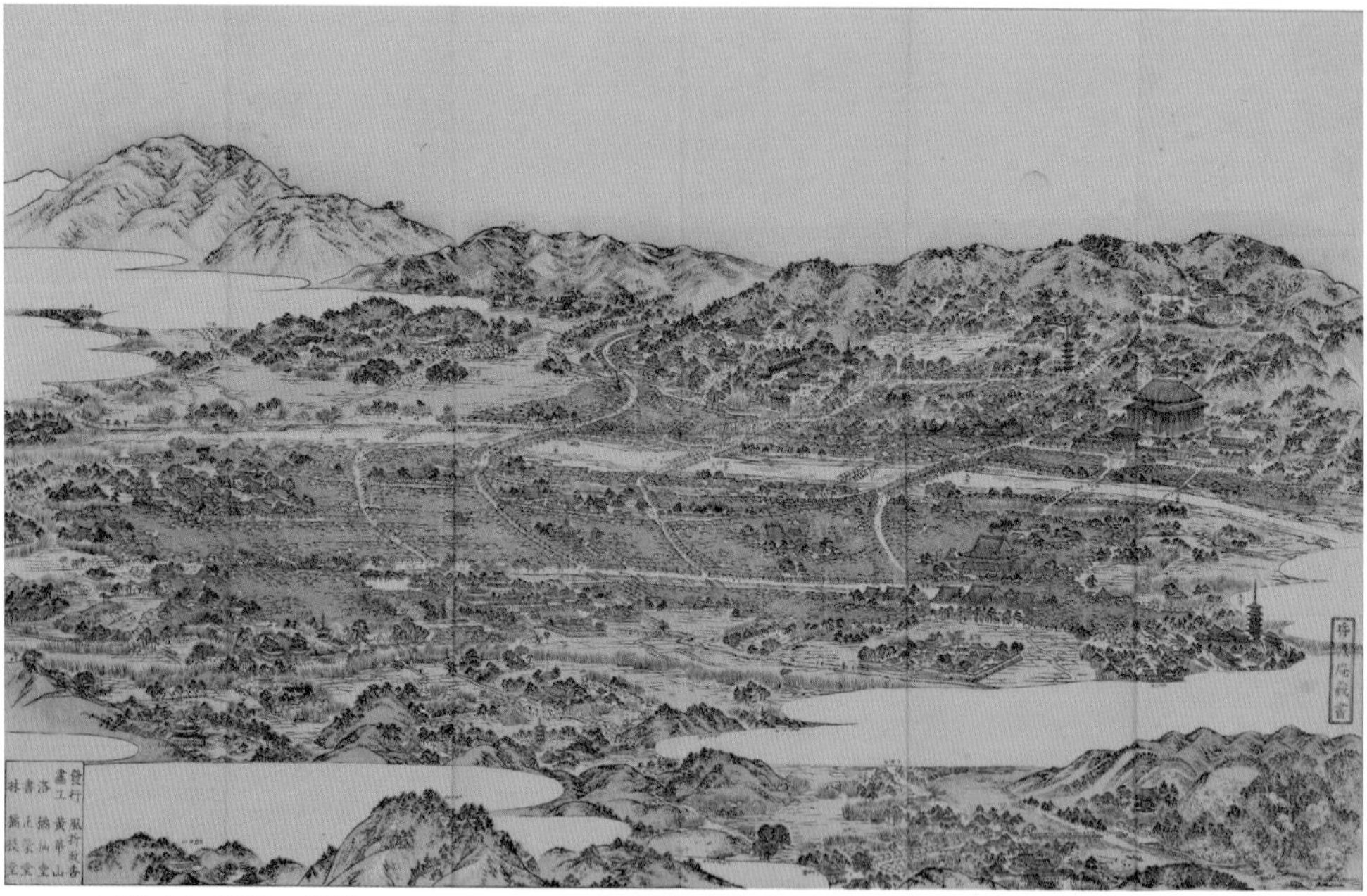

口絵 14　華洛一覧図（横山崋山作、1808年。京都市歴史資料館所蔵）

華頂山から清水山にかけては、山麓から頂上部まで森林が残っているように見える。左端の三条通りから北には、低木林と草地が広がる。

京都の森と文化

まえがき

二〇世紀後半から二一世紀の今日にかけて、世界秩序は大きく変化した。同時に、自然環境も不気味な変化を見せている。たとえば、近年の集中豪雨や台風や熱波や寒波の襲来は、これまでに例を見ない壮絶なものがあり、被害の度合いも年々増大しつつあり、生命と生活を脅かしている。さまざまなレベルで「安全神話」は崩壊した。自然環境も社会環境ももはや安定した基盤とはなりえない。世界中がそんな不安定な状況に置かれている。

そのような状況下、平成一九年（二〇〇七）一二月、元国際日本文化研究センター所長の宗教学者山折哲雄が発起人代表（初代会長）となり、地域、寺院、神社、企業、学識経験者、行政（林野庁、京都市）が協力して、「京都に根付く貴重な歴史的文化資産を継承し、自然力・文化力・人間力を再創造し、日本文化を再生する森づくりを進める」半官半民の協働機関として、「京都伝統文化の森推進協議会」が結成された。

以来一二年、公開セミナーや各種イベントなどを通して「京都三山」の文化的価値を発信する「文化的価値発信事業」と林相改善事業や市民参加の森づくり活動を行う「森林整備・景観対策事業」を二本柱にして、主に東山を中心としたフィールドで活動を展開してきた。前者を企画運営するプロジェクトチームとして文化的価値専門委員会を、後者に取り組む組織として森林整備・景観対策委員会を設けて、学識経験者や専門家やサポーターを中心に活動と事業を進めている。

「京都三山」とは、京都盆地を取り囲む東山と北山と西山の総称であるが、本協議会の始まる頃、京都三山はナラ枯れ被害やシカ害などにより危機に直面していた。また、シイ林の繁茂により、植生や林相の変化も顕著になっていた。

そこで、本協議会は、最初に、世界遺産・清水寺、青蓮院、高台寺、祇園商店街等の寺社や地元団体等のサポート、林野庁近畿中部森林管理局の協力のもと、伝統に即した京都三山の森づくりのモデル事業として、東山国有林の森林整備と景観対策事業に取り組んだ。それを土台に、森林環境の保全・整備、森林環境教育の推進、木の文化の再生と文化的価値の探究と発信、森林資源の有効利用などを幅広く推し進め、伝統的な京都の森を蘇らせる事業を地道に展開してきた。

本書は、本京都伝統文化の森推進協議会が創立一〇周年を迎えるにあたり、この一〇年間の活動や事業を振り返り、伝統的な森の文化や景観を維持しつつも、同時に未来の森文化をどう構想し、将来世代に何を伝えるかを問いかける記念出版物として企画したものである。

本書は、これまで中心的に関わってきた役員や委員やサポーターの総力を結集して、京都伝統文化の森推進協議会が捉え描く〝京都三山マンダラ〟を提示するものである。内容は、京都三山がそうであるように、多様・多彩・多元で豊饒である。各章に配した論考のほか、初代会長で現在顧問・名誉会長の山折哲雄の日本列島を俯瞰する特別寄稿「京都の森と土の物語」など、関連する特別寄稿記事を重層的に配置し、見飽きることも、読み飽きることもないものに工夫した。

全体の構成は五章仕立てで、絵巻物のように、〝京都三山マンダラ〟をスペクタクルに見せていく。

第1章　京都三山の自然と景観
第2章　京都の森の現状と今日の危機
第3章　京都・東山の森づくり
第4章　京都三山の文化的価値
第5章　京都の町と山

ここに、京都三山をめぐる最新最上の自然科学と人文学の成果を盛り込んだ。いささか過剰に盛り込み過ぎたが、それもまた〝京都三山マンダラ〟の性格上、よしとされたい。

京都に住む人びとも、京都には住んでいても、京都がどのようにできてきたか、その自然史的な由来を知る人は少ない。そこで、京都三山の地質と植物の変遷過程を踏まえ、その山紫水明の地に都ができて一二〇〇年余、どのような森と文化の相関図を描いてきたかの全貌を見ていく。

明治時代初期の国有林での上知令による禁伐やその後の燃料革命による生活様式の変化などから、だんだんと人と森が疎遠になり、森林植生の変化が起こってきた。そこに、ナラ枯れやシカ害などの被害が広がり、特に近年の気象災害により、その被害の度合いはより深刻化している。とりわけ、二〇一八年九月の台風第二一号の被害は甚大で、本書でも各所で触れられているが、京都三山で約五〇万本余の根返り倒木などの被害が出た。これは、一九三四年九月の室戸台風以来、最大の被害である。

近年、京都三山は京都一周トレイルなどでも親しまれ、外国からの観光者も京都三山を楽しむ人が増えている。しかし、そのトレイル道の重要コースの一部である雲母坂などでも根返り倒木の被害が大きく、比叡山中の檜の倒木の撤去作業もなかなか進まなかった。また、鞍馬や貴船周辺の山林の倒木被害も深刻で、出町柳から鞍馬までの叡山電鉄の全線開通まで五三日もかかった。今後災害対策と防災計画は各自治体や国の最重要課題となるだろう。将来的には国際的な「防災省」が必要となるだろう。

そのためにも、各地で「地域学」を再検証・再構築しなければならない。本書はそのような意味での京都地域学の再検証と再構築をめざすものである。かつて、奈良時代に各国風土記が編纂され、『古事記』や『日本書紀』などの中央の神話や歴史とは異なる地域特性を持った地誌や伝承が豊かに記載されたが、平成から令和（beautiful harmony）へと元号が切り替わるこの時、各国風土記の新たな編纂が必要である。幸い、京都には文化庁も移転し、「京都学」に対する取り組みも各所でこれまでに活発に試みられており、相当な厚みがある。それらと連携し結集し合いながら、未来に向けて持続可能な地域学と地域文化とそれを支える「森里海連環」（京都大学名誉教授田中克提唱の理念とネットワーク）をどのように再編していくかが問われている。

京都という都市は、日本の都市の中でも特異な性質を持っている。地形的には典型的な山紫水明の日本型盆地であるが、しかし、そこに千年を超える都としての歴史が堆積している。日本文化を代表する都市として、世界有数の観光地である。その京都から自然と人間と社会との共生のかたちを発信していくことには大きな未来的価値がある。

一二〇〇年を超える歴史の中で、度重なる火災や水害や戦乱により、幾度も京都の町並みは破壊されては再生してきた。その重層的な破壊と再創造の反復過程で、文化的・技術的開発や洗練が進んだことも事実である。災害に負けぬロバスト（強靭）な文化と社会力。これから必要なのはそのような柔軟にして強靭な文化と社会と生き方である。

京都伝統文化の森推進協議会は、そのような京都ロバスト、地域ロバストネスをしたたかに鍛え上げていく機関と機会でありたい。そのためにも、まずはこの一〇年間の活動を脚下照顧し、振り返りながら、ロバストな未来を構想していく手がかりとしたい。そのための基礎資料と実践事例として本書を刊行するものである。ぜひ多くの方々に手に取って参照していただき、意見や提言を寄せていただきたいと心から願う。それが京都の未来を共に力強く作っていく力とネットワークとなると信じている。

京都伝統文化の森推進協議会　会長　鎌田東二

京都の森と文化 ◉ 目次

第2章　京都の森の現状と今日の危機

第3章　京都・東山の森づくり

第4章　京都三山の文化的価値

第5章　京都の町と山

木を切って植え、そして使う

清水寺執事長　大西真興

皆さんにとって森とはどのような存在でしょうか。昔遊んだ場所、たまに行くレクリエーションの場所、遠めに見る緑、あまり縁のない場所、などなど様々な存在として捉えておられるかと思います。では私にとってはと申しますと、小さな時から身近な存在でありました。すぐ近くに当然のようにあり、子供の時には遊び場に、成長してくるにつれ遊び場から四季の移ろい、自然の豊かさ、生かされている自分自身を感じさせてくれる場所へと変化していきました。また当山にとりましても背景林として観音浄土を作り出し、また一つとして変わらぬ物のない世の中の在り方を教えてくれる場所でありました。

昭和九年（一九三四）の室戸台風により多大な被害を受けたこの山々を、先人達は当時の考えに基づき最善と思える手段を持って再生させてくれました。それは山と人、木と人が今よりももっと密接に関わっていた時代の考え方であります。京都は長く都があったこともあり、千年以上にわたり、燃料や木材の供給源として付き合いが続いていました。それが社会の変革、エネルギー革命などを経て山と人、木と人の付き合い方、その関係性が急速に変わってしまいました。すると山はどうなったのでしょう。我々が付き合いを急にやめてしまったせいで、山はその多様性を少しずつ失っていきました。つまり我々は自分たちの都合で、付き合いが続く事を前提に大きく山の様相を変えてしまっていたのです。もちろん気候の変動や害虫などもその要因として考えられます。

多様性を失った山は少しずつ暗く、生気の無い場所へと変わっていってしまったのです。そのような状態が続いていた中、平成一九年（二〇〇七）に始まった当会の活動は決して派手ではありませんし、すぐに結果が出るものでもありません。しかし、私の生涯にわたる活動の一つとなっている事は間違いありません。

木を切って植える。言葉にしてしまえばあまりにも普通のことでありますが、長年にわたりこの山々で行われなくなっていたことであります。その当たり前が再開されたのです。山に入り、活動を行った場所に行っていただければその変化に気づいてもらえると思います。しかし、目で見てその変化に気づくだけではまだまだです。その姿形が一体となり、周りと溶け込んだ時に、そしてそれが継続的に続くこと、つまり自然が本来のサイクルを取り戻してはじめてその活動が実を結んだと言えるかと思います。本活動は山を花がたくさん咲く場所にしたいわけではありません。多様性を持ちながらも治山、適地適木の考え方を大切にしております。何が正解なのか、その正解がどこにあるのかに

特別寄稿

ついては様々なご意見があろうかと思います。しかし始めなければその姿は変わりません。今のままその衰退していく姿を見る事が正解でないことだけは確かなのです。

しかし、まだまだ使うという要素が足りていません。木を切るにしてもその存在に感謝しながら、どのように使っていくのか、どのように生かしていくのか、このポイントを考えていくことがこれからの大きな課題となるのではないかと考えております。足りない所を補いながら、間違っていたと判断できれば方向修正をし、継続的に活動を続ける事が大切です。活動が始まり一〇年という月日が流れましたが、壮大な自然相手の活動としてはまだまだ始まったばかりです。

室戸台風以来の風が吹いたと言われる平成三〇年九月の台風二一号で、東山地域も大きな被害にあいました。山と共に生きていく、山と共にある事、その難しさ、自然の厳しさを改めて感じさせられた出来事でした。これから何十年と取り組んでいかなければならない活動においてはこのような事態も当然考えられる事であります。

皆が承知のことですが、日々様々な出来事に出会います。その歩みの中で我々は笑い、泣き、そしてまた前を向きます。被害を受けた事は残念なことでありますが、自然に勝てないことも、大きな自然の流れには逆らえないこともまた自明の理であります。我々は変化のきっかけを山に与える程度の事しかできません。しかし、そのきっかけが必要なことは明らかなのです。そして、寺としてまた私個人といたしましても今後とも会の活動に及ばずながら協力できればと考えております。

結びにあたり、今後も当会の趣旨が多くの方に賛同され、活動が盛んになり長く継続されます事を祈念申し上げます。また当会の活動にご尽力賜っております諸賢に衷心より感謝申し上げます。

合　掌

第1章
京都三山の自然と景観

第1章
京都三山の自然と景観

東山国有林と「京都伝統文化の森推進協議会」

林野庁近畿中国森林管理局
京都大阪森林管理事務所長
勝占　保

私が勤務する林野庁職員は、二、三年で異動を繰り返す転勤族です。新たな任地に赴任した際は、主要な関係者への挨拶回りが常であり、筆者も平成二八（二〇一六）年八月の京都赴任後、挨拶回りに出向きました。これまで近畿エリアでの勤務経験が無かった私にとって、関係先に有名な寺院が多く含まれていることに京都らしさを感じつつ、初対面の聖職者の方々にお会いしました。その際、お会いした幾人かの言葉が筆者を当惑させました。「今はあなた方が管理する国有林になっているけど、元々はうちの山やった。いずれ返して欲しいと思っている……」。笑顔で語るその言葉が、茶飲み話の冗談なのか、はたまた深い意味があるのか……。完全アウェーの状況下、初対面の相手に緊張している私が、そのときなんと返答したか覚えていません。京都勤務は一筋縄でいかない。強く思いました。

さて、本稿では、京都の国有林の由来、京都伝統文化の森推進協議会を介して実現している国民参加の国有林の現状、平成三〇（二〇一八）年台風二一号による影響等について、主として東山に所在する国有林を主として簡単に述べさせていただきます。

京都市街地に国有林が存在する理由――明治初期の上知令

国有林は、我が国の森林面積の約三割に相当する七五八万ヘクタールを占めており、全国的には東北・北海道等、東日本にまとまって存在しています（図1）。一方、京都府での国有林は、全森林面積の約一パーセントと、非常に小さなものとなっています。

一般的な国有林は、奥地脊梁山地や水源地域に広く分布しており、国土の保全や水源の涵養等に重要な役割を果たしています。一方で、京都市周辺の国有林は、市街地に近い東山・鞍馬山・嵐山等、歴史的・景観的に重要な場所に点在しています（図2）。（本稿では、京都市東部に位置する、高台寺山国有林、南禅寺山国有林、銀閣寺山国有林、大日山国有林、阿弥陀ヶ峰国有林など約一九〇ヘクタールを「東山国有林」と総称します。）

このように国有林の分布に大きな違いが生まれたのは、歴史的経緯が大きく影響しています。

我が国の森林は、江戸時代まで、主に、藩、村落共同体もしくは個人によって、管理・利用されてきたが、明確な「所有」の概念は存在しなかったとされています。明治維新以降、近代的な土地所有制度を確立する中で、森林についても所有者の明確化が行われ、国家の所有する「国有林」が創出され

図1　国有林野の分布状況（「林野庁業務資料」より）

ました。この流れの中で、明治二年（一八六九）の「版籍奉還」により「旧幕府有林」が、明治四年（一八七一）の「社寺上知令」により「旧社寺林」が官有地に編入されました。江戸時代の有力社寺は、幕藩体制の領主から広大な山林の所領を認められており、それらの多くが社寺上知令の対象となりました。このため現在、社寺を囲む多くの森林が国有林になっているのです。当時の山林は、現在よりはるかに経済的価値が高かったでしょう。これを一方的に取り上げられた社寺側の反発は、当然のごとく激しいものでした。現在の形に落ち着くまでは、相当な摩擦、紆余曲折があったとされています。全国的に見ても社寺が多く存在する京都は、このような歴史的背景を受け、大都市の市街地を国有林で囲まれるという特異な形となっています。

図２　京都市周辺の国有林（「林野庁業務資料」より）

国有林としての管理

●森林の変化

国有林として編入された明治初期の東山国有林等の旧社寺林は、社寺上知令等に伴う混乱で荒廃が進んでいたと言われています。このため、国は国有林を原則的に禁伐とし、広葉樹の植栽、風致保安林への指定等を通じて、森林の再生を図る政策をとっていました。しかしながら、その後、昭和九（一九三四）年の室戸台風、昭和二〇

（一九四五）年頃の戦後の燃料供給に伴う過剰伐採、昭和四〇（一九六五）年頃から猛威を振るった松食い虫被害等、度重なる自然・人為による攪乱により、森林はその都度大きく姿を変えています。現在我々が目にしている東山は、あくまで最近形成されたものなのです。

●国の管理方針政策

国は、上地を受けた東山国有林の管理における基本政策として、禁伐に加えて明治三〇（一八九七）年に風致保安林に指定する等、その文化的価値を重視することとしていました。

その後、昭和五三（一九七八）年には、美しい森林景観や豊かな自然に親しむことを目的としたレクリエーションの森（以下「レク森[1]」）に設定されました。その他にも、東山国有林には、土砂流出防備保安林、風致地区、歴史的風土特別保存地区、鳥獣保護区等、多くの法令制限がかかっており、その取扱が厳重に管理されています。

●課題

京都市街地の中心部に隣接する東山国有林、その森林の在り方に対する考え方は、市民それぞれの世代・立場・価値観によって異なることは当然と言えます。市民の生活が社寺所有の森林から国有林となり、木材の経済的価値の低下や風致的価値の上昇、植生の変化に伴う景観上の課題等、林野庁はその取扱について都度市民の意見を取り入れてはいたものの、皆が納得できる具体的な管理方針等を定めることは難しい時代が続いていました。

また、「京都にとって京都三山の理想の姿とはいかなるものか。その理想に近づけるために、何をすべきなのか、何ができるのか」、この根元的な課題に対し、東山国有林を預かった林野庁は、充分な対応ができないなか、苦闘を続けてきた歴史があります。

充分な対応ができなかった一因としては、国（国有林野事業）を取り巻く社会状況が影響していたと思われます。東山国有林がレク森（東山風景林）に設定された昭和五三（一九七八）年当時は、独立採算事業として生産した木材を販売することで黒字を計上していた国有林野事業が、一転、木材貿易の完全自由化・円高の進行等を受けて赤字に転落した時期と重なります。その後、林野庁は、累積債務の返済や経費の削減のため、組織の合理化・人員削減を急激に進めていきました。このような状況下、経済的価値への換算が難しく、かつ市民の生命・財産に直接影響の少ないレク森に対して、充分な資金・労力を投じられることは難しかったことでしょう。

京都伝統文化の森推進協議会を通じた森林管理

平成の世になり、京都は、ユネスコによる世界文化遺産への登録（平成六（一九九四）年）、近年の国際的観光都市としての位置づけの確立等、内外の注目度がますます大きくなりつつあります。

このような中、かつての地主である社寺、観光業務に携わる事業者・商店会、環境保護意識とボランティア精神が高まった市民・各種団体、京都森林の歴史・文化に造詣の深い研究者、社会貢献活動に興味を持ちはじめた企業、観光行政等を担い市民の声を直接受ける地方自治体、等々、東山国有林に対する関係者の思いは、ますます多様化し、意見の集約は困難の度を増していきました。また、国有林を預かる林野庁としても、管理者としての責務は認識しながらも、必ずしも満足な対応となっていないことにもどかしさを感じていたと思われます。

このような背景の下、京都大阪森林管理事務所の提案により、平成一八（二〇〇六）年一二月に関係者からなる「「東山森林管理協議会」準備会」が設置され、協議会の立ち上げについて検討が始まり、様々な検討を経て、平成一九（二〇〇七）年一二月、「京都伝統文化の森推進協議会」が設立されました。この協議会は、国有林の「レク森」制度に基づく「「レク森」管理運営協議会」として設置され、協議会と京都大阪森林管理事務所が

「「レク森」の整備・管理及び活用に関する協定書」を締結して、京都大阪森林管理事務所が協議会に活動フィールドを提供する形態を取っています。

関係者との連携の形態としては、「「レク森」サポーター」、「活動協力団体」、「協賛団体」の三つとなっています。

「「レク森」サポーター」は、林野庁有林の「レク森」制度に基づいて、協議会との間で協定を結ぶことにより、協議会に対して継続的に資金・労力を提供する団体です。また、「活動協力団体」は、継続的な資金・労力の提供まではできずとも、協議会への登録により、協議会による各種活動に参加する団体です。さらに「協賛団体」は、個別のイベントについて協議会に協賛金を拠出する団体となっています。

京都伝統文化の森推進協議会の設立から、一〇年が経過し、その間、シイ・カシ類が優先する森林から多様な樹種へ導く林相改善事業、市民参加による森林整備、各種セミナーの開催等、その活動の幅を大きく拡げ、存在感を増しつつあります。

一方で、林相改善等、目に見える結果が出るまでには長い時間がかかる事業もあり、一〇年たっても未だ道半ばと言えます。

今後とも、次の一〇年先、五〇年先を見据えて、不断の見直しを行いながら、活動を継続していくことが、我々現在に生きる者の努めであると思います。

台風被害からの復興と今後の期待

平成三〇（二〇一八）年九月の台風二一号により、京都の森林は甚大な被害が発生しました（図3）。現時点での被害面積は京都市内で約三〇〇ヘクタールとなっています。これは昭和九（一九三四）年の室戸台風以来の大災害ではないかと思われます。実際、瞬間最大風速では室戸台風についで観測史上第二位（日最大瞬間風速三九・四メートル）とのことです。

　現在、東山国有林では京都伝統文化の森推進協議会と林野庁が協力して、森林の再生に向けた議論が行われていますが、風倒木の処理だけでも今後数年かかることが予想され、苗木の確保から始まる森林造成は数十年単位の大事業となることが予想されます。

　ちなみに、室戸台風被害の復興にあたっては、大坂森林管理局（近畿中国森林管理局の前身）は、昭和一一（一九三六）年に「東山国有林風致計画」をとりまとめ、その基本方針として、

①森林の分布や組成状態を被害前の程度に維持すること。
②遠望はもちろん、林内散策の場合にも相応しい森林を造成すること。
③今回の台風に鑑み、できるだけ複層林を造成すること。
④丈夫な林木を育成すること。
⑤社寺の森厳を保つべき使命を有する背景森林の取扱においては細心の注意払うこと。

が定められています。

　この方針は現在にもそのまま適用できるほど完成度が高いものです。

ちなみに、今後の森林再生の議論に関して我々が考慮すべきポイントとして私見を述べさせてもらえば、

図３　平成30年9月10日、東山国有林菊谷付近

①森林の破壊・再生は自然のプロセスの一環であり、必ずしも悲観的に捉えるべきでない。
②二次災害の防止対策は急ぐべきだが、森林再生は長期的視点で見るべき。
③時代にあった森林を作り上げるチャンスとも捉えて、京都の森林のあるべき姿について、広範かつ慎重に議論をすべきである。
④近年の森林再生における最大の障害と言うべきニホンジカによる食害問題についてあらゆる知見を動員して真剣に取り組むべき。

などが挙げられると思います。

今般の台風の被害と復興を通じて、森林がすべての市民にとってより身近な存在になることを期待しています。

＊本稿は、私が京都での勤務を通じて感じたことをしたためたものであり、必ずしも所属機関の見解を反映するものではないことをご理解下さい。

注

（1） 林野庁は、昭和四八年（一九七三）度、自然景観が優れ森林浴、自然観察、野外スポーツ等に適した国有林野を「レクリエーションの森」として設定。平成三〇（二〇一八）年四月現在で、①自然休養林、②自然観察教育林、③森林スポーツ林、④野外スポーツ地域、⑤風景林及び⑥風致探勝林の六種類、全国八八一か所、約三四万ヘクタールが存在。

第1章◉京都三山の自然と景観

攪乱とその恵み
―景観生態学から見た京都―

（公財）京都市都市緑化協会　理事長
京都大学　名誉教授
森本　幸裕

我々の思い

「月は朧に東山」（祇園小唄）

西行頓阿《とんあ》などの事思ひ出られけるに
　かなたへなる流れを菊の谷といふを聞きて
「古《いにしえ》の人に契りを結びみん　住みける跡を菊の谷みつ」（本居宣長）

文人が愛で、庶民も親しんできた、京都人のこの原風景が、かつての面影がなくなったことを何とかしたいと結集したのが、「京都伝統文化の森推進協議会」である。官公民と寺社や専門家もあげての協働である。専門家も森林だけでなく、歴史・文化・芸術の面から文化的価値も発信する、全国に例を見ない、ユニークな活動の枠組みとなっている。

江戸期の絵図によると、京松茸の宝庫かと思われるアカマツ疎林が多い。明治四年（一八七一）に上知令が出されて、それまで寺社が管理していた森は国有林となり、森林経営がなされてきたところである。だが、社会・経済事情も大きく変化するなか、森林は「生き物」でもあり、人々の思いや働きかけだけでなく、様々な撹乱に伴って変貌してきた。昭和九年（一九三四）の室戸台風に伴う大規模風倒や、その後のシイを含む植栽。戦後のマツ枯れや植生遷移に伴うシイ林の大幅拡大や大径化したブナ科樹木のナラ枯れも発生した。はたまた獣害も課題となるなか、本協議会は多彩な活動を繰り広げてきた。そのひとつが林相改善事業である。

林相改善事業とは、ホームページには、「森林の多面的機能（生物多様性の保全、土砂災害の防止、水源のかん養、保健休養の場など）を高めるため、森を形づくる樹木の構成を伐採や植栽によって改良すること」と記載がある。

たとえば近年始まった「キクタニギクの咲く菊渓川の再生へ」の事業では、樹木のみならず、キクタニギクがテーマとなっている。京都の文化の基層を構成してきたものの、今は絶滅の危機に瀕している植物は少なくない。キクタニギクもそのひとつ。東山から流れる菊渓川は高台寺十境のひとつ。その河原に咲き乱れていたとみられ、和名が川と縁がある。高台寺圓徳院閑栖《かんせい》住職の後藤典生氏によれば、この小型の黄色い花を群生するキクを、かつてよくご覧になったというが、今は見当たらない。江戸時代中期〜後期には与謝蕪村、上田秋声、頼山陽らの文人が菊渓を愛し、本居宣長が和歌に詠むなど名所であり、そもそも祇園の下河原町という町名は菊渓川の河原であったことを示す。しかし、川の暗渠化と都市化と東山のシイ林化に伴ってキクタニギクが姿を消し、二〇〇二年には京都府の絶滅危惧種に指定された。そこで「京都伝統文化の森推進協議会」はキクタニギクを含む、東山に自生してきた多様な構成種からなる生態系の再生に取り組むことになり、着実に成果を上げつつある。

この東山におけるローカルな取り組みは、わが国の生物多様性国家戦略でいう、第二の危機（低利用に伴う里地里山の危機）対応であるだけでなく、持続可能な世界を目指す国連決議のＳＤＧｓの目標にも合致している。この国連決議を後押ししたのが、二〇一五年に、コスモス国際賞に輝いたロックストローム氏らのバウンダリーと呼ばれる地球の安全運転の限界（Rockström 2009）という概念であった。すなわち、地球環境問題の何がどこまで危機なのかを明らかにして、限界内での持続可能な豊かさを求めようとするものだ。明らかとなった三つの危機、「生物多様性の損失」、チッ素やリンという「化学物質循環の危機」、「地球温暖化」のなかでも、生物多様性の損失が最も深刻とされている。

これに先立って、環境経済学のアプローチから地球の自然の恵みを評価して、生態系サービスという考え方を普及させて、国連ミレニアム生態系評価（二〇〇一－二〇〇五年）につなげたコスタンザらは、近年、ＧＤＰは国政の方向をミスリードする指標であって、至急にＧＰＩ（真の進歩指標）を採用すべきというコメント記事（Costanza et al. 2014）を著名な科学誌『Nature』に寄稿した。一人当たり経済規模の増大に伴って、人間の福利は飽和型曲線を描き、先進国では経済規模ではなく、ライフスタイルに依存することと、地球の生態系サービスの動向を元にした意見だ。わが国でも、第二八代東大総長の小宮山宏氏がかねてからＧＤＰの成長ではなく個々人の幸せや生き甲斐、国民のＱＯＬ（生活の質）に焦点をあてる「新ビジョン２０５０」を論じている。

この視点から見ると、「京都伝統文化の森推進協議会」は「地域のＱＯＬ」向上を目標にＳＤＧｓの三つの目標に取り組んでいるとも言える。すなわち、【目標一五（陸の豊かさを守ろう）】について、【目標一七（パートナーシップで目標を達成しよう）】を通して取り組むことで、東山の恵みとその恩恵に浴し続けられる【目標一一（住み続けられるまちづくりを）】目指しているのである。

順応的管理

だが、これまでにない取組である以上、考えていること、やっていることに間違いもあれば、課題もあるだろう。だが、全貌がわからなくとも生態系管理に取り組む必要はある。「生態系管理」を推進し、研究してきたアメリカ生態学会のある研究グループは、「順応的管理と説明責任」（Christensen et al. 1996）というその後の主流となる考え方をまとめた。それによると、当初の計画に無謬性を求めることはせず、想定外の事態が起こり得ることをあらかじめ管理システムに組み込み、常にモニタリングを行いながら、その評価によってその都度対応を変える順応性が必要である。また、施策を変える場合にはその説明責任を果たすことが必要で、この順応性と説明責任を備えた管理、すなわち順応的管理がなされる必要があるという。

それに基づいて言えば、東山をはじめとする生態系に関する現在の知識やパラダイムは暫定的・不完全であり、変更される可能性があること、再生事業をするとしても、それらの取り組みは、研究およびモニタリング・プログラムによってテストされるべき仮説とみなされなければならないということになる。このような考え方は、無謬性を前提とする、これまでの行政とは一線を画す面がある。無謬性を前提としていてはなかなか前進できないし、逆に不作為で機会損失も発生する。この順応的管理の検討に際しては、つぎの四点の勘案が必要だ。

①生態系機能には、入力、出力、物質とエネルギーの循環、生物の相互作用というダイナミックなプロセスが、小さなスケールから大きなスケールまで色々あり、個々の取り組みのスケールとマッチしないことも多いため、空間的・時間的スケールの広い視野が必要である。

②生態系機能は、その構造、多様性、完全性に依存するので、特定の場所の複雑さと機能は周囲のシステムに

よって大きく影響されると考察する広い視野が必要である。

③生態系は絶えず変化している以上、さまざまな年代にわたって連続的に継起するパッチのモザイク構造とその変化につながる、何十年も何世紀にもわたるパッチのダイナミクスが生態系の構造と機能にとって重要であり、それを踏まえなければならない。

④知識にはどうしても不確実性と限界がある。十分な時間と空間が与えられれば、起こりうる事象は確実に起こるかもしれないが、そうではないので、民主主義の原則、科学分析、教育、制度学習を組み合わせて、生態系プロセスと管理介入の結果を理解し、意思決定が必要なデータの質を向上させることによって、この不確実性に対処しなければならない。（要約：筆者）

以上を京都に当てはめて言えばつぎのようになるであろう。地球温暖化、生物多様性の損失の深刻化とその影響が京都でも問題になっている。日本列島は、生物多様性のホットスポットとしての地殻変動帯に位置している。なかでも京都の東山、背山臨水の風水立地の千年の都である東山は、山地と盆地が交互に並ぶ近畿トライアングル地形のなかで、攪乱と再生を繰り返してきている。その変遷の科学的な理解に基づき、地域のＱＯＬ（生活の質）を高める未来像を幅広いステークホルダーの間で共有し、コストと恵みのシェアの仕組みに配慮しつつ、ＢＡＴ（利用可能な最良の技術）を適用し、定期的に成果の評価と方針の再検討と普及啓発を行っていくことが大切であろう。

マツ枯れ、ナラ枯れなど課題をもたらしてきた要因には社会的なものと自然的なものとがある。数十年に一度と目される大規模な台風倒木や、集中豪雨に伴う土砂災害、シカ個体群動態への対応等も重要な検討項目である。しかも近視眼的ではなく、長期的、広域的視点からの対応を取る必要がある。たとえば今日、京都の風致形成の要素となっている「石塀小路」が、東山山麓の土石流あとを利用してつくられたことをご存じだろうか。菊渓川の暗渠化や舗装が進んだ現在、今後予想される豪雨時にどう避難するか、菊渓川自体をどう取り扱うかも、広く検討していく必要があるだろう。そのためにも、景観生態学の視点からもう少し京都と東山について考察しておきたい。

地球環境危機と東山

日本列島は同じ島国のイギリスや大陸の東海岸中緯度のアメリカ東部と比較して、生物の種数と固有種がきわめて豊富である。それは、地球上のプレート四枚が犇《ひし》めく世界でも稀な地殻変動帯に位置していることと関係がある。地殻変動の結果としてのきめ細かいモザイク状の表層地質と地形、日本海の存在による気候の多様性、さらにそうした条件による地震、台風、豪雨等による自然攪乱がある。そればかりではない。人間による里地里山の持続可能な利用という攪乱もあり、それが日本の自然を複雑にし、後氷期の生物相を豊富にしている。これらのプロセスは、多様な生物生息場所のモザイク構造を形成するだけでなく、土壌や水という資源などの恵みを人間社会に供給してきた。

たとえば日本には百を数える活火山があるが、火山灰は年月を経て豊かな草地や畑や雑木林の豊かな基盤となる。関東ローム層の台地に植栽されたサクラ類やケヤキの樹高成長は、鉱物質土壌の関西と比較すれば圧倒的に優れている。全国で六八〇〇か所もある地すべり地帯も、裏返せば、開墾しなくとも、天然の土砂と水資源の供給源があるということだ。事実、有数の米産地である南魚沼をはじめ、著名な棚田はほぼすべて、地すべり地帯における賢い土地利用になっている。

自然のプロセスは恵みをもたらしてくれると同時に、想定を越すと、災害ももたらす。だが大雨や地震や土石流などのハザードが直ちに災害に結びつくわけではない。災害（D）はハザード（H）を含めて三つの要素、すなわちその場所に居合わせるかどうかという露出（Ｅ）と防災インフラ等の脆弱性（Ｖ）の三要素が重なったところで発生すると考えることができる。だから、自然のプロセスと恵みをできるだけ毀損しないような「生態系を活用した防災・減災の取り組み（Eco-DRR）」が世界的な潮流となってきており、日本政府も推進している。これはコンクリート構造物を主とした「グレーインフラ」一辺倒ではなく、ハザードの予測と、暴露を避けて生態系の仕組みを利用した、賢い土地利用とデザインの「グリーンインフラ」を推進する考え方でもある。

では、この攪乱とどう付き合うか、実態について京都東山を中心に考察してみよう。

千年の都の攪乱と再生

京都は「千年の都」と呼ばれ、平安京以来の持続可能な都市という印象で語られることが多い。しかし実は平安京の名残は、いまの京都盆地にはほとんど見当たらない。強いて言えば、平安京の都市計画の起点となった船岡山、平安京の東の四神では青龍にあたる鴨川、二条城建設できわめて縮小させられてしまった神泉苑という池、そういう自然資源は残っている。こういうと、空海ゆかりの東寺の五重塔も残っていると言う人がいるかもしれない。だが、東寺も何回も焼失再建を繰り返しており、現在のものは五代目である。また、都市構造の特徴である碁盤の目の街路も当初の平安時代のものが継承されているわけではない。現在のものは、秀吉の時代に再編された洛中の街路の名残である。京都らしい風情と受け止められる町並みを作る京町家に至っては、江戸時代のものは二パーセント、明治時代は一四パーセント、残りは大正と昭和（京都市 二〇一〇）ばかりである。

千年の都である京都は千年前の構造物が持続している死んだ世界ではないのである。応仁・文明の乱のような大規模な攪乱をはじめ、鴨長明が方丈記に記した災害など、幾度となく大小の災害に見舞われながら何度もクラッシュしてきたのが京都である。にもかかわらず、京都はその都度見事に蘇り、色々な時代の要素が重なり合った重層構造をなしている。

京都がクラッシュしても復活するポテンシャルはどこにあるのだろうか。それは、京都盆地において、風水の理論に従い、自然の恵みを持続的に享受できるような、背山臨水の環境を利用した土地利用の都市づくり（黄 一九九九）に秘密があるのではないだろうか。

景観生態学では、つぎの三点が景観を読み解く鍵とされる。生物種をはじめ多様な「要素」と、その階層的なモザイク構造がつくる森林や川や農地、集落などの「パターン」、それにそれらの相互作用、生物の移動、風、水や土砂などの流れや撹乱などの「プロセス」の三つである。これら自然の三つの性質から、景観をさまざまな空間的・時間的スケールの重層構造として捉えることが重要であり、持続可能性の概念もスケールが異なれば、別様に想定しなければならない。

表1に示したように、物質レベルで見ると、「新陳代謝」でそっくり物質は入れ替わっても個体は存続し、食う食われる関係で「個体」は入れ替わっても個体数は一定の動的平衡が見られたり、「世代」は交代しても遺伝情報が持続したりする。景観レベルでは、大木が倒木することで次世代の種多様性と活力が確保される「パッチダイナミクス」と、洪水氾濫や土砂災害で個々の群落が破壊されても、全体として一定の割合で異なる遷移段階の群落構成が持続する「シフティングモザイク」などの持続可能性概念が知られている。

表１　生物界の持続可能性に関わる概念（森本 2010 を改変）

空間スケール		概念	変化するもの	持続するもの	時間
小	個体	新陳代謝	個体構成物質	個体・情報	短
↑	個体群 / 群集	動的平衡	構成物質、構成個体	個体数、パターン	中
	群集 / 群落	更新 / 世代交代	個体（親子）	遺伝子	短・中
	景観（サイト）	パッチダイナミクス	構成個体（世代）	種組成、活力、景観	長
	景観（地域）	シフティングモザイク	構成群落（生態系）	生物多様性、景観	長
↓	景観（文化圏）	レジリエンス	文化／気候など	生態系、景観	中～長
大	地球生命圏	ガイア	生態系・生物多様性	ガイア？	中～超長

＊「京都伝統文化の森」は景観レベルに対応した持続可能性が主なテーマとなる

攪乱や地球環境への負荷も一定の限度内（最初に紹介したバウンダリーを超えない）なら、生態系は元の安定系に戻るレジリエンスを備えているが、閾値《いきち》（ティッピングポイント）を超えると、別の安定系に移行する生態系レジームシフトが生じる。持続可能な自然共生社会とは、このティッピングポイントを超えない状況に留めることで確保される、と考えることができる。「東山伝統文化の森」の活動は、景観レベルの持続可能性と関連が深い。

京都の場合、盆地を形成した災害をもたらす断層を形成する地震も、その結果の花折断層というリニアメント（直線的な地形）が鯖街道など日本海の恵みを京都に供給する陸路に貢献したことになる。また、日々の恵みをもたらす鴨川と高野川も、時に洪水氾濫は避けがたい。当初の平安京の西部が低湿地で、洪水氾濫への対応に課題があったのに対し、やや東に寄った緩扇状地を御土居で取り囲んだ中世の洛中の京都は、より自然立地的土地利用になっていた。竹が植栽されたグリーンインフラである御土居のおかげで、少々浸水してもレジームシフトを起こすほどの洪水掃流が避けられる緩扇状地は砂礫層の豊かでアクセスしやすい地下水に恵まれていたわけだ。定期的な洪水氾濫は汚染物質の洗浄にも役立つ。その結果、平安京の時代の地盤は、現在の京都御所付近では一メートルあまり地下に埋もれている。

劣化するプロセスと生物多様性

現代の京都市と風水の特性を概観してみよう。平安京の南のシンボルである巨椋池は干拓で失われたものの、東・北・西の三山開発抑制の風致政策などが効を奏して、この背山臨水の基本「パターン」は一定程度継承されている。琵琶湖疏水は風水に逆らって琵琶湖から直接、京都盆地に導水を図り、洛外（御土居の外側）であった鴨川以東を含む新たな近代京都の発展の基盤となった。他方、保全されてきた三山では先進的な景観保全政策が適用されてきた。すなわち、まとまった広範囲としては日本最初の風致地区指定[1]（福島ほか 二〇〇八）によって乱開発の抑制は戦前に始まった。高度経済成長期には、主要な歴史的風土については凍結保存を目標に土地買い取りをも行う古都保存法を適用し、さらに違法開発には懲役刑や代執行も辞さない「自然風景条例」で市内からの三山の風景を保全（森本 二〇〇九）してきたのである。

　都市化の進展にともない、非透水性の地表の市街地が広がった。河川は砂防ダム建設と戦後の緑化の進展により、山地からの土砂の流れがほぼ止まった。これは一見すれば侵食防止機能の向上で、好ましい側面ももちろんあるが、山地からの一定のミネラル分と土砂が海へ供給される流砂系が劣化したことにより、深刻な海岸侵食が全国規模で進行しつつある。また、化学肥料と化石燃料革命のもと、茅場《かやば》や秣場《まぐさば》、里山森林の放棄に加えて、狩猟などの人間の営為という「プロセス」も縮小し、攪乱に依存していた草本類をはじめとする生物多様性という「要素」の損失が顕著になってきているわけだ。皮肉にも、京都三山の緑を凍結的に保存してきたことの副作用の側面が否めない。京都府レッドデータブック（二〇一五）によると、絶滅危惧種に迫る危機には、薪炭やシカやイノシシという山の幸を収穫しないため招来された危機が深刻化しているのである。

　全国的に見ても、生物多様性国家戦略で指摘された四つの危機のうち、植物に関しては、開発やオーバーユースによる第一の危機よりも、草地や里山放棄等のアンダーユースによる第二の危機の方が近年は顕著になっている。なお、第三の危機は外来種等の危機、第四の危機は温暖化による危機で、もちろん京都の森もこれらの危機を免れない。

　現在、京都の文化と関連の深い植物で絶滅が危惧されるものには里地里山や原野の植物が多い。また、レッドリストに掲載されるには至らなくとも、社会的には利用上の危機にあるものも少なくない。源氏物語に出てくるフジバカマ。祇園祭のヒオウギ飾りに使われ、夜や漆黒の枕詞となる「ぬばたま」の実を付けるヒオウギ。祇園削掛神事（をけら詣り）の火やお屠蘇に用いるオケラ。賀茂祭のフタバアオイなどが挙げられる。京都五山の送り火に使うアカマツも、もう地元では賄えなくなってしまった。厄除け粽《ちまき》に使われる花背のチマキザサの供給システムが崩壊したのは、開花枯死のあとのシカ食害が直接的な要因だが、落葉広葉樹の里山が大幅に人工林化していたことも一因になっている。

また、拡大造林によって天然林が改変され、スギ人工林が大幅に増加したが、それもやがて利用されず放置されるようになったことが、近年の台風倒木被害の激甚化の背景にある。森林資源のアンダーユース（利用不足）が生物多様性とその恵みの危機をもたらし、災害リスクも増加させたのである。

このように京都は、歴史的には風水立地を生かし、持続可能な文化を謳歌してきた。ところが、現代ではそうした地域自然資源を利用しないようになり、それが生物多様性の危機を招いてしまった。燃料、食料、森林資源を外国から輸入し、いわばメタボ化した私たちの都市生活をシェイプアップすることが、生態系から見た今日の課題になっているのである。

豊かな東山地域づくりに向けて

では、京都三山ではどのように対応したらいいのか。二〇一一年に京都市は現状の凍結保存を旨とする古都保存法などの緑の考え方を再考し、「京都市三山森林景観保全・再生ガイドライン」をまとめた。それまでの風致地区、歴史的風土保存地区、自然風景保全地区の指定から一歩進み、現況を踏まえながら市民を含めた合意形成をもとに目標とする森林像を定め、伐採や植樹も行うという。京都市のこの方針転換はたいへん意義深いし、これが、現在の「林相改善事業」の根拠となっている。筆者はこの方針転換を歓迎するとともに、これに先立って、三山の現況を優占種で森林類型区分した成果について、現地踏査に基づく一次資料として高く評価してきた。

ただ、いくつか課題も残った。たとえば以下の三点である。

①三山の森林について、その「立地類型」を一七に区分した成果が大きな特徴である。しかし、こうした評価にあたっては、これまでの類例では必須となっている斜面方位や土壌の深さについての記載がない。また、この独自の一七区分の妥当性の検証に欠ける。筆者ら（Imanishi et al. 2005）は、京都市のフィジオトープ（地学的な立地条件）について一〇〇メートルメッシュを用いて、地質・地形・土壌・気象情報を統計的手法で総合的に二〇〇に分類し、その結果が、種組成を基礎とした植生類型とうまく対応することを示し、植生の重要性と、その土地の各種都市計画等による保全担保条件とのギャップ分析を示した。そうしたフォローアップがないと、信憑性に欠けることになる。

②対応する森林類型例はあくまで例であって、森林類型はここで示された「立地」とともに「履歴」によって大幅に変わる。立地だけでなく、取り扱いも含めた履歴が現在の森林類型となっていると見る方が適切である。

③現況の立地と森林類型の対応関係の表は、おそらくマツ枯れ以降のもので、その後ナラ枯れや台風倒木、シカ食害、土壌侵食の洗礼もあり、今後もそのまま続かないと思われ、取り扱い方によっては大幅に変わりうる。

そのため、ガイドラインの運用にあたっては以下の二点が重要である。すなわち、①基礎データの蓄積やその後の課題顕在化、社会情勢の変化等によって、ガイドラインを見直していく「順応的管理」を行うものとし、五年をひとつの区切りとして運用すること、②ガイドラインで植栽樹種や森林の目標像が一義的に決定されるのではなく、示されているのはあくまで例であり、森林景観づくりに取り組むステークホルダーの思いも含めた合意形成によって、実際に整備をめざす森林像を定めることの二点である。本書の出版は協議会の一〇周年の節目にあたるが、これを期に次期のガイドラインを再検討すべきではないだろうか。

世界有数の歴史都市、文化都市であり、さらに観光都市でもある京都の持続可能な自然環境の屋台骨をなす三山のあり方は、多様な視点から検討されるべきであり、本協議会はその絶好のプラットフォームになっている。地域ごと、あるいは小流域や町と山のつながりを認識し、短期的、長期的な目標を共有するなかから、①本来の生物多様性の保全と再生、②地域の歴史文化と森林資源の持続可能な利用を通したＱＯＬ（生活の質）の向上、をめざした活動のさらなる展開が期待される。

注

（1） 最初の風致地区（一九二六年）は明治神宮の参道と内外苑連絡道に沿った、両側わずか一〇間の範囲であり、二次指定（一九三〇年）では東京が数十から数百ヘクタールの都市公園レベルであるのに対し、同年に京都では三三八六・九ヘクタールが、翌年に四四七二・四ヘクタールが追加指定された。

参考文献

◎黄永融（一九九九）『風水都市：歴史都市の空間構成』学芸出版社
◎福島信夫・板谷（牛谷）直子・李明善・益田兼房・山崎正史（二〇〇八）「京都市における風致地区指定の変遷に関する研究—風致地区が歴史都市京都の保全に果たした役割—」『都市計画論文集』43.3, 667-672
◎ Imanishi, J., Y. Shimabayashi and Y. Morimoto（2005）"A new analytical method for wildlife habitat conservation planning on a city scale using the classification of physiologically homogeneous areas," *Landscape and Ecological Engineering*, 1 DOI : 10.1007/s11355-005-0020-2
◎森本幸裕（二〇〇九）「京都市の新たな景観条例：風雅の町づくりへの一里塚」『環境技術』38（5）
◎森本幸裕（二〇一〇）「生物多様性にどう取り組むか：メインストリームへの道」『都市緑化技術』No. 76

第1章◉京都三山の自然と景観

京都三山と京都盆地の誕生

元至誠館大学 学長
原田 憲一
応用自然史研究室「人と大地」室長
中川要之助

三山の地形と地質

京都盆地の三方を囲む京都三山は、丹波山地とつながる山並みで、一〇〇〇メートルを超す高い山や鋭い峯はなく、稜線はなだらかである。日本列島が約一五〇〇万年前に日本海の誕生で分かれたアジア大陸の地形の名残で、準平原という。典型例は中国地方に広がる吉備高原である。

三山の地質は、丹波層群と呼ばれる二～三億年前の中・古生層（中生代から古生代にかけて形成された地層）と中生代白亜紀に地下深部からマグマが上昇してできた花崗岩である。これに対して、京都盆地を埋める堆積物は一〇〇万年よりも若い。三山は地質学的には非常に新しい景観である。京都盆地には、形成当初から、三山から河川が流れ込み、洪水時には大量の土砂が盆地に堆積した。地震の際には地すべりや土石流などが生じた。奈良盆地に平城京ができると、人間の影響で京都盆地の水環境は大きく変わった。平安遷都後は、三山の植生が大きく変化し、地質災害も頻発するようになった。しかし、平安京の住人は、山と川の恵みを享受するだけでなく、多発する災害と折り合いをつけながら今日まで繁栄を続けてきたのである。

本稿では、日本列島における京都盆地の位置付けを簡単に行い、筆者の一人（中川）の現地調査に基づいて、京都盆地と三山の歴史と人間との関係を新しい切り口で説明する。

●日本列島の歴史

日本列島は、ユーラシアと北米という大陸プレートと、太平洋とフィリピン海という海洋プレートが出会う、世界で最も地殻変動が激しい変動帯にあり、地震や津波、火山噴火などの地質災害が多発する。また、赤道と極地間の熱輸送の活発な中緯度で、大陸東岸の季節風帯に位置しているために、梅雨や台風による豪雨や冬の豪雪などの気象災害も頻発する。

今のような列島の姿になったのは、日本海の拡大が終了した一五〇〇万年前である。二五〇〇万年以前はアジア大陸の東縁の一部であり、東には古太平洋（パンサラッサ）が広がっていた。当時の海洋プレートは、赤道付近にあった中央海嶺で大量の玄武岩マグマが噴出して誕生し、東に向かって移動した。海嶺付近ではハワイのような火山島がたくさん生まれた。海岸付近にはサンゴ礁が発達し、その遺骸が山頂付近や山麓に分厚く堆積して石灰岩となった。火山島周辺には水深五〇〇〇メートルを超える深海平原が広がり、海面には動物プランクトンの一種で〇・一ミリ程の殻をもつ放散虫《ほうさんちゅう》が繁殖していた。炭酸カルシウムの殻をもつ動物プランクトンもいたが、炭酸カルシウムは水深五〇〇〇メートルを超えると溶けてしまうので、海底には放散虫の殻や大陸から飛来した珪質の微粒子そして宇宙塵などが溜まり、チャートという非常に硬い岩石をつくった。海底が大陸に近づくと大陸起源の黄砂や火山灰などの微細な粒子が堆積して頁岩《けつがん》となった。海溝には大陸から大量の砂と泥（粘土）が流れ込み、分厚い砂岩と泥岩になった。

●付加体

海洋プレートが海溝付近で沈み込むとき、海山産の石灰岩や玄武岩、深海産のチャートや頁岩などに大陸起源の砂岩や泥岩が積み重なる。こうした堆積岩は玄武岩よりも軽いので、マントル内に沈み込むことができず、大陸プレートの先端でブロック状に削り取られ、時代の古いものから下から順に付け加わってゆき、全体が大陸斜面に沿ってせりあがっていく。このプリズム型の堆積岩体を付加体《ふかたい》と呼ぶ（図1）。この時、堆積岩のブロックが逆転したり、時代が異なるブロックと隣接したりするので、付加体には非常に複雑な地質構造が生じる。付加体の岩石は地下深部の高い圧力や熱で変成作用を受けたものが多い。日本列島の土台は様々な時代の付加体でできており、三山につながる丹波山地も付加体である。

清水寺の納経所裏の崖や金閣寺から竜安寺に通じる「きぬかけの道」の崖で、複雑に褶曲した付加体の地質が観察できる。保津峡の書物岩は典型的な層状チャートであり、貴船神社わきの「つつみヶ岩」は玄武岩質マグマが海底で噴出してできた枕状溶岩である。鞍馬山の魔王殿には石灰岩が露出している。また、急流で磨かれた硬い変成岩やチャートなどの礫で、色合いや形が珍しいものは鴨川石や貴船石という水石（盆石）として珍重されている。

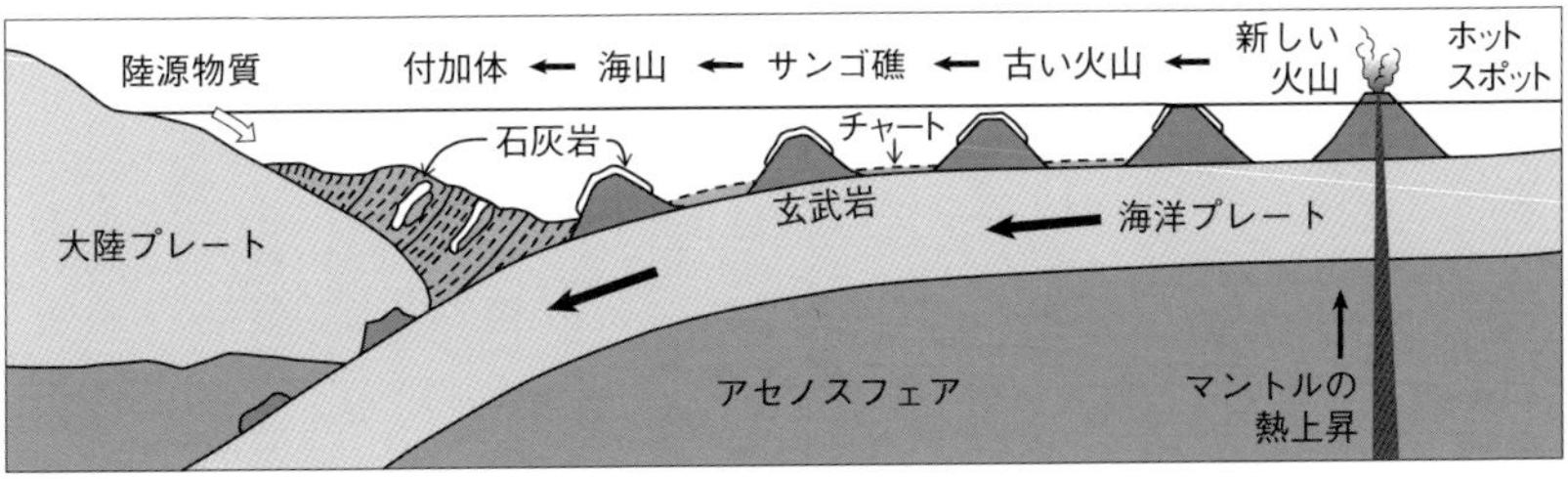

図1　付加体の模式図（付加体では「地層塁重の法則」は成り立たず、基本的に下位の地層は上位の地層よりも新しい）（啓林館『地学』（2013）に加筆）

●比叡山と大文字山

比叡山と大文字山の間の白川流域の山地の地質は花崗岩《かこうがん》である。中生代後期（約七〇〇〇万年前）に地下深くから花崗岩質マグマが上昇し、周囲の中・古生層を熱で焼き固めてホルンフェルス（接触変成岩）という硬い岩石に変成した。花崗岩の上昇で中・古生層は隆起して浸食された。地下深部で冷え固まった花崗岩が地表に現れると、圧力が解かれて膨張し、無数の亀裂（節理）を生じて浸食が進んだ。また庭石で有名な鞍馬石の花崗閃《かこうせん》緑岩《りょくがん》も中生代後期のものであるが、大文字の花崗岩との関係は不明である。

銀閣寺から谷沿いに大文字に上る道の中ほどに水場がある。谷の突き当たりは砂防ダムで、左側の高さ約五メートルの崖に花崗岩が露出している。崖の下部の花崗岩は硬質であるが、中～上部は手で崩せるほどの白色砂状に風化している。谷の右手（左岸）を二〇メートルほど登ると、斜面の中ほどから上の道は黄褐色粘土質の風化岩に変わる。そこから上にはホルンフェルス以外の硬い岩は露出していない。接触変成岩は硬くて浸食されにくいので、比叡山と大文字山という峰を形成した。大文字山の稜線にはチャートが接触変成した角岩という特に硬い岩が恐竜の背びれのように並んでいる。

大文字山から稲荷山に続く東山三十六峰の将軍塚、清水山、稲荷山四辻の展望台などはチャートの峰である。京都府下最高峰の愛宕山の地質もチャートである。地下鉄烏丸線の建設では、船岡山から南東に伸びる地下のチャートの峰の掘削が難工事であった。

東山南端の稲荷山の南に続く桃山丘陵や西山の麓の乙訓丘陵の地質は、中・古生層ではない。大阪層群や満池谷層と呼ばれる、一〇〇～二〇〇万年前の礫・砂・粘土からなる地層である。この時代は一〇万年周期で氷期、間氷期が繰り返され、温暖な間氷期には大陸氷河が溶けて海面が上昇した。大阪層群には、間氷期に大阪湾から京都盆地まで侵入した海に堆積した数枚の海成粘土層が挟まれている。硫黄分を含む海成粘土から生じた酸性土壌に、竹は雑草などよりも強いため、乙訓丘陵には竹林が広がり筍の名産地になっている。また、桃山丘陵の非海成粘土は、京瓦や伏見人形に利用されている。

京都盆地の成り立ちと特徴

●構造盆地の堆積層

山に囲まれた平地を盆地というが、奈良盆地も京都盆地も、周囲の山を構成する岩盤が盆地の地下数百メートルまで深く沈んでいる。このような岩盤の深い窪みを構造盆地という。岩盤が沈降すると周りの山から土砂が流出し、窪みに堆積して地層を形成する。岩盤が沈降し続けると地層は厚く堆積する。岩盤の沈降量より土砂の流出量が少なければ、窪みは湖や海となって底に粘土が堆積する。両者が釣り合っていれば平野が生まれ、川の流れが速い場では礫や粗い砂が、遅い場では細かい砂や粘土が堆積する。土砂の流出量が多ければ、谷口で礫が堆積して扇状地ができる。

構造盆地に堆積した地層には化石や遠方から飛来した火山灰も含まれているので、地層は周辺の出来事を記録した歴史書である。構造盆地は書庫だといえるであろう。この歴史書を読むには必ずしも地下深くに潜る必要はない。桃山丘陵のような盆地周辺の丘陵に、岩盤の隆起に引きずられて上がってきた地層の一部が十二単の襟元のように地上に現れているので、丘陵の地層から構造盆地の歴史をたどることができるのである。

●始まりは奈良盆地から

一般に盆地は、断層を境にして山地が隆起し盆地が沈降してできるといわれている。京都盆地も奈良盆地も山地との境界に断層が走っている。しかし、両者ともに断層運動だけで生じたものではない。原因は、近畿が乗る大陸プレートの下に紀伊半島沖で沈み込んでいる海洋プレートによって大陸プレートがひきずられて、表層の地殻（岩盤）に襞（波）ができるからである。波の谷が構造盆地である。

京都盆地の歴史は約三〇〇万年前の奈良盆地から始まる。当時の地層に奈良盆地周辺の山にはない硬質のチャート礫が大量に含まれている。その供給源は四〇〜五〇キロメートル東方の鈴鹿山地である。奈良盆地では約二〇〇万年前に京都盆地南部の南山城地域まで広がる古奈良湖が生まれ、厚い粘土層が堆積した。古奈良湖に流れ込む古大和川の集水域は三重県北西部に広がる木津川流域から琵琶湖—瀬田川流域、さらには、おそらく丹波山地から流れてくる鴨川や桂川流域まで広がっていた。それは現在の琵琶湖—淀川流域をしのぐ規模だったのである。

●京都盆地の始まり

京都盆地の成り立ちは、市街地が開ける北部と農地が残る宇治川から南の南山城では異なっている。海洋プレートの北進とともに波の谷（構造盆地）も北に移り、一七〇〜一五〇万年前に京都盆地が沈降し始めた。そして京阪奈丘陵に分布する、中部礫層と呼ぶ、厚さ一五〇〜三〇〇メートルの礫層が堆積した。中部礫層は川

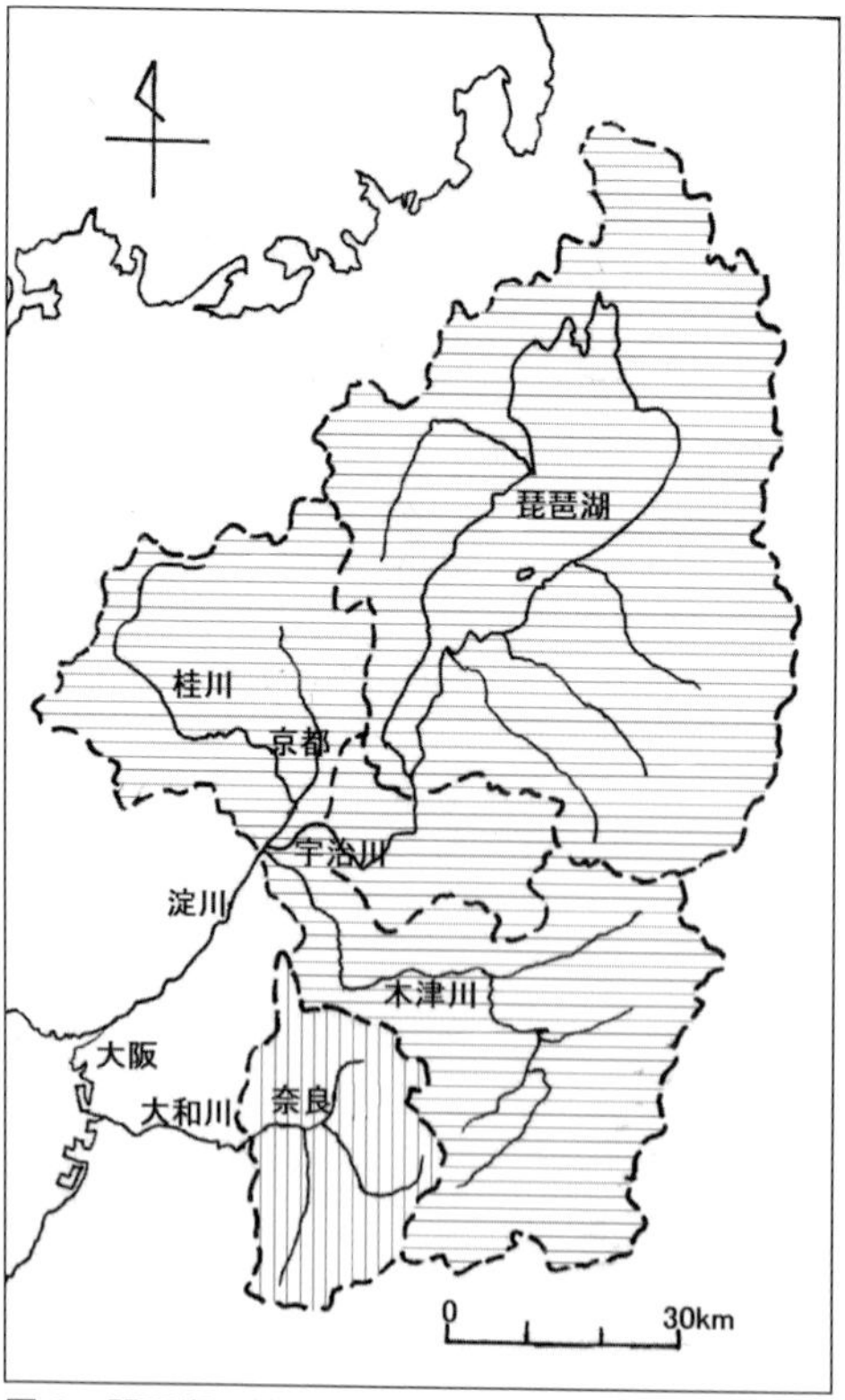

図２　琵琶湖—淀川水系（横縞）と大和川水系（縦縞）の集水域

の流れで運ばれたもので、地層にある斜層理という流れの方向を示す堆積構造を見ると、流れは南（奈良盆地方向）から北（京都盆地方向）へと向きを変えている。その頃に奈良盆地に向かっていた流れが京都盆地方向に変わり、古大和川水系の大部分が失われたのである。

現在の大和川流域は奈良盆地から見える山の稜線までで、その流域面積は約六〇〇平方キロメートルである。稜線の裏の大和高原の水は木津川から京都盆地に流れている。そして、宇治川・桂川を合わせた琵琶湖―淀川水系の流域面積は約七五〇〇平方キロメートルに達する（図2）。京都盆地から流出する淀川の水量は年間約九〇億立方メートルである。一方、大和川のそれは五・二億立方メートルに過ぎない。平城京は八〇年足らずで幕を閉じたが、平安京は今の京都まで一二〇〇年以上も続いた。理由は水に恵まれたからである。両者の水環境の違いは、このようにして、一五〇万年以上前に生まれたのである。

●盆地に広がる段丘

段丘は、台地ともいい、現在の平野よりも高い崖の上の平坦地である。安定していた海水準が下がると、川の勾配はきつくなり、今まで流れていた平野を浸食する。段丘はそうした浸食から残された面で、新しいものから、低位・中位・高位と区別される。中位段丘は全国的に広く分布し、その地層を中位段丘層という。約一〇万年前の間氷期に堆積した黄褐色粘土混じりのよく締まった砂礫からなり、海岸部では海成粘土層を挟む。

奈良盆地に明瞭な段丘崖は見られないが、全体的に中位段丘層が分布し、沖積層は中央部と南部の大和川沿いに分布する。京都盆地は広く沖積層に覆われているが、その厚さは一～三メートルに過ぎず、埋蔵文化財調査でその下から遺跡が発見されている。たとえば、京都盆地で一番低い巨椋池《おぐらいけ》跡では、厚さ二～三メートルの盛り土や粘土層の下から弥生時代の住居址、古墳時代や奈良時代の住居、墓、耕作地などの跡が見つかっている。これらの遺跡は、褐色の中位段丘層の上に開けている。現在、京都盆地の大半は沖積層と扇状地堆積物に被われているが、原地形の大部分は中位段丘で、鴨川・桂川・木津川とその支流が深さ三～四メートルの谷を刻んでいた。

●水に恵まれた段丘

渡来人の秦《はた》氏は京都盆地北西部の太秦《うずまさ》に、賀茂氏は北部の上賀茂に居を構えていた。土地の繁栄の基盤は食糧（米）の確保にあるが、稲作には豊かな水が必要である。当時の京都盆地には段丘が広がっていたが、奈良盆地と違って、北山やさらに奥の丹波山地から幾筋もの川が流れていた。下流では川と段丘の高度差が大きく、農地に直接水をくみ上げることはできないが、山から谷の出口ではその高度差は少ない。今も山麓の農地が谷口から水を引くように、秦氏は、御室川・宇田川・紙屋川などの谷口から灌漑用水を引いた。これらの川は丸太町付近から北の市街地に深さ三～五メートルの谷を刻んでいて、京都盆地の原地形が段丘であることがわかる（図3）。賀茂氏も同様に、賀

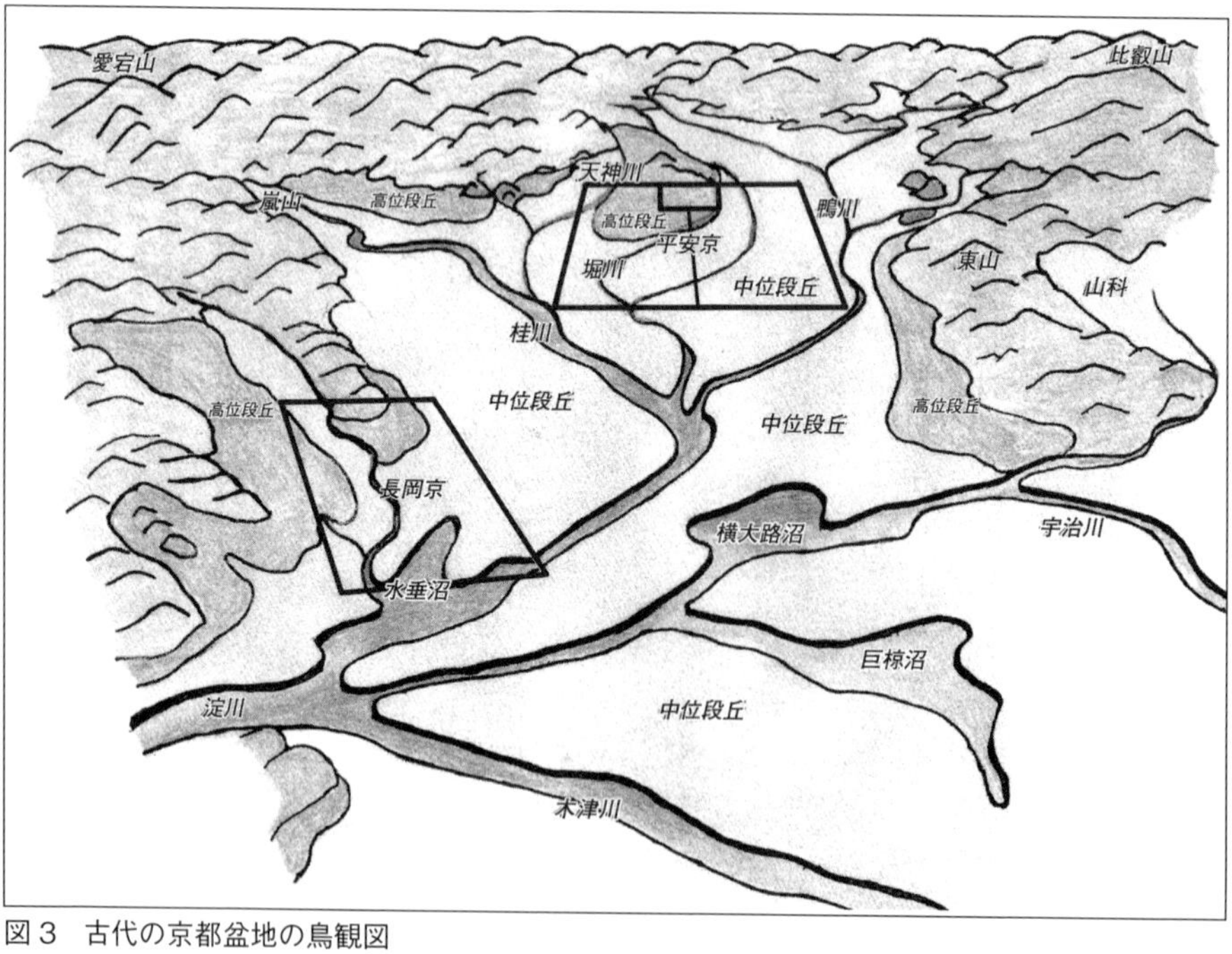

図3　古代の京都盆地の鳥観図

茂川の谷口の柊野付近から水を引いた。彼らが京都盆地の北部に居を構えたのは段丘を流れる川の恵みを求めたからである。

古墳時代にも未だ沖積平野は現れていない。奈良盆地や大阪平野周辺の段丘を支配していた王たちは、容易に水が引ける川がないために、水の湧く地に池（環濠）を掘って水を集めた。そして、掘り上げた土で墳丘（巨大環濠古墳）を築いたのである。筆者（中川）の調査によれば、北摂の今塚古墳と大田茶臼山古墳は有馬―高槻構造線に、河内の誉田《こんだ》御廟山古墳は誉田断層に、泉州の大仙古墳は上町断層に築かれている。奈良では、箸墓古墳が三百断層付近に、五社神古墳は秋篠断層に築かれており、これらはいずれも活断層である。彼らは、湧き水は活断層がもたらしたものとは知らなかったであろうが、環濠古墳に王を祭り禁忌の地としたのは、地震防災上、理に適っている。その後、昆陽池や狭山池など、活断層の湧水を集める巨大な溜池が築造されるようになり、巨大な環濠古墳は終焉した。

●平城京の造営で生まれた巨椋池

平城京の造営にあたり、木津川流域の裏山を「ヤマシロ」と定め用材を切り出した。後に山背から山城へと表記を変えたこの山の地質は、風化して砂状になった花崗岩（マサ土）である。マサ土は浸食されやすく、大雨でしばしば土砂災害を起こす。大極殿や東大寺などの巨大な建築物の造営や大仏の鋳造などに大量の樹木が伐採された結果、マサ土の山はたちまち浸食され、大量の砂が木津川に流出した。木津川の河原が白いのはマサ土が主に石英や長石などの白色鉱物から構成されているからである。京都盆地出口の八幡で木津川は、宇治川・桂川と合流して流速を落とし、大量の砂を堆積させた。堆積した砂は盆地の出口を塞ぎ、水が滞留して巨椋池が誕生したのである。

桓武天皇が平安京の前に造営した長岡京の計画規模は平安京に匹敵していた。大極殿址は乙訓丘陵の南東部にあり、右京が丘陵地、左京が桂川左岸の低地となっている。しかし、完成することなく一〇年で幕を閉じた。造営当初は、左京も桂川よりも高い段丘であったが、巨椋池の水位が上がったからである。巨椋池の底に埋没した古代の遺跡と同じ命運をたどったのである。

●平安京の造営と鴨川の洪水

平安京の大極殿は、紙屋川と堀川の間の洪水のおそれがない高位段丘に造営された。その表土は風化が進んだ赤褐色の粘土質砂礫で稲作に適さないために、土地が空いていたからである。平城京の造営では、木津川から奈良坂を修羅（重い建材などを運ぶための木製の大型橇《そり》）を引いて上り、また佐保川を運河に改修して資材を搬入した。平安京の造営では、賀茂川を柊野から分流し、西賀茂から流れる若狭川につないで運河に改修し、北山から用材を運搬した。地下鉄烏丸線工事や同志社大学の遺跡調査で発見された、礫層で埋まった深さ約四メートルの古烏丸谷はこの運河の跡である。加茂川の洪水が烏丸谷に分流して水が溢れたので、平安～室町時代の遺跡は厚さ一メートル前後の砂礫層で被われた。後白河法皇が意のままにならぬと嘆いた鴨川

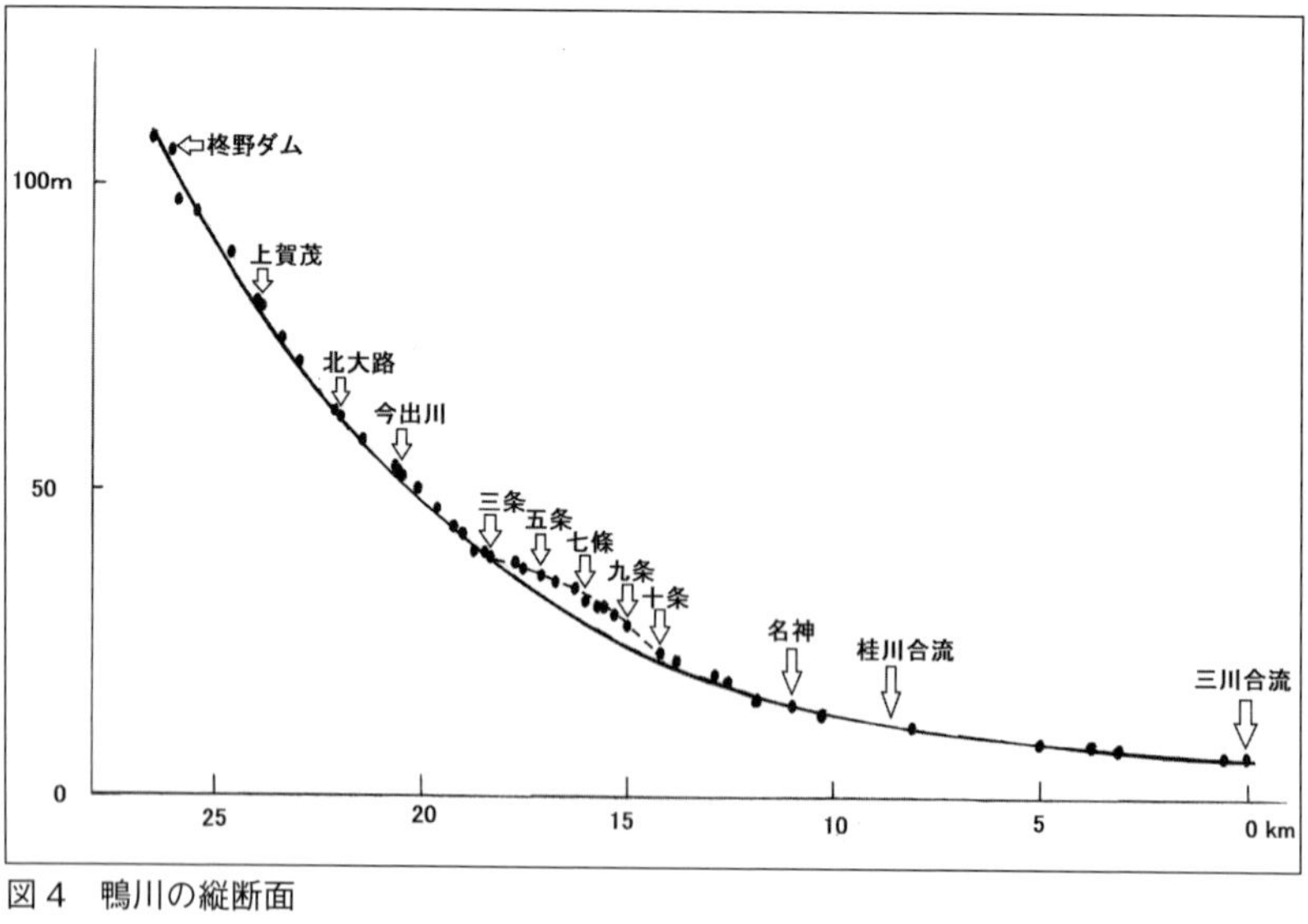

図４　鴨川の縦断面

の洪水の最大の原因は、平安京の造営で堀川を鴨川に付け替えたという学説とは逆に、賀茂川を平安京の真ん中に分流させて運河を敷設したことにあったのである。

川の流れは自動車の通行に似ている。道幅が狭くなったり急カーブしたりすると速度が落ちて渋滞する。また脇道に迂回する車もでる。川でいえば洪水である。川は、水や土砂が滞らずに流れると、上流から下流に向かってなめらかに勾配を減じていく。鴨川の縦断形を見ると（図4）、河底の地質は変えず急カーブもないまま、全体としてなめらかに勾配を減じている。しかし、三条大橋から陶化橋の間は全体的な縦断形よりも数メートル高まっている。国土地理院の地図で川幅を計測すると、水鶏《くいな》橋から下流は九八〜一二八メートル、二条大橋から上流は、高野川の合流付近を除き、九〇〜一二〇メートルであるのに対して、御池大橋と陶化橋の間は八三〜六五メートルと狭い。保津峡のような硬い岩盤でないのになぜ川幅が狭いのか疑問であるが、この区間で水が流れにくくなり、洪水が起こり、土砂が堆積している。そのため、毎年川底に溜まった砂礫を浚渫している。一方、桂川の影響を受ける右京（朱雀大路の西側）は、泥水が氾濫して衰退したが砂礫は溜まらなかった。砂礫は保津峡の上流の亀岡盆地で堆積したからである。

●大文字と白川砂

マツは、洛中洛外図にもよく描かれているように、歴史時代の三山を代表する樹木である。西日本の極相植生はシイ、カシなどで代表される常緑広葉樹である。極相植生の樹林が伐採されたり、洪水で土砂に被われて裸地ができたりすると、乾燥に強いススキなどの草地から、松林に、その後、クヌギ、コナラ等の落葉広葉樹林を経て、数十年すれば極相植生の常緑広葉樹林に戻る。これが天然の植生の遷移である。

しかし、薪炭や用材用に繰り返し伐採されるとマツ林から先には遷移しないので、平安京が開かれてから一二〇〇年以上、三山に松林が続いた。マツタケが京都の特産品になった所以である。中・古生層の山では、マツが切られた後も粘土分を含んだ土は水持ちがよいので草の成長が早く、土砂の流失は比較的少ない。一方、風化花崗岩の大文字山の山林が伐採されると土砂は雨で容易に流失する。大雨のたびに発生した土石流が白川扇状地を形成した。土石流が鴨川を越えて御所の北側まで達したこともあったほどである。

花崗岩は白色鉱物の石英と長石および黒色鉱物の黒雲母からなるが、山のマサ土は、黒雲母とそれが風化した粘土鉱物を含み、必ずしも白くはない。しかし、白川の流れで黒雲母と粘土分が洗われて、扇状地に堆積する頃には、銀閣寺や竜安寺の庭園に敷かれている純白の白川砂になる。筆者（中川）は、遺跡発掘調査や建築基礎工事で白川砂を掘り起こした跡を観察したことがある。

●聚楽土と御土居

聚楽土は、橙褐色の壁土で上質の京建築に用いられる。紙屋川上流の山地に赤褐色に強く風化した頁岩が分布するが、それが強く風化して赤褐色の土砂状になったものが洪水で流出し、適度に水簸されて堆積したものである。上京区の聚楽第址を中心に西陣一帯の平安時代から室町時代の遺跡を数センチ～数十センチメートルの厚さで覆っていることが埋蔵文化財調査で見られたが、現在もマンションなどの基礎工事の前に採掘されているそうである。

聚楽第とともに秀吉が建設した御土居の目的には諸説あるが、京都を取り囲む配置に洪水防御の役割が認められる。紙屋川左岸に御土居が築造されて、その東の西陣に紙屋川の洪水が及ばなくなった。それは江戸時代以降の遺跡が聚楽土に覆われていないことから明らかである。

●京都盆地の活断層と地震防災

都市圏活断層図に東山の麓に花折断層と桃山断層、西山の麓に樫原断層と光明寺断層などが示されている。これらの活断層がもっとも活動したのは約四〇万年前のことである。活断層と地震の関係には未だ謎が多いが、大地震では活断層付近で被害が多かったり、活断層が動いたりするのは事実である。要するに、活断層に限らず、断層は列車の継ぎ目のようなもので、他よりも大きく揺れ、大地震では断層が動くことがある。

断層が通る土地は地震防災で特に注意が必要である。住宅開発では断層に家は建てずに道路を通したことがある。また、マンション建設で断層が見つかれば棟を分けるように提言したこともある。清水寺の本堂は中・古生層の岩盤と第四紀の大阪層群の間の断層をまたいでいるが、建物を支えている舞台の木組は、金具で固定せず、楔を介して地震の揺れや断層の多少の動きに追従するように見える。

●水みちと名水

京都に多くの名水があり、茶の湯や京豆腐、酒などはその所産である。名水は山から礫層を通じて湧出するが、中位段丘礫層の隙間は砂質粘土が充填しているので、透水性は必ずしも良くない。文化財調査で井戸を発掘すると、井戸底の礫層に粘土が洗い流された空隙の多い部分が見つかる。これが水みちで、自然にできるものではない。井戸水を汲み上げると、わずかに透水性の良い部分から水が集まり、粘土分が洗い流され、そして長年の間に水みちができるのである。四条堀川の佐女牛井《さめがい》跡、東寺の北西の六孫王神社、錦天満宮、御所の北西部の縣井、下賀茂神社、伏見の御香宮など街中の名水は、段丘の川址や沖積層の下限の地下水であるが、歴史の所産でもある。

三山など岩盤の山地では断層が水みちになる。東山山麓の銀閣寺庭園や清水の音羽の滝は断層からの湧水である。地下深部の断層も水みちである。京都の天然温泉は地下一〇〇〇メートル以深の岩盤から湧いている。温泉をもたらす水みちは岩盤の断層である。花折断層や樫原断層に温泉が掘られている。

●山林と土と水

山林が水を貯えるといわれるが、山林は土中の水で育つので、水を貯えることはない。水は山の土に蓄えられ、山林は土の流出を防いでいるのである。一般に、三山などの西日本の山では、黄褐色～赤褐色の土砂状の風化岩が稜線を一〇～二〇メートルの厚さで覆っている。風化岩の一〇～三〇パーセントは空隙で、その中に水を含んでいるので、あたかも水を含んだスポンジをテーブルに置いたように、風化岩から徐々に地下水が滲出して谷に流れ出す。その量は年間降水量の約三分の一もあり、雨の日ではなくても一町歩の山林から毎日約一〇立方メートルの水を谷に流出している。

山の風化岩は貯水池であり調整池である。風化岩からの滲出水が鴨川の流れや名水を生んでいるのである。山林がなくなると風化岩はたちまち流出し、山の貯水池は消える。風化岩は、二〇〇万年以上も前からの氷河性海水準変動、気候変動、地殻変動など、第四紀の地史で生まれたものである。この再生不可能で貴重な水資源を三山の山林が守っているのである。

京都盆地のゆくえ

大陸プレートの下に海洋プレートが潜り込み、三〇〇万年前に奈良盆地が沈降しはじめた。一五〇万年前に沈降域（構造盆地）は奈良から京都に移動した。沈降域の北への移動は今も続いている。その証拠に、六〇万年前に京都盆地に大阪湾から海が侵入してきて、当時の海底にほぼ水平に堆積したMa5と呼ぶ海成粘土層の深度は、今では地形と反対に、上鳥羽よりも二条城付近の方が深くなっている。また、桂川上流域の胡麻川が流れる南丹市胡麻の中位段丘に対比される高度二〇〇メートルの平地を日本海側の由良水系の高屋川が高さ約四〇メートルの崖を刻んで流れている。沈降域は京都から丹波山地へと日本海方面に移動しているのである。地質学的に近い将来、おそらく一〇万年後には淀川水系は琵琶湖や丹波山地を失い、京都盆地も奈良盆地のように水の恵みの少ない土地に変わるであろう。

参考文献

◎鎌田東二編（二〇一〇）『平安京のコスモロジー―千年持続首都の秘密―』創元社
◎中川要之助（一九九三）『人と暮らしと大地の科学―土地の成り立ちを知り、暮らし方を考える―』法政出版
◎森浩一編著（二〇〇四）『京都学ことはじめ―森浩一12のお勉強―』編集グループＳＵＲＥ
◎横山卓雄（一九八八）『平安遷都と鴨川つけかえ―歴史と自然史の接点―』法政出版
◎横山卓雄（二〇〇四）『京都の自然史―京都・奈良盆地の移りかわり―』京都自然史研究所

コラム1

工芸文化と京都三山

―ナラ枯れの木で陶器を焼く、今後の展開―

陶芸・美術作家　近藤　高弘

京都・東山清水・五条坂周辺は、江戸時代より焼き物が作られるようになり、清水焼・京焼として今日まで発展してきた。特に、明治から昭和の三〇年代終わりまでは、大きな登り窯が何十基もあり、最盛期であった。

京都の登り窯は、幾つもの焼成室が連なり効率よく焼き上げることのできる構造で、燃料は主に赤松である。京都三山は江戸時代のころの山の絵図を観ると松も多く、近隣の松などの木が焼き物の焼成に使用されていたことが予測できる。生活のための燃料として、また、建築や工芸など地場産業にも利用されてきた木材は、京都の文化を支えてきた。京都の洛中洛外は、三山と身近に連続して繋がり効率の良い環境循環の都市として機能してきたのである。また、京都の町を囲む三山は、我々京都人にとって安らぎの風景であり、借景であり、信仰であり、恵みの山でもあった。

こうした三山に囲まれている盆地の京都の町の構造が、よくワインの樽や酒蔵に例えられる。一二〇〇年以上もの時間をかけて、人やモノを醸成させ洗練させる風土こそが京都の伝統文化である。

さて、京焼とは何か?と、問われることが時折あるが、備前や信楽のように土味や焼きの魅力といった特徴があるわけではない。京都の焼き物は多種多様で、時代によって変容していくのが京焼であるといえる。作り手同士が、相互に技を競い刺激し合って独自の作品を生み出そうとする創意や、鑑賞者や使い手の注文や美意識によって、京都の陶磁器は高められてきた。

その中において、特に、重要な環境・機能をはたしていたのが五条周辺の登り窯であり、それが共同窯のシステムであったことである。陶房、職人、個人作家まで有名無名を問わず、さまざまな種類の焼き物がこの共同窯で焼かれていた。今のように展覧会に行かずとも、窯場にいけば焼く前と焼き上がった作品を観ることができたわけで、それは「暗黙のうちに認められた」研究会場であったと思う。そして、共同窯で交わされる会話やゴシップなども含め、窯場は情報の集積地であったは

図1　五条・京焼登り窯跡（旧藤平陶房）（シェファブ・トム撮影）

ずである。そのことが、京焼の水準を押し上げ、多様で豊かな陶芸を生み出す素地となっていたのである。残念ながら、昭和四〇年代初めには、登り窯の煙が公害とされ、五条や東山地区の登り窯はすべて閉窯することになる。その後、京都市内では電気窯やガス窯へと変わっていった。

　東山・五条の登り窯の火が途絶え五〇年以上がたった。登り窯の煙が、車の排気ガスに比べれば人体に害を及ぼすことはない。五条坂の旧藤平陶房の登り窯が京都市教育委員会の管轄になったとき、文化的動体保存を目的に京都の陶芸家有志が集まり、この窯の復興のための研究会を重ねてきた。

　その流れの中、東山のナラ枯れの木を使って、亀岡の陶芸家の穴窯で陶器を焼くという試みを行った。また、その燃やしたナラの木の灰を釉薬にして、器を焼き上げ、展覧会を開催し、その売り上げの収益をすべて、東日本大震災で災害にあった益子の陶芸組合の方に寄付をさせていただいたこともある。

　こうした、京都三山の資源を生かす試みは、今後どのような可能性があるか、考えていくべきではないかと思う。もちろん、現在、五条の登り窯に火を入れることは不可能であるため、直接的に三山の木を生かすことはできない。

　しかし、近年、京都で採れる土で焼き物を制作する試みや、もう一度薪窯で陶器を焼こうとする若い陶芸家が出てきている。人工知能や３Ｄ技術など、人間が思考だけでモノを作ることが発展したことで、逆に手で作ることの身体性や自然と向き合う原理主義的アナログ的なモノ作りが重要と考える人たちも増えている。

　京都の洛中洛外には、多くの作り手や作家が創意工夫をして作品制作を行っている現場が活きづいている町である。特に工芸文化の層の厚い京都において、京都三山の素材や環境を生かした作品やワークショップなど試みることは充分可能なことではないだろうか。例えば、草木で染める染色によって、布を作ることはそう難しいことではないだろうし、三山の間伐材を木工品にして、京都ブランドにすることもできるはずである。

　利休箸などは、絶好のお土産になるのではないだろうか。京都の山の素材であるということがブランディングできるし、かつその山を守る活動として共感を得ることができるのではないだろうか。

　近年、特に海外旅行者が急激に増加している観光都市として、京都三山の素材を生かしたモノ作りは、今後、京都の森を守っていく未来にとって有効な発信の一つにつながっていくだろう。

第2章

京都の森の現状と今日の危機

京都盆地における森の移り変わり

京都府立大学大学院
生命環境科学研究科　教授
高原　光

二〇一八年は数十年ぶりの強烈な台風により、森は大きな打撃を受け、至る所で樹木が倒れ、大きな変化が起こった。しかし、普段、私たちが生活している時間の流れの中では、森は動かないし、大きな変化は起こらないものだ。自然現象による上記のような森に対しての撹乱は、時間スケールを長くしてみると、数十年から一〇〇年に一回ほどの頻度で起こっている。また、数百年、数千年というもっと長い時間スケールでは、気候変動が起こり、これに対応して森も変化してきた。もちろん、様々な人間活動が急激な森の変化を引き起こしてきたことは明らかである。このような様々な要因によって、森が変化してきた歴史の解明は、現在の森の状態を理解し、将来の森の姿を考える上で欠かすことができない。

このような森の移り変わりを明らかにするには、様々な方法がある。数十年から一〇〇年程度の近い過去の変化は、植生調査資料や森林の管理記録、さらに様々な目的で撮影された写真に写されている景観の解析、航空機から撮影された空中写真や地形図の解析によって調べることができる。また、写真のない江戸時代以前では、風景や景観を表現した絵図の解析などを利用することができる。数百年以上前になると、湖や湿原などの堆積物に含まれる花粉や植物化石の解析によって、過去の植生を解明することができる。本稿では、これらの様々な方法で、明らかにされてきた約三万年から一万五〇〇〇年前のもっとも寒冷であった氷期から温暖な現在までの、京都盆地における森の移り変わりについて解説する。これらの解説に対応して、図1には、花粉分析を用いた研究による京都盆地の植生変遷を模式的に示した。さらに図2、図3には江戸時代以降の東山の森の変化を模式的に示した。

氷期以降の植生変遷

現在は、温暖な間氷期といわれる時代であるが、縄文時代の前の旧石器時代の一万五〇〇〇年前以前には、寒冷で乾燥した時代である氷期であった。この時代の植生は、京都府内では、丹後半島の大フケ湿原（高原ほか一九九九）、京都市深泥池（深泥池団体研究グループ 一九七六、中堀 一九八一）、八丁平湿原（高原・竹岡 一九八六）など堆積物の花粉分析結果によって明らかになっている。それらによると、丹波山地から京都盆地まで、モミ属、ツガ属、トウヒ属、マツ属を中心とするマツ科針葉樹の優勢な常緑針葉樹林が発達していた。近畿地方では、現在、標高一五〇〇メートル以上に位置する大台ヶ原や大峰山系に分布する森林に類似している。

一万五〇〇〇年前から日本海側地域ではブナ、内陸域ではコナラ亜属（ミズナラ、コナラなどの落葉性のナラ類）が増加し、約一万年前まで、このような落葉広葉樹林が発達する。京都盆地ではブナはあまり拡大せず、落葉性のナラ類の優勢な森林が発達したが、これらは一万年前頃から次第に減少し、九〇〇〇〜五〇〇〇年前の期間には、エノキ、ムクノキ、ケヤキなどの暖温帯性落葉広葉樹が優勢となる。この時代における、暖温帯性落葉広葉樹林の増加は、西日本各地で認められている。約七三〇〇年前には、九州から飛来した鬼界アカホヤ火山灰（Ｋ-Ａｈ）が降灰した。京都盆地ではこのＫ-Ａｈ降灰以後に常緑広葉樹であるアカガシ亜属やシイノキ属などを中心とし

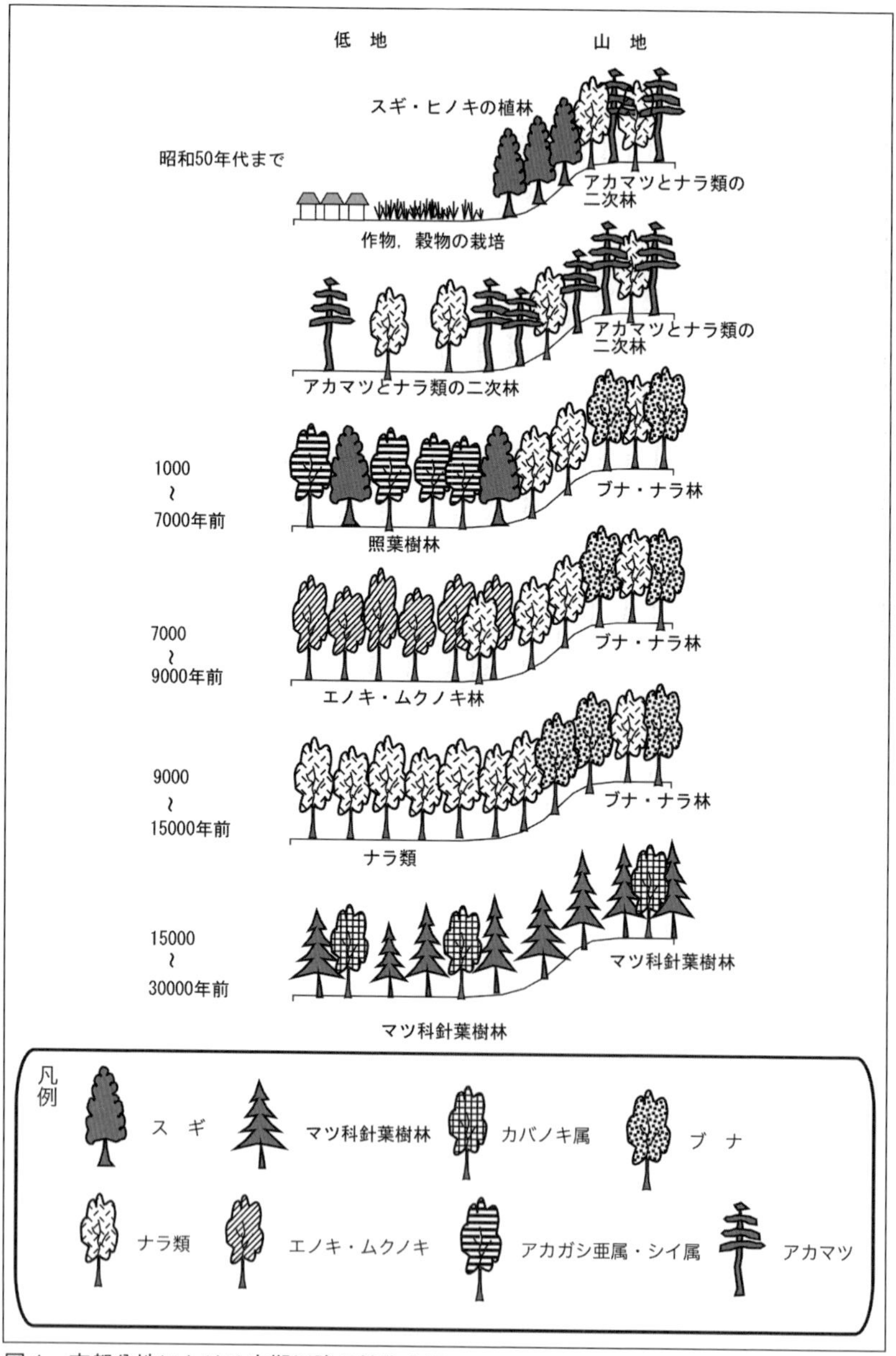

図１　京都盆地における氷期以降の植生変遷（高原 2015）

た照葉樹林が発達し、これにスギ、ヒノキ科などの温帯性針葉樹を伴う植生が形成された（高原 二〇一五）。

京都盆地の京都大学構内に位置する北白川追分町遺跡では、縄文時代晩期以降の堆積物が認められ、アカガシ亜属以外にコナラ亜属などの落葉広葉樹、スギ、ヒノキ科型の花粉が比較的多く認められ（佐々木・高原 二〇一二）、カヤ、オニグルミ、トチノキなどの植物遺体が認められている（那須 二〇一二）。さらに、アカガシ亜属、コナラ節、フジ属、オニグルミ、クリ、エノキ、ヒノキなど多様な材や（杉山ほか 二〇一二）、加工痕のあるコナラ節の幹も出土している（村上 二〇一二）。これらの樹種の分布は、斜面や谷など地形の違いに応じて配置されていたであろうが、常緑広葉樹だけでなく、温帯性針葉樹、落葉広葉樹など多様な樹種から成る植生であったことがうかがえる（高原 二〇一五）。

歴史時代における植生変遷
—照葉樹林からマツ林へ—

京都府内のほとんどの花粉分析地点において、堆積物の上層部で、マツ属花粉の増加が示されている。このマツ属花粉の増加は、人間活動が活発になり、自然植生を破壊したため主にアカマツが増加したことによるものと考えられている。このマツ属の増加し始める年代は、近畿地方各地でも異なっており、山地と京都盆地では異なっている。

京都盆地では、いくつかの遺跡調査に伴う花粉分析資料（植村・松原 一九九七、パリノ・サーベイ株式会社 一九九一、一九九三）によると、古墳時代にはアカガシ亜属やスギなどからなる照葉樹林が認められ、長岡京期から平安時代前期には、アカガシ亜属やスギは減少傾向にあり、マツ属花粉が増加する。平安時代中期にはマツ属花粉が急増し、鎌倉時代末期にはマツ属花粉がもっとも優勢となる。上述の深泥池では、氷期からの連続した堆積物の花粉分析が報告されているが、これまで、マツ属の増加する年代は、測定されていなかった（深泥池団体研究グループ　一九七六、中堀　一九八一）。そこで、深泥池において新たに堆積物を採取し、マツ属花粉が増加し、大きく植生が変化する年代を、種子などの植物遺体を使って放射性炭素年代測定法によって測定した。その結果、少なくとも京都盆地北部では、次のような森林の変化が認められた。本来、アカガシ亜属を中心とする常緑広葉樹林（照葉樹林）が広がっていた（図２Ａ）が、西暦七六四年の平安京造営に先だって、七世紀にはアカマツが増加し始めた。一一世紀には、照葉樹林はアカマツとコナラ亜属（落葉のナラ類）を中心とする二次林へ変化した（Sasaki and Takahara 2011）。また、京都盆地南部の平等院阿字池の堆積物から、放射性炭素年代によって平安時代初期と考えられる層準から、アカガシ亜属、コナラ亜属、エノキ／ムクノキ、スギ、ヒノキ科型の優勢な花粉組成が得られ、マツ属が増加傾向にあった（高原ほか　二〇一一）。この花粉組成は、平安時代初期には、常緑広葉樹や温帯性針葉樹などからなる植生が優勢であったが、アカマツが増加し始めていたことを示している。

　遺跡調査資料も含め、植生変遷を検討した結果、平安時代の直前の七世紀には、これまでの常緑広葉樹やスギは維持されてはいるものの、マツが増え始め、室町時代以降マツは優勢となり、江戸時代中期（西暦一七〇〇年代）には、圧倒的にマツが優占する植生になったことが示されている（佐々木ほか　二〇一一）。

江戸時代の植生（西暦一六〇〇年代から一八〇〇年代）

　最初に述べたように、風景や景観を表現した絵図の描写を検討することによって当時の植生景観を知ることができる（小椋　一九九二など）。

小椋（一九九二）は、江戸時代初期に描かれた洛外図（一六六〇年頃）について、当時の文献や他の絵画と比較することによって、植生景観の描画に関する資料性があるとし、京都盆地周辺の植生景観を考察している。東山については、「知恩院から伏見稲荷の裏山付近にかけて特に連続した森林が広範囲にみられたものと思われる。そのような林は、マツが主体であったが、社寺のすぐ近くでは、スギなどの針葉樹や様々な広葉樹からなる林や竹林も珍しくなかった。」と述べている。また、一七〇〇年代に描かれた三つの大絵図を比較して、京都盆地周辺山地では「草木がほとんどない荒廃したハゲ山も珍しくなかった。」としている（小椋 二〇一五）。これらの絵図の解析や上述の花粉分析に基づき、図２Ｂには平安時代から江戸時代初期の森の景観を示した。

華洛一覧図（横山崋山作、一八〇八年）（口絵14）、帝都雅景一覧（河村文鳳作図、一八〇九年、一八一六年）の比較によって検討された江戸時代の文化年代（文化年間：一八〇四－一八一八）の頃の植生は、かなり低い植生の部分や、場所によってはまったく植生のないところも広く見られたものと考えられる（小椋 一九九二、二〇一五）。華洛一覧図では、知恩院裏の花頂山では、比較的樹高の高いマツが見られるが、円山公園上の高台寺山では、ほとんど植生が描かれていない。さらに、清水山の上部西斜面には樹木が密生している。全体的には、花頂山から清水山までの間、高木のないところも多く見られる。これらの絵図に基づき、図２Ｃには江戸時代の一八〇〇年代の森の景観を示した。

江戸時代末期に描かれた淀川両岸一覧（松川半山画・暁晴翁著、一八六一年（柳原 一九七八を参照））に描かれた東山（三條橋、四條橋、五條橋）では、比較的高木の樹木が多く描かれているが、所々、疎な林分も見受けられる。ほぼ同じ年代の宇治川両岸一覧（松川半山画・暁晴翁著、一八六四年（柳原 一九七八を参照））では、宇治橋上流右岸の大吉山（仏徳山）の尾根近くまでが低木か草原状に描かれ、山の上部にはマツ状の高木が密生している。このように、江戸時代末期には、マツを中心とした高木の分布する場所と、低木あるいは草原状の場所が存在していたようである。

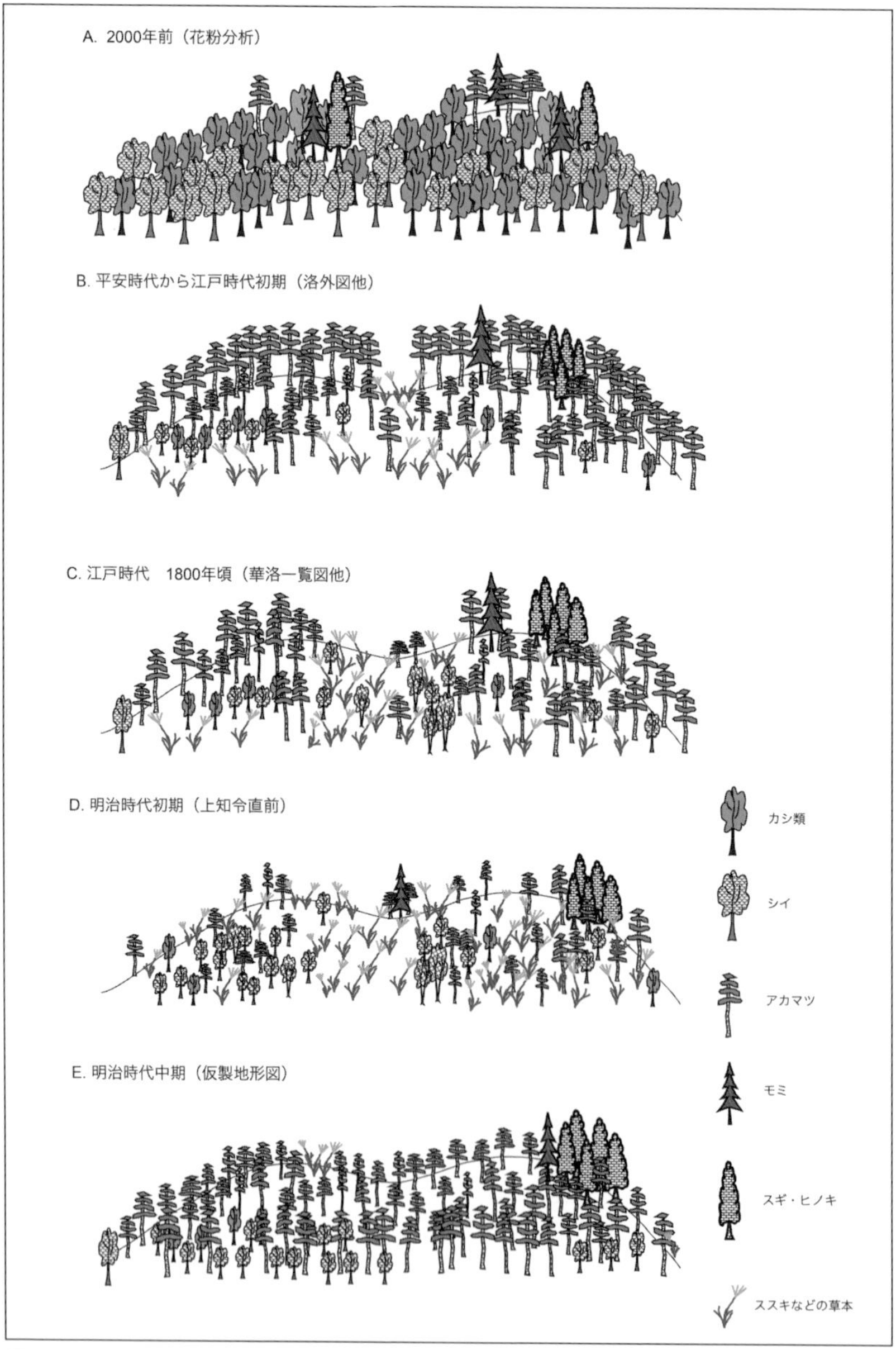

図２　2000 年前から明治時代中期にかけての東山の森の変化

明治時代の植生（西暦一八〇〇年代後半）

明治四年の上知令によって、寺院と神社の領地が、明治政府に没収された。大阪営林局による昭和のはじめにおける東山国有林内のアカマツの樹幹解析（幹を輪切りにして年輪幅を計測することによって、成長のようすや樹齢を調べる方法）から、当時樹齢が六〇～八〇年の範囲に入ることから、東山では、この上知令の直前に、「一度激しい濫伐が加えられた」（大阪営林局 一九三六）とされ、明治初期には、東山の広い範囲で、遷移初期段階のアカマツ等の低木からなる植生が拡がったと考えられる。しかし、すべての林地においてではなく、清水山では、後の昭和九年（一九三四）の室戸台風による甚大な被害後の倒木調査によって、三五〇年生のヒノキ林分であることが分かり、ここには、江戸時代初期からヒノキ林が存在していたとされている（大阪営林局 一九三六）。これらの大阪営林局の記述に基づき、図2Dには明治時代初期の森の景観を示した。

明治時代になると、さらに、地形図を資料として、当時の植生景観を調べることができる。小椋（一九九二）は、参謀本部測量局（陸軍）による仮製地形図（明治一七年（一八八四）から二三年（一八九〇））に示された植生に関する記号を、京都府の各地の植生に関して記述のある京都府地誌と比較し、その記号の示す植生を考察した上で、明治二二年（一八八九）頃の植生図を示している（小椋 一九九二）。これによると、東山一帯はほとんど樹高五メートル以下のマツ林であり、ススキ草原などの雑草地やはげ山も点在している。しかし、特に、知恩院裏山の西側斜面では五メートル以上の他の場所よりも樹高の高いマツ林が存在していた。この状況は清水山付近まで同様である。これらの仮製地形図による解析に基づき、図2Eには明治時代中期の森の景観を示した。

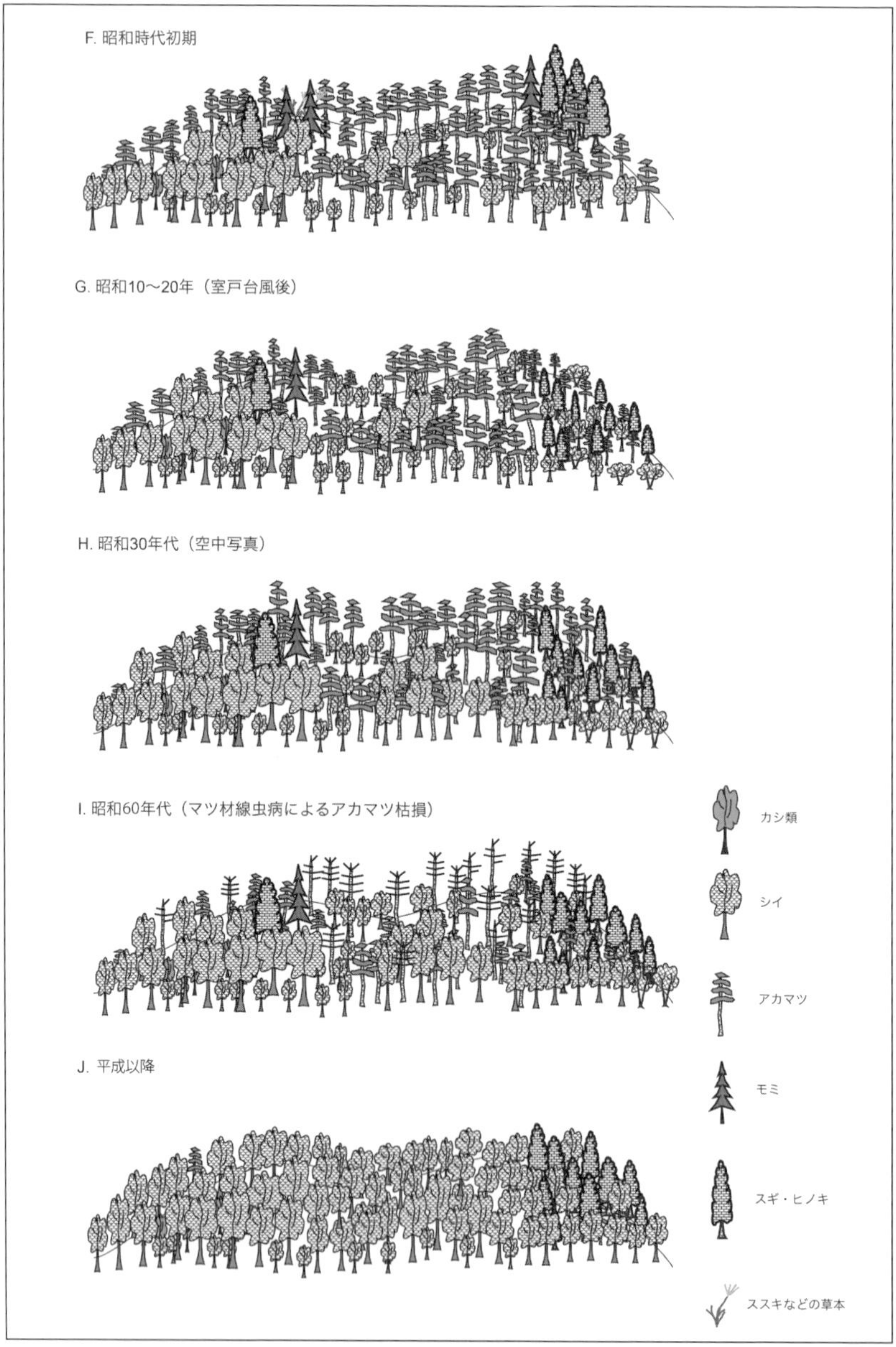

図３　昭和時代初期から現在までの東山の森の変化

昭和時代初期の東山の植生（西暦一九三〇年代）

以下の記述に基づき、昭和時代初期から現在までの東山の森の変化を図3に模式的に示した。大阪営林局（一九三六）による「東山国有林風致計画書」には、昭和初期の東山の植生について、詳細な調査結果が写真や調査データと共に示されており、東山の植生を考える上できわめて貴重な資料である。以下この計画書に記載された青蓮院、智恩院から清水寺に至る東山の植生を概説する。

青蓮院、智恩院裏山（花頂山）では、シイ林が目立ち、これに、アカマツ、モミ、スギ、ヒノキが単木で混生している。山麓近くにはスギ、ヒノキの林分が点在している。シイの樹齢は五〇～二〇〇年、スギ一五〇年、アカマツ一〇〇～一五〇年、モミ一〇〇年、ヒノキ一〇〇年と推定されている。

シイ林は、これ以外にも分布しているが、樹齢は六〇年くらいで、アカマツと混交しているものの、モミ、スギ、ヒノキとの混交はない。

将軍塚下方のアカマツ、シイ、コナラ林は、アカマツ、シイが高木層で優占し、コナラを混じえている。下層にはシイ、アラカシ、クロバイ、タカノツメなどが生育している。伐採された標本木の樹齢はアカマツ、シイ、コナラとも約六〇年生であり、明治初期に定着したものである。

清水寺の背景を成している地区には、老齢のヒノキを主体として、同様のアカマツ、シイを交えた森林があり、その下方にはシイの純林が帯状に拡がっている（本書一二七頁図4参照）。上述のように、このヒノキの樹齢は、昭和九年（一九三四）時点で、三五〇年生であった。この林分の植生について、『東山国有林植物誌』（大阪営林局 一九三六）、「東山国有林風致計画書附録」に、次のように詳しく記述されている。

上層木：ヒノキ、シイ、アカマツ

中層木：クロバイ、リンボク、ソヨゴ、サカキ、シイ、ツバキ、シロバイ、カナメモチ、アオハダ、イヌザクラ、エゴノキ、コシアブラ、タカノツメ、リョウブ、ネジキ等

低木：ヒサカキ、シャシャンポ、ヤマウルシ、コバノミツバツツジ、アセビ、ウスノキ、クロソヨゴ、モチツツジ、シイ等

東山全域（大文字山から稲荷山の京都盆地を望む西側斜面）では、六一パーセントをアカマツが占めており、この林分は中腹以上の乾燥地に成立している。前述のように、東山各地区で一五本の伐採木について、樹幹解析を行った結果、六〇～八〇年生の範囲に入り、明治初期に発生したアカマツであった。清水山菊谷における試料木は、樹齢七三年、胸高直径三三・二センチメートル、樹高二五・七五メートルであった。

大阪営林局（一九三六）は、東山の植生の今後の移り変わりについて、下記のように予想している。昭和一〇年（一九三五）頃のアカマツとシイの混交林について、樹幹解析の結果から、アカマツはシイよりも樹高成長がよく、やや優勢であったが、次第にシイがアカマツよりも優勢となり、シイを主体とした森林に変化するであろう。さらに、清水山下部のヒノキ林では、高木はヒノキにアカマツが少し混生しているが、下層では、シイが優占していることが示されている。そのほか、落葉広葉樹林においても、シイが林床に認められ、シイ林に変化して行くであろうことが予想されている。

これらの大阪営林局の記述に基づき、図３Ｆには昭和時代初期（一九三〇年代）の森の景観を示した。

また、前述のように、東山は、上知令直前の濫伐後に国有林となり、その後禁伐が続き、その後の植生遷移によって、おそらく江戸時代末から低木のシイが拡がりつつあった知恩院裏山や清水山の下部では、昭和初期（一九三〇年代）にシイ林が形成されたと考えられる。その後、昭和九年（一九三四）の室戸台風によって、清水

山を中心に、三五〇年生のヒノキ林やアカマツ、シイの混交する森林は壊滅的被害を受けた。この被害に対して、国有林によって行われた復旧造林では、広葉樹（それ以前の森林構成からシイであると考えられる）の根株からの萌芽を利用し、景観に配慮して、ヒノキの樹高一～二メートルの大苗を植林し、アカマツ、シイも同時に植林する計画で、早くも昭和九年（一九三四）度に山麓にシイ、カシ、中腹以上にアカマツ、ヒノキを主に植林し、窒素固定をするヤマモモ、ハゲシバリ（ヤシャブシ）も同時に混植している（大阪営林局 一九三六）。この造林地では、昭和二一年（一九四六）の資料では、斜面下部ではシイが樹高八メートル、中腹以上で、シイ、ヒノキ、マツで樹高五～六メートルに成長している（大阪営林局経営部 一九四六）。

このように室戸台風による被害地で、風害前の林相再現を目標とし、被害木のシイなどの広葉樹の萌芽を利用しつつ、ヒノキ、アカマツ、シイを植林した。これらの大阪営林局の記述に基づき、図３Ｇには、室戸台風被害の復旧造林後の昭和一〇－二〇（一九三五－一九四五）年頃における森の景観を示した。

昭和から平成（西暦一九六〇－二〇〇〇年代）からへの過去五〇年間の植生景観の変遷

―マツ林からシイ林へ―

これまで述べたように京都では約一〇〇〇年前の平安時代前後に、自然植生から強度に人為の加わったマツ林へと植生が大きく変化した。それ以降、昭和初期までの森林の変化はこれまで述べてきたとおりである。しかし、人間活動によって長期間維持されてきたアカマツを中心とする植生は、特に過去五〇年ほどの間に大きく変化し、京都盆地周辺の丘陵地や丹後半島でもシイを中心とする森林が発達してきた。空中写真の解析によって明らかになったこのような植生景観の変化の様子を高原・奥田（二〇〇八）に加筆して述べる。用いた空中写真やその解析方法は奥田ほか（二〇〇七）、高原・奥田（二〇〇八）に示されている。

●東山におけるシイ林の拡大過程

空中写真の解析によって明らかにした一九六一年、一九七五年、一九八七年、二〇〇四年におけるシイの分布域を図４に示した。この図によると、一九六一年におけるシイ林の分布は、小椋（一九九二）が示した昭和初期（一九三〇年代）のシイ林の分布状況から大きく変化していない。現在も大径木が分布している知恩院の東側にはまとまったシイ林が認められ、東山の山裾には線状にシイが分布している。一九七五年から一九八七年にかけて、シイは斜面中腹へと分布を広げ、東山東斜面の山科側においても認められる。二〇〇四年には、シイは北端の粟田神社近辺から南端の清閑寺付近までほぼ連続して分布している。西側斜面では、ほぼ斜面下部から尾根までシイが広がっている。一方、尾根を隔てた東側斜面には、点在する程度ではあるが分布を広げている。二〇〇四年におけるシイ分布域の面積は一九六一年の約四・七倍の三二・一ヘクタールに達した。一九六一年と二〇〇四年における東山の植生変化について、空中写真を解

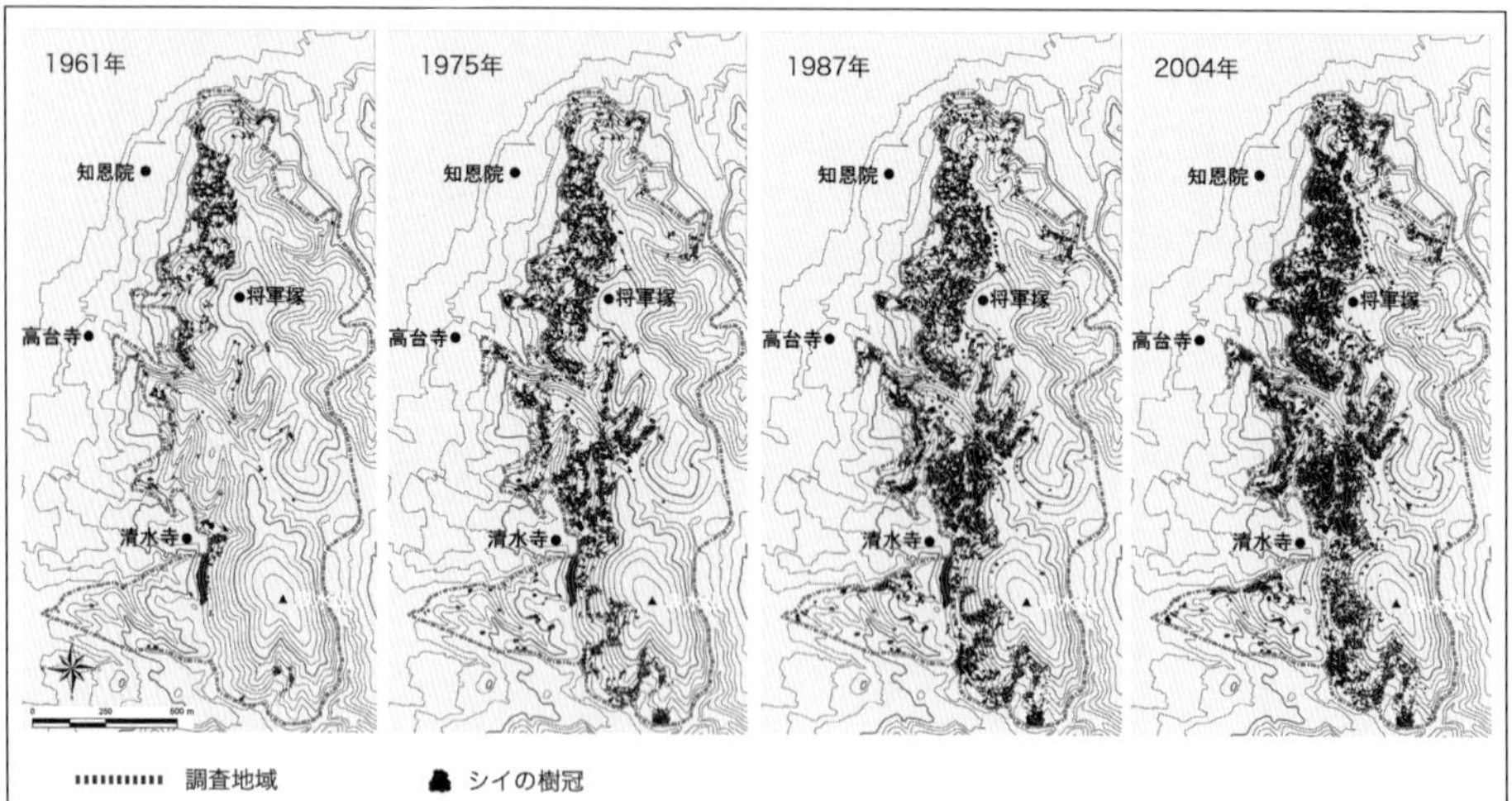

図４　東山におけるシイの分布変遷（奥田ほか　2007）

析した結果、一九六一年には、アカマツを主とする植生が森林全体の四〇パーセントを占め、シイ林は一一パーセントであった。空中写真の解析に基づき、図３Ｈには昭和三〇年代（一九五五－一九六〇年頃）の森の景観を示した。

二〇〇四年の空中写真では、アカマツの優占する植生は、ほとんど認められなくなり、シイ林は三八パーセントまで増加した。前述のように、現在、このシイ林は西側斜面のほとんどを占めている。

現地の林内を踏査して調べた結果、東側斜面など高木のシイがない地域でも、低木や実生のシイが広く認められた。このように、高木だけでなく、下層植生も含めると調査地域の八割近くで、シイの分布が確認されている。

●京都盆地周辺におけるマツ林衰退とシイ林分布拡大の要因

人間活動によって長期間維持されてきたアカマツを中心とする植生は、これまで述べてきたように、過去五〇年間にさらに大きく変化し、近年、京都盆地の縁辺部の丘陵地では、シイを中心とする照葉樹林が発達してきた。

一九五〇年代から始まった都市周辺域での急激なプロパンガスの普及（社団法人日本ガス協会 一九九七）、いわゆる燃料革命によって、これまで都市近郊の森林で行われてきた柴や下草、落葉落枝の採取などの生活資源としての樹木の利用が減少した。その結果、都市近郊の森林では人為の影響が減少し、遷移が進行したと考えられる。また、上述のように、東山では室戸台風による被害後のヒノキ、アカマツ、シイ等の復旧造林が行われ、国有林における管理によって、林内でシイの成長が進んだ。

さらに、シイが急速に分布を拡大した大きな要因としてマツ枯れによる影響が挙げられる。京都市とその周辺では一九七〇年代以降にマツ材線虫病などによるマツ枯れが激化し、多くのアカマツが枯死した（安藤ほか 一九九八、森下・安藤 二〇〇二）。東山の高台寺山国有林においても、一九五四年から一九九一年の間に八八八五本の被害木が処理されている（大阪営林局・京都営林署 一九九三）。このようなアカマツの大量枯死により、それまで下層で生育していたシイが成長し林冠に達したため、シイの樹冠面積が急速に増加したものと考えられる。そのメカニズムは、平山ほか（二〇一二）によって、確かめられている。図３Ｉには松枯れが猛威を振るった昭和六〇年代（一九八〇年代半ばから一九九〇年代半ば）における森の景観を示した。

　これまで述べたように、京都盆地周辺の森林は、平安時代以前の常緑広葉樹に落葉広葉樹や温帯性針葉樹の伴う照葉樹林から、人間活動の影響を受け、アカマツ林あるいは低木林状態へと変化し、数百年以上にわたって維持されてきたが、一九六〇年代の燃料革命によって森林へ人手が入らなくなり。また、東山では室戸台風による被害後のヒノキ、アカマツ、シイ等の復旧造林が行われ、林内でシイの成長が進んだ。さらに、一九七〇年代以降のマツ材線虫病などによるマツ枯れの激化によって、森林の上層が疎開したため、植生遷移が急速に進み、近年、盆地の縁辺部の丘陵地では、シイを中心とする常緑広葉樹林が発達してきた。図３Ｊにはマツ枯れ以降の昭和六〇年代（一九八五年以降）から現在の森の景観を示した。

　以上、京都盆地の氷期以降の植生変遷と東山における森の移り変わりについて、述べてきた。東山では、明治以降、国有林によって一五〇年にわたって管理が行われてきた。国有林として室戸台風の甚大な被害を受けた後の昭和一〇年（一九三五）から一一年（一九三六）にかけて、詳細な植物相の調査が行われ『東山国有林植物誌』を刊行している。現在では、その後九〇年が経過しており、二〇一八年九月には、台風二一号により再び大きな台風被害を受けた。再び、今後の森林の管理について、考えなければならないが、九〇年前と同様、一五〇年にわたって景観が保全されてきた東山の森林について、詳細な植物相やさらに動物相も含めて調査を行い、それに基づいた保全策が必要であろう。

引用文献

◎安藤信・山崎理正・川那辺三郎（一九九八）「京都市の市街地周辺の森林植生に関する調査研究」『京都市の自然に関する実態調査報告書』1-156．京都市公害防止計画研究会

◎平山貴美子・山田勝俊・西村辰也・河村翔太・高原光（二〇一一）「京都市近郊二次林における遷移進行に伴う木本種構成および種多様性の変化」『日本森林学会誌』93, 21-28

◎深泥池団体研究グループ（一九七六）「深泥池の研究（2）」『地球科学』30, 122-140

◎那須浩郎（二〇一二）「京都大学北部構内 BH31 区の発掘調査　大型植物遺体分析」『京都大学構内遺跡調査報告研究年報 2009 年度』209-224．京都大学文化財総合研究センター

◎森下和路・安藤信（二〇〇二）「京都市市街地北部森林のマツ枯れに伴う林相変化」『森林研究』74, 35-45

◎中堀謙二（一九八一）「深泥池の花粉分析」『深泥池の自然と人　深泥池学術調査報告書』163-180．京都市文化観光局

◎小椋純一（一九九二）『絵図から読み解く人と景観の歴史』雄山閣

◎小椋純一（二〇一五）「絵図類の考察を中心にみた江戸末期から室町後期における京都近郊の植生景観」『京都府レッドデータブック２０１５　３　地形・地質・自然生態系編』308-359．京都府自然環境保全課

◎奥田賢・美濃羽靖・高原光・小椋純一（二〇〇七）「京都市東山における過去70年間のシイ林の拡大過程」『森林立地』49, 19-26

◎大阪営林局（一九三六）『東山国有林風致計画書』　大阪営林局＋「附録　東山国有林植物誌」、「東山風致復舊座談会」

◎大阪営林局経営部（一九四六）「東山国有林清水山復興造林地調査資料」昭和二一年二月

◎大阪営林局・京都営林署（一九九三）「東山国有林の風致・防災施業」京都営林署

◎パリノ・サーベイ株式会社（一九九一）「平安京右京五条二坊九町・十六町発掘調査　花粉・植物珪酸体分析報告」『平安京右京五条二坊九町・十六町』〈京都文化博物館調査研究報告』7〉108-116

◎パリノ・サーベイ株式会社（一九九三）「第2節　花粉分析」『宮の口遺跡』〈京都文化博物館調査研究報告』10〉63-72

◎佐々木尚子・高原光（二〇一一）「京都大学北部構内 BH31 区の発掘調査　花粉分析」『京都大学構内遺跡調査報告研究年報二〇〇九年度』225-235．京都大学文化財総合研究センター

◎Sasaki, N. and Takahara, H.（2011）"Late Holocene human impact on the vegetation around Mizorogaike Pond in northern Kyoto Basin, Japan: a comparison of pollen and charcoal records with archaeological and historical data," *Journal of Archaeological Science*, 38, 1199-1208
◎佐々木尚子・高原光・湯本貴和（二〇一一）「堆積物中の花粉組成からみた京都盆地周辺における「里山」林の成立過程」『地球環境』16 (2), 115-127
◎社団法人日本ガス協会（一九九七）『日本都市ガス産業史』日本ガス協会
◎杉山淳司・金井いずみ・伊東隆夫（二〇一一）「京都大学北部構内 BH31 区の発掘調査　花粉分析」『京都大学構内遺跡調査報告研究年報　二〇〇九年度』173-191　京都大学文化財総合研究センター
◎高原光（二〇一五）「京都府における最終間氷期以降の植生史」『京都府レッドデータブック２０１５　３　地形・地質・自然生態系』299-307．京都府自然環境保全課
◎高原光・蓮實和也・林竜馬・河野樹一郎・佐々木尚子・杉本宏（二〇一一）「平等院阿字池堆積物の花粉分析に基づく平等院周辺における植生変遷」『鳳翔学叢』第７号，199-208
◎高原光・奥田賢（二〇〇八）「シイノキの分布拡大―マツ林からシイ林へ―」田中和博編『古都の森を守り活かす　モデルフォレスト京都』149-163．京都大学学術出版会
◎高原光・竹岡政治（一九八六）「京都市八丁平湿原における最終氷期最盛期以降の植生変遷」『日生態会誌』36, 105-116

第2章◉京都の森の現状と今日の危機

伝染病による森林の変化、マツ枯れ、ナラ枯れ

神戸大学大学院 農学研究科 教授
黒田 慶子

はじめに ——東山と森林の伝染病——

そろそろ猛暑となる七月末頃から、ふと視線を向けた山の斜面で、紅葉の時期でもないのに葉が赤くなった広葉樹が見えることがある。残暑の厳しい九月から、常緑樹のアカマツの葉が急に赤茶色になっているのに気づかれるかもしれない。これらは伝染病による枯れ木で、ナラ枯れ、マツ枯れと呼んでいる。森林の樹木も病気に感染する。菌類（カビ）の感染による病気が多いが、ウイルスや線虫[1]が起こす病気もある。これらの微生物感染による病気は「伝染病」とも呼ばれる。伝染病で枯れた木をそのまま林内に放置すると病気は健康な樹木に伝染し、森林全体に蔓延することがある。結核やインフルエンザなど人間の伝染病では、健康な人に病気がうつらないように、感染者の隔離ができるが、森林では病気にかかった木を他の場所に移すことができないため、感染木が

増えると被害を減らすことが難しい。重大な被害を起こす病気については、感染によって森林の生態系がどのように変化するのか予測し、病気の発生前から「健康な森林に保つ」という意識で対応することが重要である。

京都の森林で大きな被害をもたらしている病気はマツ枯れ（マツ材線虫病）と、ナラ枯れ（ナラ・カシ類萎《い》凋《ちょう》病《びょう》）[2]である。マツ枯れの被害は毎年九月頃からで、山腹や海岸では多数のマツ類の葉が急激に赤く枯れる。時には翌年一月以降に枯れることもある。一方、ナラ枯れ被害は梅雨明け後から夏に、落葉ナラ類、常緑のカシ類やシイ類などの葉が全体に赤く変色して枯死する。マツ枯れによって、京都東山の構成樹木はこの数十年の間に大きく変化した（図1）。森林の植生は数百年かけて徐々に変化すると言われてきたが、伝染病が発生した場合は自然の植生遷移とは異なる変化が起こることがわかっている。マツ枯れ後にナラ枯れも発生した京都東山では、これらの病気の影響を念頭に、森林の維持管理方法を考えて実行する必要がある。

本稿ではまず、マツ枯れとナラ枯れという二つの樹木伝染病の原因、被害を減らす方法など基本的なことがらを説明する。それから、数十年程度の近年の森林の変化の状況や保全方法について解説する。詳細は関連の参考書（黒田 二〇〇八など）を参照していただきたい。京都の東山を里山と呼ぶと違和感を持つ方もあるかもしれない。しかしながら、この地域の森林は寺院の所有林および地域の居住民の生活に利用されてきた林であり、「里山二次林」としての植生を示している。植生の詳細については第3章「東山の植生と事業実施後の現状」（安藤信）に示す。

図1　京都市左京区銀閣寺（東山慈照寺）東側のアカマツの減少
左　1988年撮影：マツ枯れによって尾根部のアカマツが急激に減少し、疎らになった。手前の建物は銀閣寺。（黒田撮影）
右　2004年同一場所からの撮影：マツ枯れ後に広葉樹が繁茂し、アカマツはほとんど認められない。（黒田撮影）

マツ枯れとは

●外来伝染病の怖さ

正式名はマツ材線虫病であるが、マツ枯れ、松食い虫とも呼ばれる。北米から日本に持ち込まれた外来の伝染病で、病原体はマツノザイセンチュウ（*Bursaphelenchus xylophilus*）（図２）である。日本で最初の被害記録は一九〇五年の長崎市周辺でのマツ類の集団枯死であり、日露戦争の頃に輸入物資と共に米国から被害材が持ち込まれたのではと推測されている。当時は原因不明であったが、伝染病か虫害であることを前提に枯死木の伐倒焼却が徹底して実施され、被害は一旦終息した。しかし一九二〇年代には兵庫県で被害発生があり、その後も港への被害材持ち込みが各地で繰り返しあったようである。一九七一年に清原と徳重はマツノザイセンチュウが病原体であること、マツノマダラカミキリ（*Monochamus alternatus*）がこの線虫を体内に保持して媒介する（図３）ことを世界で初めて報告した。日本在来のクロマツ（*Pinus thunbergii*）、アカマツ（*P. densiflora*）、ゴヨウマツ（*P. parviflora*）は本病への感受性が高く、京都では山のアカマツ林や海岸のクロマツ林で枯死被害が持続的に発生している。一九八〇年代より、日本から中国や台湾、韓国、東南アジア諸国に被害が広がっているが、二〇〇〇年代にはポルトガル、スペインにも被害が発生した。マツ類は世界各地で重要な森林資源であることから、多数の国で病気の侵入を警戒している。なお、集団的にマツが枯れる原因については、大気汚染（酸性雨）であるとか、森林の放置で落葉が積もって土壌が富

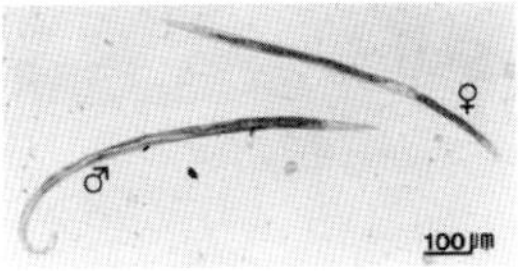

図２　マツ枯れの病原体、マツノザイセンチュウ（黒田撮影）

図３　病原線虫を媒介するマツノマダラカミキリ（黒田撮影）

栄養化し、マツが衰弱したからと言われたこともある。しかしながら、マツ枯れの大半がマツノザイセンチュウ感染によることは多数の研究論文によって科学的に立証されており、世界四大樹木病害の一つとされている。なお、昔からマツノザイセンチュウが生息していた北米では、テーダマツ（*Pinus taeda*）やストローブマツ（*P. strobus*）など抵抗性の種があり、感染しても枯れにくい。これらの抵抗性マツを日本に植栽した時期もあるが、強風で倒木しやすいなどの理由で国内での植栽は続かなかった。

マツ枯れの仕組みと被害を減らす方法

マツノザイセンチュウは自力では枯死木から健全木には移動できず、移動の乗り物としてマツノマダラカミキリを利用している。そのため、マツ枯れを減らすにはマツノマダラカミキリ（以下、カミキリと略記）の生息数を減らすことがもっとも重要である。枯死木の伐倒駆除と薬剤の予防散布が正しく実施された場所では、被害増加は抑えられている。伐倒駆除とは、枯死マツを翌春までに伐倒し、材内のカミキリ（幼虫・成虫）を殺虫する方法である。伐採した枯死木を一定の長さに切り、そこに殺虫剤を散布してからビニールシートなどの覆いをかけて、殺虫する。厚手の農業用シートの被覆のみで太陽熱で殺虫する方法も開発されている。この伐倒駆除を徹底的に実施すると翌シーズンの被害は減らせるが、枯死木の見落としなどでカミキリの根絶は難しいため、生きているマツへの殺虫剤予防散布を併用するのが一般的である。

本病の被害を減らしたい場合、病原線虫の感染から枯死までに起こる事柄（伝染環）と媒介昆虫の生態（生活史）（図4）について熟知している必要がある。上記の昆虫駆除の実施時期を逃さないことが大変重要なためである。五月下旬から夏にかけて、マツノマダラカミキリ（寒冷地ではカラフトヒゲナガカミキリも）は、マツノザイセンチュウ（以下、線虫）を体内（気門）に保持して枯死木から飛び立ち、健康なマツの若枝をかじる（後食《こうしょく》とも呼ぶ）。線虫はその傷口からマツの枝組織内に侵入し、樹脂道を通って樹体内を移動する。その際にマツ細胞の内容物を吸収するなどの刺激を与えるので、マツの組織では外敵への防御反応として、テルペン類などの化学成分の生成が増える。その結果として、樹幹内の水分通導（根から枝葉への水の移動）が減少～停止し、感染木では枝葉の水が足りなくなって枯死する。樹木が生き抜くための防御反応が、線虫の移動に対して過剰に働いたために、自分自身が枯死するという皮肉な結果である。

八月には葉の変色～葉枯れはまだ起こっておらず、人間には異常が見えない。しかしカミキリは匂いで衰弱木を見つけ出して枝や幹に産卵する（図４）。孵化した幼虫は内樹皮組織を食べて育ち、やがて材内に移動して木部を食べる。幼虫から成虫となる時期までに感染木の大半は枯死しており、病原線虫は枯死木内で活発に増殖する。翌春、線虫はカミキリ新成虫とともに外界に出て行き健全木に感染する。病気の伝染は毎年このサイクルで繰り返される。一度の感染でマツが枯死せずに、数年間繰り返し感染した後に枯死することもある。直径数十センチメートルの太い幹は樹皮が堅いためカミキリの産卵は少なく、一方、二～三センチメートルの太さの枝への産卵は活発であるため、枯死枝を林内に放置すると成虫が発生して被害を増やす。産卵のない太い幹だけ処分するという失敗が多く見られるので、注意が必要である。また、作業者にマツ枯れの伝染環（図４）の知識が無く、枯死木を伐採して積み上げるだけで放置する例がある。ボランティアに依頼する

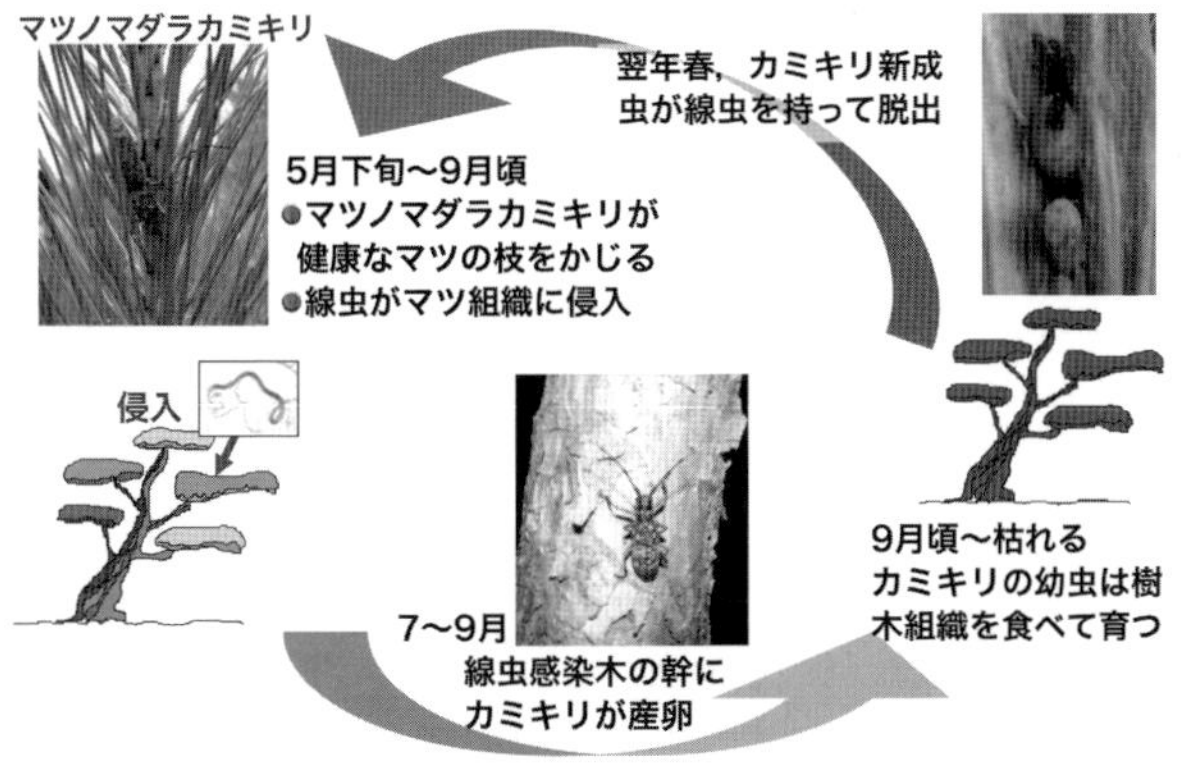

図４　マツノザイセンチュウの伝染環と枯死の仕組み（黒田作成）

場合も含めて、「伝染病」であることをしっかり認識している必要がある。本病の予防のために殺線虫剤などを健全木の幹に注入する方法はあるが、薬の濃度を保つために五年程度の周期で薬液を注入する。ただし、薬剤注入用の穴を繰り返し幹に開けるため、樹幹の水分通導の機能が低下し、線虫感染のない健康なマツが枯れることがある。緊急性の高い保護措置には効果的であるが、繰り返し注入の必要な長期使用には適していない。

マツ枯れの激害地で生き残ったアカマツ、クロマツから抵抗性の個体を選抜して育種が行われている。しかし選抜された品種はやや強いマツであって、「枯れないマツ」ではない。カミキリの生息密度が高い場所では枯死しやすいと報告されている。抵抗性品種を利用するには、カミキリの密度把握や伐倒駆除の徹底実施などを含めた総合的な防除計画が不可欠である。

●関連の法律とその影響

里山が薪や炭生産に利用されていた一九五〇年代頃までは、枯れたマツはすぐに伐られて燃料に利用されたので、病気の防除（殺虫）が自然にできており、病気伝染の拡大や枯死木の増加がかなり押さえられていた。しかし、一九五〇年代半ばからの燃料革命によって、燃料はプロパンガスや灯油へと変化し、枯れ木は山中に放置されるようになった。一九七〇年代後半からマツの枯死被害が激甚化したため、一九七七年に「松くい虫被害対策特別措置法」が時限立法として制定された。一九九七年以降この法律は「森林病害虫等防除法」にまとめられ、マツ枯れのみが対象ではなくなった。林野庁が特定の「保全すべき松林」のみに防除対象を絞ったこと、生態系保全や健康の観点から住民の薬剤散布反対が増えたことから、二〇〇〇年代以降は伐倒駆除や薬剤の予防散布に消極的な地域が増加した。なお、二〇〇〇年代からの被害材積は毎年一〇〇万立方メートル（日本全国）程度で推移している（農林水産省統計資料）。

マツタケ産地などで予防散布を停止した場合、数年でマツ枯れが激甚化し、マツタケ生産量が激減している。

観光名所や海岸のクロマツ林などでも、伐倒駆除と予防散布により被害が抑えられていた場所は、マツ枯れに対する防除が中止されると激害に転じるので、持続的な注意と管理が必要である。なお、薬剤散布は農作物と同様に、農薬登録に従って実施する。ネオニコチノイド系薬剤の危険性が心配されているが、マツに対しては、水稲、野菜、果樹等に使われる薬剤の中で、ミツバチへの影響はほぼ無いとされるものが使用されている。

ナラ枯れとは

●原因と媒介者

ナラ枯れは真菌類（カビ）のラファエリア・クエルキボーラ（*Raffaelea quercivora*）（図5）の感染による日本在来の樹木病害で、ブナ科のコナラ属（落葉のナラ類、常緑のカシ類）、シイ属、マテバシイ属など、ドングリのなる樹木が枯死する。ただしブナ科でもブナ属のブナやイヌブナが枯死した記録は無く、「ブナ科樹木萎凋病」では誤解されるので、「ナラ枯れ」または「ナラ・カシ類萎凋病」などを病名として用いる。

この病原菌は養菌性キクイムシであるカシノナガキクイムシ（図6）によって、枯死木から健全木へと媒介される。養菌性キクイムシとは、菌類と共生して生息する甲虫類のことで、キクイムシ側は食糧として菌を利用し、菌側はキクイムシによって広域に移動することができ、双方に共生する利点がある。ナラ枯れでは、病原菌を媒介することによって樹木を枯死させることができ、繁殖可能な場所を増やす点で

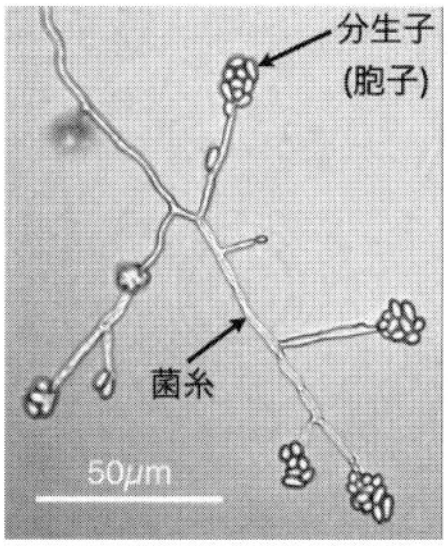

図5　ナラ枯れの病原菌
Raffaelea quercivora
（黒田 2010）

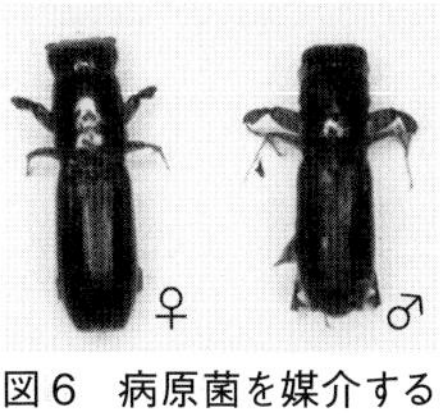

図6　病原菌を媒介するカシノナガキクイムシ
（黒田 2010）

も媒介キクイムシにとってメリットがある。近畿地方では六~八月頃、枯死木から羽化脱出したカシノナガキクイムシが、生きているナラ・カシ・シイ類等の幹に穴をあけて入り、孔道（坑道、細長いトンネル）を形成して交尾、産卵する。その際に病原菌が樹幹内に持ち込まれ、木部組織では孔道に沿って病原菌が繁殖する（図7）（黒田・山田 一九九六）。

樹木の細胞では病原菌の菌糸伸長に対して防御反応が起こり、その結果として材が黒褐色に変色する。病原菌はキクイムシの孔道を利用して素早く繁殖するので、樹木の防御反応による抗菌効果は間に合わない。多数のキクイムシが加害した樹幹では、図7に示すように辺材のほぼ全域に菌が分布して変色し、変色部では水分通導が停止する（マツ枯れの項を参照）。そのため枝や葉は水分欠乏となり、梅雨あけ後の気温上昇時に急激な葉の縮れや赤変が進み、夏季に枯死する。枯死木は近畿地方では七月末~一〇月頃まで発生する。

ナラ類の集団枯死は虫害としての被害記録が一九三〇年代からある。江戸時代にも長野県でミズナラ枯死木があったと記載されている古文書（出典：長野県飯山市五束神社蔵『御社向日記』高橋義胤宮司著、一七二二―一七五七）が見つかったことから、海外からの侵入病害ではなく日本在来の病気であると推測される。近年では一九八〇年代末から福井県など本州の日本海沿岸の数か所でナラ類の集団枯死が目立つようになり、その後、内陸も含めて各地で被害地・被害量が増加したことから、問題視されることになった。京都府では現在も枯死被害が続いている。直径一〇センチメートル以下の若木ではこの甲虫はほとんど繁殖できず、大径木で活発に繁殖する。一九九〇年代以降は里山の放置によって樹木の大径木化が進み、カシノナガキクイムシの繁殖が活発になったため、各地で被害が著しく増加した。伐倒駆除や殺菌

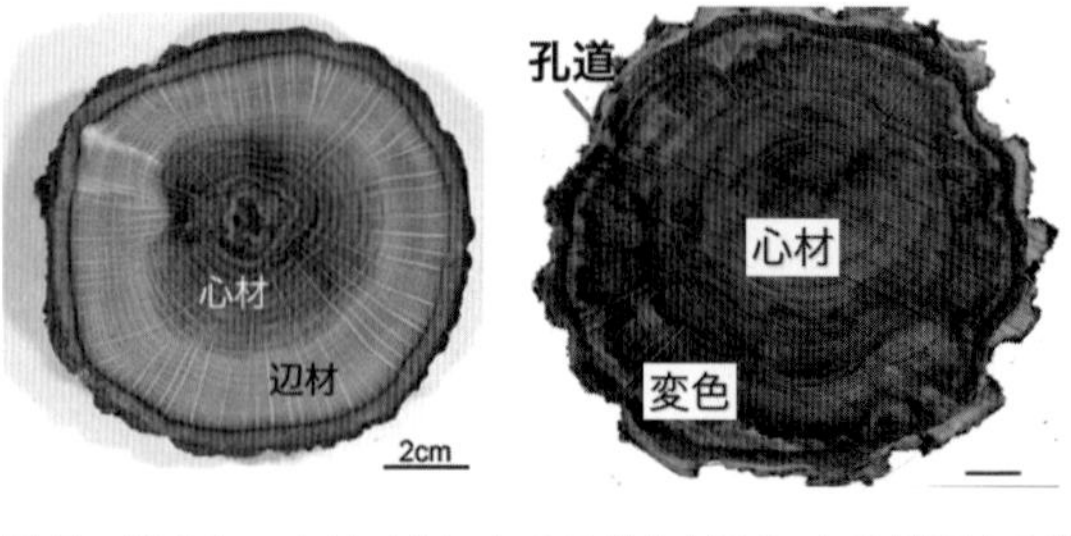

図7　健全なコナラ（左）とナラ枯れ被害による枯死木の断面（右）（黒田作成）

剤の樹幹注入による発病予防の手法も開発された。

本病の被害を最も受けやすいのはミズナラで、日本海沿いや標高の高い地域ではカシノナガキクイムシ穿入後に高頻度で枯死している。しかしコナラやクヌギも「枯れにくい」とは言えず、樹種で枯れやすさの順位づけはできない。京都では、落葉ナラ類（コナラ、クヌギ、アベマキなど）だけでなく、常緑樹のカシ類・シイ類も多数枯死している（口絵1～3）。生態や気候の異なる他地域の事例をそのまま参考にしないように、注意が必要である。

●ナラ枯れ増加の理由

一九三〇年代頃のナラ類集団枯死は「過熟薪炭林」（薪炭林としては高齢の林）で散発的に発生していたが、大被害ではなかった。しかし一九九〇年代以降の被害は多くの地域で増加の一途をたどっている。枯死木の大半はカシノナガキクイムシが活発に繁殖しやすい大径木である。被害が増加し始めた頃は旧薪炭林で老木の被害が多かったが、その後被害地が拡大し、被害量が増加した後は薪炭林ばかりではなく、マツ枯れ跡に形成された広葉樹二次林にも被害が発生している。

里山林（二次林）は行政的には天然林や天然性林に区分されているが、一九五〇年代ま

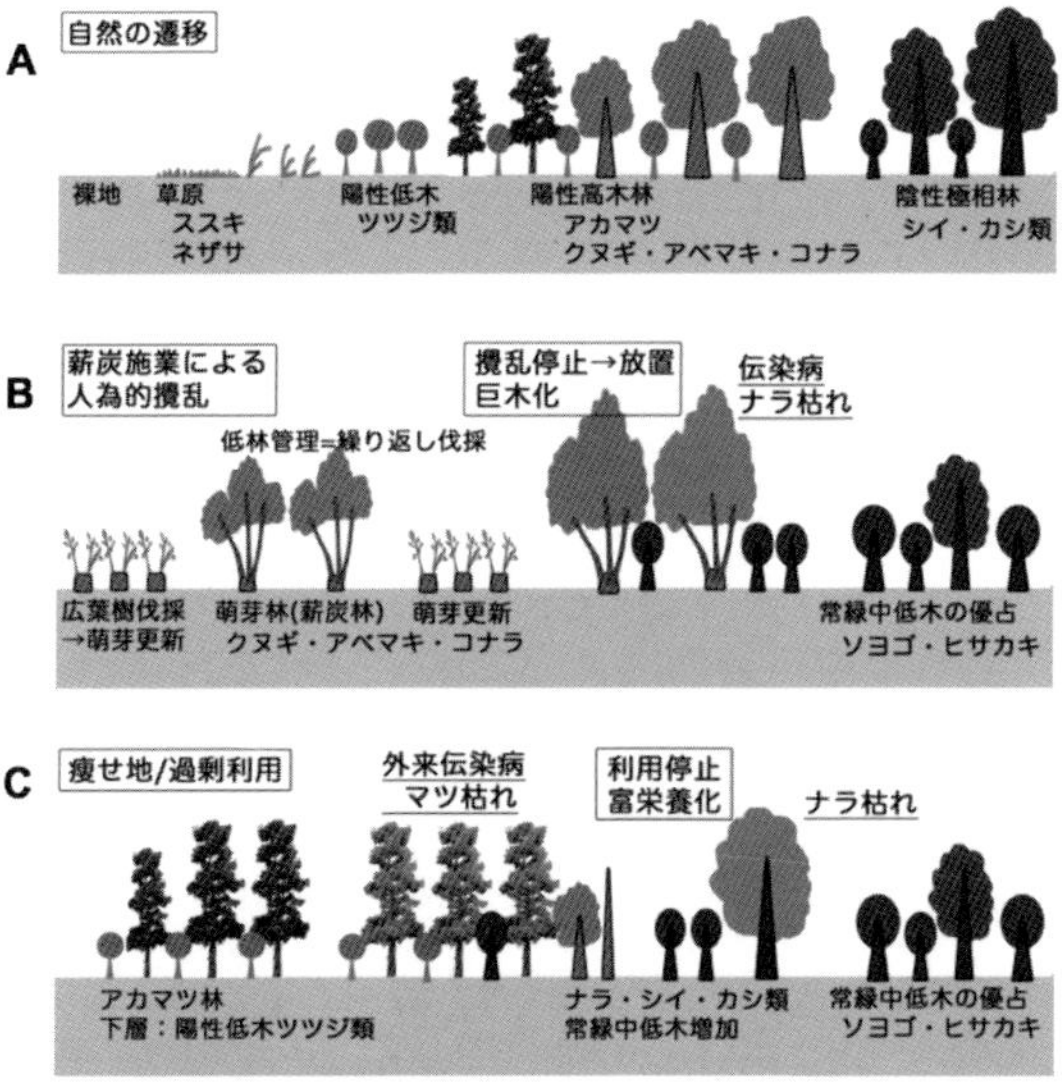

図８　資源利用による植生遷移の停止および放置後の偏向遷移
A）資源を利用しない場合の裸地からの植生遷移
B）里山の薪炭施業による遷移の停止と、管理停止後の植生変化
C）アカマツ林の資源利用とマツ枯れ増加後の植生変化
（黒田作成）

では薪や炭の生産のために二〇年程度の間隔で定期的に伐採されていた場所で、人為的に維持されてきた森林である（図8）。伐採後は切株からの萌芽を利用して林を再生させ、大径木にはせず、人力で運び出せるサイズや重さの若齢段階で伐採した。カシノナガキクイムシは直径一〇センチメートル以下の樹幹ではほとんど繁殖できないので、管理された薪炭林ではナラ枯れ被害はほとんど発生しなかったのである。近年の被害の増加と継続的発生は、放置里山林で高齢大径木が増加して、カシノナガキクイムシの生息密度が上昇しやすいことに起因する。里山の森林資源利用を中止したことが、ナラ類の大径化とナラ枯れ増加につながったのであり、里山は適正な管理が必要であることが示された。

　マツ枯れおよびナラ枯れ後の林では、植生遷移の方向が予想と異なることが多い（図8）。薪炭林の伐採を中止しても原生林には戻らないのである。人為的に長年管理されてきた森林を放置すると、このように生態系のバランスが崩れることがわかっており、今後の管理の検討においては充分に考慮する必要がある。

●ナラ枯れの増加を防ぐには

　昆虫に媒介される樹木病害を減らすには、その媒介昆虫を殺虫することが効果的で、マツ枯れの場合と同様である。ナラ枯れの場合も枯死木の伐倒駆除が重要であるが、マツ枯れの場合ほどは効果が出にくい。まず、私有林の所有者がナラ類の育つ里山林を放置していて枯死木発生に気づかないため、効率的な伐倒が実施できないという事情がある。また、山腹に繁茂したナラ林で大径の枯死木を全て伐倒し、幹内の幼虫を殺虫するには大変な労力と費用がかかる。急斜面では伐採できない場所も多い。これらの理由により、一部の区域だけで枯死木の伐倒駆除を徹底しても翌年の被害は減らせないのである。マツ枯れよりも対策が難しい病気である。公園などの少数の「どうしても守りたい樹木」には殺菌剤注入による予防が実施されるが、二年ごとの継続的な薬剤注入が必要となる。面積の広い森林の被害を薬剤注入で抑えるには、コストがかかるため実施は難しい。ナラ枯れは枯死木が増えてから対策を講じても、被害を減らすのが大変難しい。里山林のナラ枯れを防止して生物多様性の豊かな森林として持続させたいのであれば、ナラ類が枯れる前に高齢化した里山林を伐採し、萌芽による若齢林として再生することが、もっとも有効な被害防止策である。

ナラ類の大木は直径四〇センチメートルで約一トンの重量がある。現在の高齢里山林では直径六〇センチメートルを超えるナラやカシ類もあり、一本で数トンにもなる。ナラ枯れ木では菌類が材内で繁殖しているため、さらに腐朽菌《ふきゅうきん》(3)の繁殖が非常に速く進み、枯死の年に大枝が折れて落下しやすい状態になる。この病気では根も枯れるので土壌の保持力が無くなり、枯死後一年以内の倒木も起こる。伝染病によらない枯死木では数年程度は倒れないことがあるので、これがナラ枯れ特有の危険な点である。危険防止のために、道沿いなどの枯死木除去は実施する必要がある。

伝染病による森林植生の大きな変化

●東山の江戸時代の植生と近年の変化

京都東山の森林を構成する樹木は、約半世紀の間に大きく変化した。江戸時代から一九九〇年頃まではアカマツ林が大きな面積を占め、その他に、薪炭林として燃料を採取するコナラなどの広葉樹の森があった。江戸時代、一八〇〇年代の名所の絵図には当時の植生がかなり丁寧に描かれている。銀閣寺の周囲の山には、壮齢～若齢のアカマツ林や草地が見られ（図9）、資源としての利用が活発であったことがわかっている。銀閣寺周辺を含む東山の植生は、そのころから一九八〇年代まではアカマツ林が主体で、一部は薪炭林でコナラ林であった。しかし、二〇〇〇年代にはアカマツ林は激減し、アベマキ、コナラ、コジイ林となっている。その変化の主な原因はマツ枯れである。

　日本の里山植生の変化の始まりは、一九五〇年代からの燃料革命と化学肥料の普及である。プロパンガスや灯油が山間部でも燃料として使われるようになり、里山林では柴や薪の採取が停止した。化学肥料の普及によって堆肥用の落ち葉の採取が行われなくなった。農水省の統計では一九五〇年代から薪の生産量が急激に低下し、一九八〇年にほぼゼロとなっている。伐採停止によって人々は森林に対して注意を向けなくなった。森林の樹木を資源として見なくなった結果、病気による枯死木が放置されるようになり、以下のような森林の変化につながったと言える。

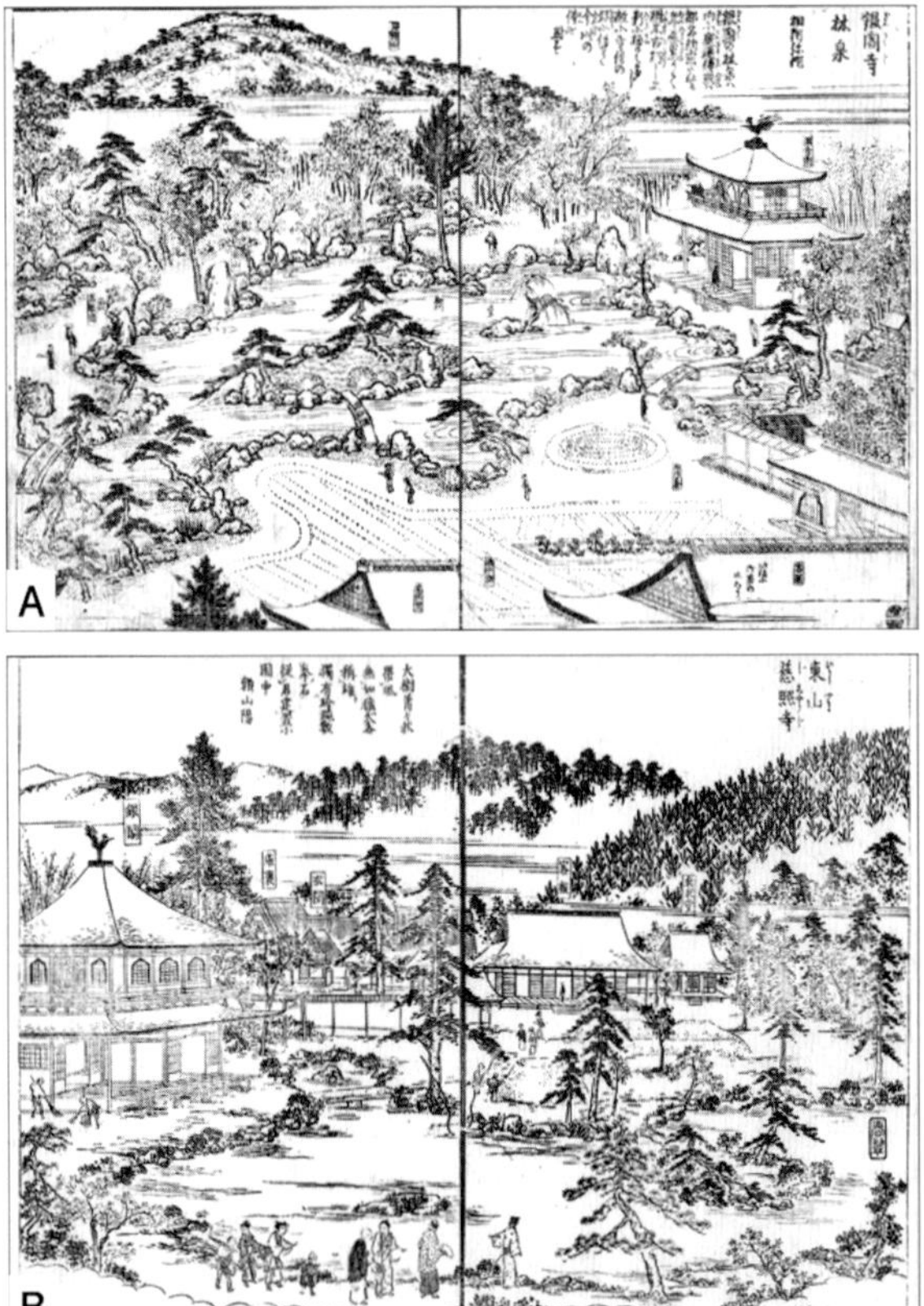

図９　江戸時代の絵図に描かれた銀閣寺周辺のアカマツ林や草地
A）都林泉名勝図会（1799 年刊行）、山にはアカマツと草地が見られる
B）花洛名勝図会（1864）アカマツの成木の林（中央上部）と若齢林（右）が見られる。定期的に伐って燃料とし、一斉に天然更新したことが読み取れる。
（国際日本文化研究センター所蔵）

●アカマツ林の消失

京都東山の最大の変化はアカマツ林の消失である。京都市内では一九八〇～九〇年代にマツ枯れが激害となった。海岸林のクロマツ林のように限定された範囲では、伐倒駆除と殺虫剤の予防散布によって被害軽減の効果が得られるが、山腹の大面積のマツ林を伐倒駆除と薬剤散布で保全するのは困難であり、大文字山ではアカマツの減少は阻止できず、送り火の薪として必要な材料が得られなくなった。アカマツ林の範囲は一九八〇年代から二〇〇〇年代半ばまでの間に著しく縮小した。一九八三年の環境省による第三回の植生調査時に「アカマツ林」と判断されていた区域では、図1左の写真に示すように、その当時マツ枯れが発生し、アカマツの本数が激減していた。その結果として二〇〇三年の第七回調査ではアカマツ林の面積が著しく縮小し、現在は図1右の写真のように、広葉樹主体の林となっている。清水寺の背後（口絵3）では、アカマツ林の枯死からシイ類などの常緑広葉樹林に変化し、その林で二〇一〇年頃からナラ枯れが発生している。

このようなマツ枯れの進行に伴う植生変化は近畿各地で同様の傾向がある。アカマツが枯れた後はマツ林と共存していたコナラなどの広葉樹の稚樹が成長した。さらに、常緑中低木（亜高木）種のヒサカキやソヨゴ、ヤブツバキなどが増える傾向がある（伊東ほか 二〇〇八）。林床にはアカマツの実生《みしょう》[4]も発生するが、林床の落ち葉採取が無くなって土壌の富栄養化が進んだ状態では、広葉樹の生育の方が活発となり、他の広葉樹種が繁茂するようになった。注意すべき点は、土壌の富栄養化のためにマツが枯れたのではなく、伝染病で枯れた後に広葉樹が増加していることである。病害の森林遷移への影響については注目されてこなかったが、実はこのように、自然の遷移よりも急速に一〇～二〇年で大きく遷移して森林生態系に大きな影響を与えた。

●ナラ枯れ後の植生変化と将来

大文字山や清水寺周辺は、マツ枯れの後にナラ枯れが引き続いて発生してきた場所である。高木種のナラ類カシ類が枯死した森林のその後はどうなるのだろうか。ナラ枯れ発生までに、里山を含む広葉樹二次林では、放置に伴う巨木化が進み、また、森林の地表面には低木が生い茂る状態になった。二〇〇〇年頃まではナラ類やカシ類などの巨木化は問題視されず、むしろ原生林への回帰のような良いイメージがあった。しかし二〇一〇年頃から大文字山のクヌギ林にナラ枯れが発生した。

広葉樹の大木が繁茂する下では地面に陽光が届かないため、落葉ナラ類などの陽樹《ようじゅ》の実生は育ちにくい。落葉ナラ類の幼木は無く、シイ類あるいはヒサカキやサカキなど常緑で耐陰性の高い樹種が増えている。そこでナラ枯れ（シイ類を含む）が起こって大木が点々と枯れて消滅すると、その後には常緑の中低木が残される。大木の枯死によって林内はある程度は明るくなるが、すでに下層植生が密生している林床は、陽樹は生育できない環境である。

ナラ類に加えてカシ類やシイ類も枯死すると高木種が減少する。今後の東山では、ソヨゴ・ヒサカキ等などの常緑中低木の多い貧相な林になる場合、そのままにするのかという課題がある。京都では観光資源として山の景観を重視しており、東山の一部の地点では散策も楽しめる森林への誘導が必要であろう（大住ほか 二〇一四）。一定の方針で伐採を伴う管理を行って、落葉高木種の多い明るい林に遷移させるという選択肢がある。しかし、単にモミジやサクラ類などの鑑賞樹木を植えるのではなく、森林の生態系が安定した状態で持続する方法について議論をしたい。京都の文化財建築や庭園の借景としてアカマツ林を再生したい、マツタケも増やしたいという声はかなりある。しかし、外来の伝染病であるマツ枯れを減らすには、防除のために莫大な金額を毎年つぎ込む必要があり、マツ林の復活はほぼ不可能である。現実としては将来の森林植生の選択肢にマツ林再生を入れることはできない。京都東山の森林管理については、「自然の再生」「生物多様性保全」だけではなく、京都特有の価値観や観点を加えて、将来の森林像を明確にすることがまず必要で、充分に議論して計画を進めていく必要がある。

注

（1）線形動物。細長い糸状。植物や動物に寄生するものはあるが、それよりも寄生はせずに土壌中などで生活するものが多い。

（2）病気の感染によって樹幹内の水分の上昇が妨げられ、急激に枯死する病気。

（3）菌類（カビの仲間）の中の担子菌類で、木材に含まれるリグニン、セルロース、ヘミセルロースを分解する能力を持つものを指す。生きている立木や枯死木の両方に感染あるいは侵入して幹や枝を分解し、物理的強度を低下させる。

（4）草木が種から芽を出して成長すること。

参考文献

◎伊東宏樹・大住克博・衣浦晴生・高畑義啓・黒田慶子（二〇〇八）「滋賀県朽木のナラ類集団枯損被害林分の林分構造」『森林総合研究所研究報告』7（3），121-124

◎黒田慶子編著（二〇〇八）『ナラ枯れと里山の健康』〔林業改良普及双書〕 全国林業改良普及協会

◎黒田慶子編著（二〇一〇）『里山に入る前に考えること—行政およびボランティア等による整備活動のために—』 森林総合研究所関西支所発行（www.ffpri.affrc.go.jp/fsm/research/pubs/documents/satoyama3_201002.pdf）

◎黒田慶子・山田利博（一九九六）「ナラ類の集団枯損にみられる辺材の変色と通水機能の低下」『日本林学会誌』78（1），84-88

◎大住克博・奥敬一・黒田慶子編（二〇一四）『里山管理を始めよう—持続的な利用のための手帳—』 森林総合研究所関西支所（http://www2.kobe-u.ac.jp/~kurodak/satoyamakanri_201402.pdf）

◎樹木医学会編（二〇一四）『樹木医学の基礎講座』 海青社

第２章◉京都の森の現状と今日の危機

シカという危機

京都市産業観光局
農林振興室林業振興課

はじめに

読者の皆様は、シカ（ニホンジカ）に対してどのような印象を持たれているだろうか。春日大社のシカに慣れ親しんでいる方や動物園でしか見たことがない方は、「神様の使い」「かわいい動物」といった印象を持たれているかもしれない。しかし、農村の周囲や山林に生息するシカは、きわめて厄介な害獣となっているのが実態である。その被害は、山際の農地においてはシカ対策を講じないと収穫を見込めないほど、山林においては植物がまともに生育できないほどに深刻なものになっている。シカは、近年爆発的に増加しており、本州以南での推定個体数は、平成二八（二〇一六）年度には平成元（一九八九）年度のおよそ一〇倍に当たる約二七二万頭（中央値）に達している。当然、その生息密度は適正密度を大きく超えており、これゆえに、日本の在

図１　森林内で見られたシカ

来種でありながら、農林業のみならず生態系にも甚大な被害を与える害獣と化している。生息頭数の増加の原因は、天敵の不在や狩猟圧の低下、積雪の減少など様々な説が唱えられているが、おそらくそのすべてが複合的に作用しているのだろう。

貪欲なシカ

図2は市内の山林内で撮影された樹木である。樹木の葉のある位置が地面から二メートルほどの高さで地面と平行な線を形作っているのが見て取れる。これは、「ディアライン」と呼ばれ、シカが首の届く範囲の葉を食べ尽くしたために形成されたものである。つまり、シカは、食べられる範囲にある食糧をことごとく食べるのである。このような「貪欲な動物」が「高い密度」で生息している状況が、山林内の植物にとって大変な脅威となる。

また、図3はシカにより樹皮を剥がれた樹木である。シカは通常なら植物の葉を食べるが、食糧が不足すると樹皮まで食べる。樹皮の食害は、樹木に対して大きなダメージを与え、ときに枯死にまで至らしめる。つまり、シカが樹木を枯らすのである。

図2　ディアライン

図3　樹皮に食害を受けた樹木

シカが森林の再生を妨げる

平成二二（二〇一〇）年度をピークに、市内ではナラ枯れが蔓延し、三山に甚大な被害を与え、森林のいたる所にギャップ（森林内の立木が存在しない隙間）が生じた。通常、このようなギャップには後継の樹木が入り込み、これらが成長することで森林が更新される。しかし、増え過ぎたシカが新しく出てきた樹木の芽をことごとく食べ尽くしたために、森林の更新が進まず裸地化してしまった。急傾斜の裸地は土砂流出等の災害が発生するおそれがあり、また、市街地から見える範囲にある東山の裸地は、景観上も大きな問題となった。その対策として、京都市では「四季・彩りの森復活プロジェクト」という事業を実施している。ナラ枯れ被害跡地において、適切に植樹を行い、さらにこれを防鹿柵で保護して森林の再生を図る事業である。

図5が、本事業の施業地である。写真奥（上部）が植樹の上、防鹿柵で囲った箇所であり、植栽した樹種以外にも多様な低木・草本類が生育していることが確認できる。写真手前（下部）は防鹿柵に守られていない、シカが自由に立ち入れるエリアだが、こちらには植生がほとんど見られない。このように、市内においては、シカ対策を講じなければ森林が再生しない状況になっている。

一方、図6は、市内の別の山林である。防鹿柵によるシカ対策は施されていない箇所だが、細長い葉を持つ草本類の生育が確認できる。これは、オオバノイノモトソウというシカが嫌う（食べない）植物であり、このような植物については、シカ対策を施さなくても生育が可能である。ではシカが嫌う植物のみで森を再生させたらよいのではないか、と考える方もあるかもしれないが、生態系を考慮すると望ましくない。山林内には土質、地面の凹凸などの各種条件により住み分け、多様な樹木が生育する。多様な樹木により、日当たり、湿度などバ

図4　ナラ枯れ被害跡地（裸地）

図5　森づくり施業地

図6　オオバノイノモトソウ

ラエティに富んだ様々な生息環境が形成され、また木の実や花の蜜、葉などの様々な餌資源が供給され、多くの動物・昆虫等が生息できるようになる。これが生物多様性の高い健全な森林である。一方、シカに食べられない植物は限られており、このような植物だけで形成された森林では、生息できる動物も少なくなる。つまり、シカに食べられない植物だけで形成された森林は、生物多様性が低くなり、健全な森林にはなり得ないのである。

シカ対策の難しさ

山林内におけるシカ対策としては、先ほどから述べているとおり、防鹿柵による植生の保護が有効である。しかし、防鹿柵を設置すればそれで対策が終わりというわけではない。図7は本市が設置した防鹿柵であるが、台風で発生した倒木により損壊している。防鹿柵に一箇所でも穴があると、そこからシカが侵入してしまうため、防鹿柵内の植生が食害の危険にさらされてしまう。台風のような大きな災害でなく日常的な雨でも、防鹿柵下部に落ち葉や土砂等を堆積させ、柵をたわませることがある。シカは二メートルの壁でも飛び越えられるほどの運動能力があるため、このようなたわみがあるとシカが侵入する危険性が高まる。この他、シカが柵を噛み切る、体重をかけて押し倒すなどして防鹿柵を破損させることもあり、また、雪の多い地域では、斜面を滑り落ちる積雪が柵を破損させるおそれもある。このように、防鹿柵は設置後も常に植生を保護する機能が損なわれる危険にさらされており、恒常的なメンテナンスが欠かせない。シカ対策は、防鹿柵の設置にコストがかかるのはもちろん、維持管理にもコストをかけ続けなければならず、広大な山林すべてにおいて実施するのは非常に困難である。

図7　倒木により損壊した防鹿柵

シカを捕獲して個体数を減らすことも重要である。京都府では、令和三（二〇二一）年度にシカの推定生息数を平成二七（二〇一五）年度から半減させる目標（九万一〇〇〇頭→四万五〇〇〇頭）を掲げており、これの実現のためには年間一万五〇〇〇頭のメスジカを捕獲しなければならない。府内での捕獲頭数は年々増加しているものの、平成二七年（二〇一五）度のメスジカ捕獲頭数は一万三二五四頭で、一万五〇〇〇頭には届いていない。一方で、捕獲を担う猟師の高齢化が進んでおり、また、シカの個体数が減るにつれて捕獲が難しくなっていくという問題もある。言うまでもなく、捕獲にかかるコストもたいへん大きい。捕獲したシカを、昨今広く認知されるようになった「ジビエ」として活用できれば、ある程度その負担も軽減されるが、質・量ともに安定した供給体制の構築、加工施設の整備、そして十分な需要の確保など、克服しなければならない課題は多い。継続的にシカを捕獲し、個体数を調整していくことも、決して容易ではない。

本協議会の森づくり事業と獣害

本協議会は高台寺山国有林を中心に、東山のうち三条通と五条通で区切られた森林で森づくりを実施している。ここは、市内では数少ない、シカが定着していない森林である。このため、本協議会はシカ対策を講じることなく森づくり活動を実施できている。しかし、シカが南禅寺山から三条通を横断して侵入する事例も確認されており、油断できない状況が続いている。

一方、当該地ではシカとは別の獣害問題が生じている。イノシシである。イノシシは雑食性で、シカのように新芽を食い尽くしたりはしないため、森づくりにおける被害は少ない。しかし、地中のミミズ等を食べようと土を掘り返すため、本協議会活動地周辺に集中している寺社等において、庭園の苔や芝を掘り返して台無しにするなどの被害を引き起こしている。また、力が非常に強いため、石塔が倒される被害等も発生している。市内において、獣害が発生していない森林は存在しないのである。

シカ対策の今後

京都市では、防鹿柵設置の推進や捕獲といった獣害対策に取り組んできた。事実、この数年では、農業における獣害の被害額は減少傾向にある。だが、農林業や生態系に対するシカの脅威が消えるには、シカの生息密度が人間と共存できる程度にまで減らなければならず、一朝一夕に達成できるものではない。前述したとおり、京都市が講じる対策にも限界がある。そのような中で、どのようにして森林を守っていくのか。その役割の一端を担えるのが、京都伝統文化の森推進協議会ではないかと考えている。広く市民や観光客を巻き込んで資金を募り、これを活用して持続可能な森づくりを展開する。そのような体制を組める日が来るよう、本協議会の取組を支援していきたい。

参考文献

◎環境省（二〇一八）「全国のニホンジカ及びイノシシの個体数推定等の結果について（平成30年度）」
◎環境省（二〇一五）「改正鳥獣法に基づく指定管理鳥獣捕獲等事業の推進に向けた全国のニホンジカの密度分布図の作成について（お知らせ）」
◎京都府（二〇一七）「第二種特定鳥獣管理計画―ニホンジカ―」

コラム2

京都造形芸術大学　教授　大西　宏志

京都の森を守るキャラクター

京都の森を守るキャラクター誕生

二〇一〇年夏、「夏なのに紅葉？」という見出しが新聞におどりました。東山の木々がナラ枯れの被害にあって赤くなってしまった、あの事件です。ナラ枯れや花粉症そして大雨による山崩れも森と人との関係が薄れてしまったことが原因です。そこで、京都で暮らす皆さん特に若い人に森に関心を持ってもらおうとキャラクターの公募を行うことにしました。コンセプトは「京都の森・人・伝統文化を結ぶキャラクター」。以下のメッセージを添えて公募を行いました。

「日本各地にはダイダラボッチと呼ばれる山の守り神に関する伝説がありますが、京都にも街と山の境目にダイダラボッチのような神様が居たのかもしれません。しかし、人が森の手入れをしなくなったために京都の山の神様は困り果てています。人の関心を再び山に向けるためのキャラクターを考えて、山の神様を元気にしてあげてください！」

二〇一一年の秋から翌年一月末までの募集でおよそ一〇〇件の応募があり、当時高校生だった早藤瑠花さんの〝くーりん〟が最優秀賞に、京都のデザイナー岩崎壮也さんの〝京だらぼっち〟が優秀賞に選ばれました。

キャラクター展開

〝くーりん〟と〝京だらぼっち〟は、協議会が開催するセミナーやイベントのチラシに登場してもらうほか、和菓子やステッカーにもなりました。和菓子は江戸時代から続く俵屋吉富さんの協力を得て制作し、森づくりのイベントに参加してくださった皆さんにステッカーと一緒に配りました。

図1　くーりんと京だらぼっち

そして次の取り組みとなったのは、〝くーりん〟と〝京だらぼっち〟の物語作りです。キャラクターは見た目だけではなく物語があってこそ魅力が深まるものです。また、京都の森の大切さを伝えるためには物語を使うのが効果的です。そこで、二〇一五年に紙芝居を作ることになりました。

この大役を担ってくれたのは、当時、

京都造形芸術大学で日本画を学んでいた吉田芽以さんです。吉田さんはオリジナルのストーリーを考案し、それを一二枚の絵にして『千樹の花がひらくとき』という紙芝居を作ってくれました。

病気になった〝京だらぼっち〟を助ける〝くーりん〟のお話です。病気を治すためには、山奥に咲く千樹の花の実を食べさせなければなりません。しかし、花は恐ろしい龍が守っていて、その龍はかつて人間に騙されて花を盗まれたことに傷つき、他人を信じられなくなっています。〝くーりん〟は龍に事情を話して実を分けてくれるように頼みますが、龍は聞き入れてくれず、それどころか山に入ってきたお婆さんを人間だという理由で噛み殺そうとします。〝くーりん〟はお婆さんを守るために龍の口に飛び込み食べられてしまいますが、龍の苦悩を察知したお婆さんが龍の身体を優しく撫でると、龍の心から怒りが消えて花の実を分けてくれます。かくして〝京だらぼっち〟はもとの健康な山に戻るというお話です。

図２　紙芝居『千樹の花がひらくとき』

この紙芝居は、二〇一五年三月に京都国際現代芸術際二〇一五の関連イベントとして、北野天満宮に設置されたデコトレ（移動舞台車）の上で上演されました。デコトレは美術家のやなぎみわ氏の作品です。その後、紙芝居の原画が京都市役所のエントランスホールに展示されました。

キャラクターからのメッセージ

京都はいま空前の観光ブームです。その一方で、二〇一八年には台風と大雨で山の木がたくさん倒れ山崩れも起きました。災害が人々の話題に上ったのはその時だけで、すぐにまた観光と経済の話に戻ってしまいました。京都の森への関心が薄れてくるのを〝くーりん〟も〝京だらぼっち〟も心配しています。森の景観を整え登山道を安全に保つことも観光にとって大切なことです。そして何より京都の山や川が多くの命を育み人々に数え切れない恩恵を与えてくれていることを忘れてはなりません。

京都の森を守るキャラクターは、誰にでも使ってもらえるように仕組みを整え、ホームページから申し込めるようになっています。京都の森に関心を寄せてもらうアイデアを考えてぜひ活用してください。待ってます！

http://www.kyoto-dentoubunkanomori.jp/character/index.html

第3章
京都・東山の森づくり

京都三山の自然、人のいとなみ、東山の林相改善事業

NPO法人 森林再生支援センター
常務理事
高田 研一

東山の山を語る

平成三〇年（二〇一八）九月四日午後二時を過ぎる頃、やって来た台風二一号は京都の山々を席巻し、多くの倒木を発生させた。数十万本にのぼるスギ、ヒノキが倒れ、京都伝統文化の森推進協議会（以下、略称として「伝文」）事業で森の手入れをすすめていた将軍塚辺りや清水寺北門などのコジイなどが失われた。

昭和九年（一九三四）の室戸台風以来の東山の森の被害である。

いま、ここで東山と呼ぶ領域は、粟田口から清水山の南麓、清閑寺辺りまでの、尾根筋から山腹下部の西側斜面の限定された範囲で、すべてが国有林に属する区域と限ることとする。社寺や祇園などの屋並み、町並みとともに、京都の観光の心臓部を構成している三条通りから五条通りまでの南北二キロメートルに満たない低い山々

で、そのなかでも清水山が一番高い。

この東山が国有林になった経緯は明治四年（一八七二）六月の第二次上知令に遡る。この拡大された上知令は、単に封建的領主権の新国家への返還という意味以上に、天皇家へと直接つながる伊勢神道とは無関係の有力社寺の境内地を奪うことに主眼を置いた政治的な意味合いの大きなものであったという（福田 二〇一二）。その対象寺院が、清水寺、青蓮院、知恩院、高台寺、長楽寺などの山麓社寺である。

このたびの台風に戻る。

多くの倒木の発生を招いた昭和九年（一九三四）の室戸台風が襲った後に、市民の浄財も集めて植林されたという東山は、昭和も後半に入ると、アカマツ林の喪失があり、常緑高木であるシイ林の拡大が続くようになる。このシイ林の拡大の結果、森に一人で立ち入ることも決して安心はできない暗い状態、戦後植栽されたヒノキの人工林も手入れが行き届かず、やはり暗い。ヒノキのどの木も過密のまま上伸を続け、十分な根系を展開できる状態にはない。

そこへ室戸台風以来の強い台風が襲った。

シイは、大木となるにもかかわらず、京都で昔から使われてきた言葉、「さくい」＝粘りに乏しく、大木となる樹種のなかでも折れやすい材質。ヒノキはドイツ風の植え方と呼ぶべきか、資本主義的生産手法というべきか、過密に植えられ、それに必要な間伐もままならなかったため、樹体を支えるために必要な、一株当たりの根系の拡がりがきわめて貧弱な状態。それゆえに、風当たりの激しかった地形では、この森の主たる高木であるシイは折れ、ヒノキはまとまって倒れた。

そもそも、京都人の暮らしは、京都の山々の姿、そこで成立する森林のあり方の有形無形に関係している。この二〇〇〇年以上にわたって人為的影響下に置かれた森林では、人々の暮らしに直結する森林が経営されてきたこともあって、地域生態系を構成するはずの多様な植物相は、すでに、その多くがかつての姿を失い、きわめて限られた範囲にその名残りを留めるに過ぎない。このため、京都の森林は、非人為下でみられるような気候風土に支えられた適地適木のかたち＝安定した森林とはなっておらず、早期に植生遷移がすすむために欠かせない多様な種子供給源も失われている。これを待つためには膨大な時間を要するであろう。また、山地の保全、人々の暮らしの基盤を守るためには時間もほとんど残されていない。

　このため、新たな森林の回復については、京都に住まう人々の力を中心に、次世代の森を、京都で培ってきた景観や防災も含めた文化の一部として構想し、実現する必要性に迫られている。本章では、これに資する「東山の森とはそもそも何であるのか」を中心に自然のありよう、放置された森林を改善しようとしてきた伝文事業とその将来について取りまとめることとしたい。

どのような森林が成立するかという自然側の条件

●森林立地と呼ぶ場の条件

そもそも、人はどんな森林に期待するのかというと、役に立つ森をという声が所有者に限らず大多数の意見であろう。しかし、どのような森林が成立するかは、気候的条件と場の条件に大きく左右される。

二〇一六年に施行された京都市三山森林景観保全再生ガイドラインでは、森林のあり方を検討する前提としての森林立地評価項目として、

①表層地質
②地形の凹凸

③堆積区分
④斜面勾配
⑤表層土粒径

の五点を挙げている。

これらは、森林成立のための基本的な条件であるが、次のように理解することがよいかもしれない。

①表層地質

基盤となる岩の種類とそのありようで、三山では、泥岩、砂岩、チャート、花崗岩、ホルンフェルス、緑色岩類、凝灰岩、蛇紋岩などがみられる。このなかでは、中古世層堆積岩類である泥岩、砂岩があり、三山南部ではとくに粘土成分が多い泥岩が広い場を占め、通気性の不良な土壌をつくることから、これによく耐えるシイやモウソウチクなどの出現頻度が高くなる。

また、基盤となる岩盤の風化状況は、風化によって割れ目（節理という）が成層構造（層理という）をつくっている場合には、そこが水みちとなったり、粘土化が進行する。

さらに、斜面の向きに対する層理の向きによって、受け・流れ盤が表れ、斜面表土への水の供給に関係したり、風化した表土の土砂移動発生頻度とも深く関係する。

なお、巨木が多数生まれる場は、破砕帯（断層の働きなどによって、深部から岩が破砕を受けている状態）の存在が想定されているが、このような場は市街地沿いには確認されていない。

②地形の凹凸

凹凸には、尾根筋が概して凸地形であることがすぐ分かる。しかし、よくみると、狭い尾根もあれば広い尾根もある。三山でみられる広い尾根を歩くと、その大部分が半風化した泥岩ないしは風化した粘土成分を主とする土壌で、暖温帯性のヒノキ天然林がもっとも高い頻度でみられる立地である。この立地は、シイが生育することも可能で、現状では、ヒノキ人工林かシイ林のどちらかとなっているが、三山ではかつてアカマツ林がモチツツジとともに群落を形成してきた場である。なお、局所的にはコナラが育つ。

斜面の中ほど以下にみられる凸地形の多くは、上部斜面からの移動土砂（崩積土）によって形成された場であって、ケヤキ、ムクノキなどのニレ科、クスなどの高木が三山では大きく育ってきたが、戦後にはこれを伐って、スギの造林地となっている。

＊凹凸を診断するとき、近年の等高線地図はきわめて正確に描かれていることから、硬い岩脈の分布を読み取ることができる。とくに、チャートと呼ばれるガラス質の放線虫化石は海洋性変成岩として、泥岩内に大小の規模で含まれている。大規模なチャートの存在は、堆積岩類の水みちを遮断、ないしは上方へと屈曲させ、この結果として、チャートの南側はやや乾燥傾向となり、一方、北側では湧水地をもたらせ、あるいはモミ巨木林を出現させたり、水を求めるスギを斜面上部に出現させたりする。

③堆積区分（残積土、匍行土、崩積土、運積土）

森林立地評価項目のなかでも、もっとも重要性の高い指標のひとつは風化した土砂移動の履歴を表す堆積区分である。

岩盤は時間をかけながら風化していくが、その場に留まっている限り、粘土成分はそのまま残され、多くが緻密な表土として残る。これを残積土と呼び、少量の移動土砂を上部に加えた残積性匍行《ほこう》土とともに、残積性基盤と称することとする。

この残積性基盤では、通気性を欠くために土壌の微生物相の発達が悪く、ヒノキ、ツツジ類、アオハダ、ソヨゴなどの浅根性樹種の出現頻度が高くなる傾向がある。

一方、粘土成分の一部が濁水となって流亡した移動土砂を崩積土と呼ぶ。この崩積土が厚く堆積し、樹木の根系展開範囲の大部分を占めている状態にあるとき、これを崩積性基盤と称する。

この崩積性基盤では、水はけが良いが、基盤岩または残積土境界部に存在する水みちに根系を到達することによって、樹高三〇メートルをはるかに超えるニレ科の大高木や水みちへ根系を伸ばす能力が高いモミジ類などのすぐれた立地となることが多い。また、濁水化によって失われなかった細粒分（粘土、シルト）が残る表土が存在していれば、土壌微生物相の発達がよく、根圏微生物相も発達し、多様な光条件の下ではさまざまな植物の存在がみられることが多い。

このほかには、運積土と総称される水や風によって運ばれた土砂による堆積土があるが、京都三山では出現頻度が低いため、ここでは省略する。

④表層土粒径組成（細粒質分と礫質分）

表土を占める土砂の粒の大きさは、古来、モミジ基盤と呼ばれてきた巨礫から、良い土の代名詞ともなってきたシルト、さらに通気性不良を招くと嫌われてきた粘土に至るまで、大小の差は著しい。

細粒質分と呼ばれる粘土やシルトは、容易に濁水化して失われるが、礫は残りやすい。一方、岩盤の風化によっても、礫化して礫が生産される場と、水の働きなどを受け、細粒分が形成されやすい場がある。

このような土壌を構成する風化土砂の大きさ：粒径は、その上で生育する樹木のすみ分けを容易にするという大きな意味をもっている。

⑤斜面傾斜

斜面勾配は、養分流亡、表層土流亡、側面からの入射光、樹体負荷という四点からみて、きわめて重要なはたらきを生み出している。

急斜面地では、落葉が雨によって容易に流下するため、土壌の養分蓄積がしにくく、基盤土壌の侵食も起こりやすい。しかし、同時にこのことが土壌微生物相の発達の阻害要因となるために、バクテリアが優占する土壌では発達しにくい糸状菌の生育の場が確保されることから、ツツジ科や針葉樹類などの生育の場が生み出される場合も多いとみられる。

また、急斜面地では、側面からの入射光が入りやすく、林内下層への光も届きやすいことから、低木類や草本類の生育適地を生み出し、また樹木実生が発生する発芽床となる場合も多い。

このような急斜面地では、樹齢数百年を超えるとみられるツツジ科低木の老齢株が多くみられたが、その株のほとんどは樹高を伸ばすことなく、低い樹高に留まる幹を順次根際からの萌芽枝によって交代させてきた。ただし、現状ではこの萌芽枝に対するシカの食害によって、このような老齢株は減少しつつある。

森林立地評価として、京都市の三山森林景観保全再生ガイドラインでは上記五項目を挙げているが、これ以

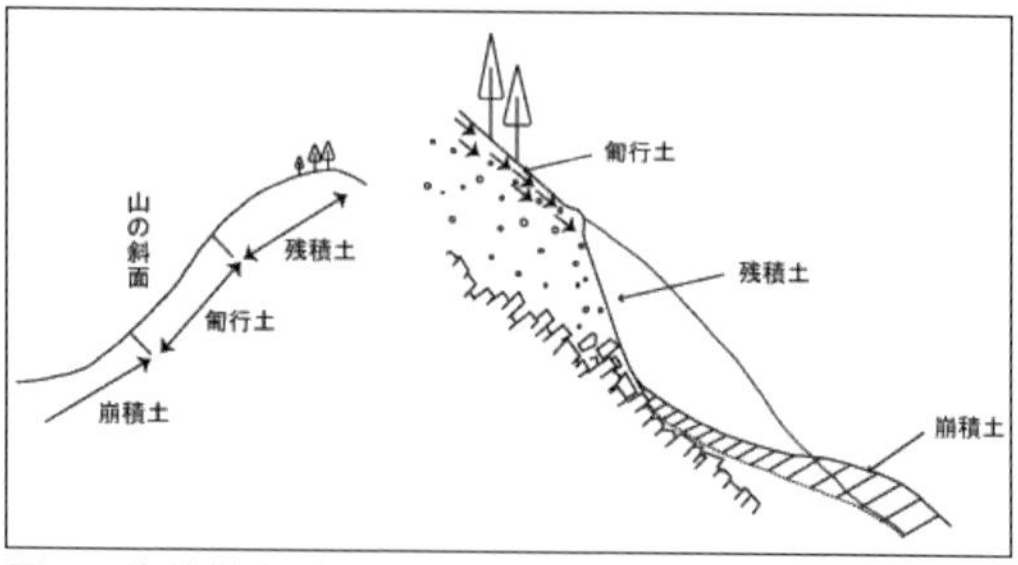

図１　堆積様式（区分）：残積土 ― 匍行土 ― 崩積土
（匍行土は、残積土と合わせて、崩積成分の薄い残積性基盤と、崩積土と合わせて、崩積成分の厚い崩積性基盤に分けて扱う）

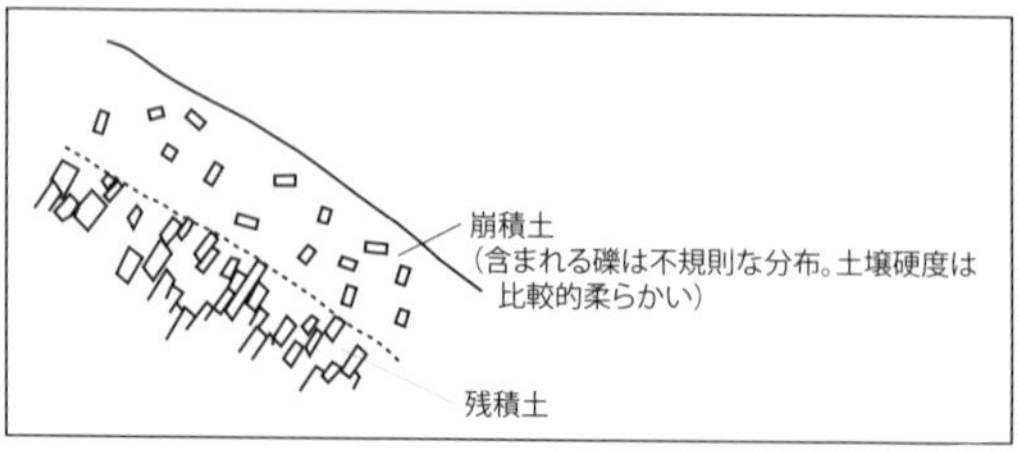

図２　残積土 と 崩積土

外には、とくに地温と関係し、幼木期への影響が大きい斜面方位や、水みちの所在（岩盤と水みち、不透水層）、斜面の起伏量（標高差）、土壌の微生物遷移などの点から評価することも重要であろうとは思われるが、ここでは省略することとしたい。

●森林立地とそこで成立する可能性のある植生（優占種区分）

京都三山で成立する可能性のある植生のうち、森林立地のうえで、とくに適合性が高いとみられる森林を、以下に示した。

ただし、地形の凹凸、斜面勾配については示しておらず、ここでは、基本的には、光条件、水分条件が十分に担保される場で、実生・幼木の生育が可能な凸型地形でかつ滞水することのない勾配をもつ斜面地であることを前提としておく。

なお、ここで示した樹種はいずれも、京都でみられる天然更新によって分布したとみられる樹種であって、地域生態系構成種といえる。

【泥岩粘質土残積性基盤】

ヒノキ林、ヒノキ常緑広葉樹混交林（ヒノキ・コジイ林を含む）、
アカマツ林（崩壊地滑落崖等）、ナナカマド林（崩壊地滑落崖等）など
⇓　アカマツ・モチツツジ林、ソヨゴ林、クロバイ林、アカマツ・コナラ林、
アオハダ・タカノツメ林、ヤマモモ林、リョウブ林など
⇓　ヒノキ植栽林、ソヨゴまたはクロバイ林、ネザサ群落、コジイ林など

【泥岩粘質土崩積性基盤】

クス・サカキ・カクレミノ林、タマミズキ・アラカシ林、エノキ・ムクノキ・シリブカガシ林など

⇓　竹林、アベマキ林、コナラ林、ヤマザクラ林、スダジイ林、アラカシ・サカキ林、
クス・サカキ・カクレミノ林など

⇓　スダジイ林、竹林（ネザサ群落を含む）、クス・サカキ・カクレミノ林、
アラカシ・サカキ林、ヒノキ植栽林など

【チャート、ホルンフェルス等礫混じり土残積性基盤】

モミ林、アカガシ林、モミ・アカガシ林、ツクバネガシ林、アカマツ林、イヌシデ林、
ウラジロガシ林（巨礫基盤）、オオモミジ・アベマキ林、ヤブツバキ・リョウブ林（急斜面や風衝地）など

⇓　コナラ林、アカマツ・コバノミツバツツジ林、イヌシデ林、アカシデ林、リョウブ林、
ヤブツバキ林など

⇓　コナラ林、コナラ・アラカシ林、リョウブ・ネジキ林、アセビ群落など

【チャート、ホルンフェルス等礫混じり土崩積性基盤】

タムシバ林、ホオノキ林、ムクノキ林、ケヤキ林、エノキ・シリブカガシ林、イロハモミジ林、ヤマザクラ林、
トチノキ林、ツクバネガシ林、スギ林、イチイガシ林、コシアブラ林など

⇓　アベマキ林、クヌギ林、ムクノキ林、ケヤキ林、スギ林、アラカシ林、コナラ林、
ナラガシワ林、ヤマザクラ林、コシアブラ林など

⇓　スギ植栽林、アラカシ林、クヌギ林、アベマキ林、コナラ林、

サカキ群落など

【花崗岩マサ土残積性基盤】

モミ林、モミ・コナラ林、ヒノキ・コナラ林、イヌシデ林、アカシデ林、モミ・オオモミジ林、アズキナシ林、アカマツ林、ヤブツバキ林など

⇒ アカシデ林、コナラ林、コナラ・クリ林、コナラ・アベマキ林、モミ・コナラ林、ヤブツバキ林、リョウブ林、アカマツ・コバノミツバツツジ林、アカマツ・コナラ林、アカマツ・ホツツジ林、リョウブ林、ヤブツバキ林など

⇒ ヒノキ植栽林、スギ植栽林、コナラ林、アカマツ・コナラ林、コナラ・アベマキ林、アカシデ林、ヤブツバキ林、リョウブ林、アラカシ林など

【花崗岩マサ土崩積性基盤】

シラカシ林、ツクバネガシ林（以上二種は風化成分の違いによるすみ分け）、ムクノキ林、ケヤキ林、トチノキ林、モミ・イロハモミジ林、タブ林など

⇒ アベマキ・コナラ林、クリ林、モミ・イロハモミジ林、イヌシデ林など

⇒ コナラ林、アベマキ・コナラ林、スギ植栽林、ヒノキ植栽林、アラカシ林、ムクノキ林、ネザサ群落、アカメガシワ林など

【大阪層群：未固結な礫混じり土】

エノキ林、エノキ・アキニレ林、ムクノキ林、ケヤキ林、アベマキ・コナラ林、シラカシ林、クス林、スギ林など

⇓　モウソウチク林、エノキ林、クス林、アラカシ林、コナラ林、アベマキ・コナラ林、クヌギ林、ヤマザクラ・コナラ林など

⇓　スギ植栽林、モウソウチク林、コナラ林、ネザサ群落、アカメガシワ林など

東山の森とその整備の考え方

●現況の森林の評価

もう一度、ここでいう狭義の東山とは京都市の中心部に接する三条粟田口から五条清閑寺までの狭い範囲の尾根筋から山裾までの西向き斜面の国有林を指すことを確認しておく。

この森林は先に述べたように、古くは墓用林とされた場と地祇のご神体からなる領域にある。そこでは、明治以前にはアカマツ林が主たる植生であったであろうけれど、すでに大正期にはヒノキの植栽も実施されていたし、山麓には小規模なシイ林（スダジイか？）があり、コナラなどの雑木に混じって、イロハモミジ、ヤマザクラが散見されていただろうことは地域の古老のヒアリングからも容易に想像できた。

国有林編入後そこでは、集約的、商業的な山林経営を行おうとした区域は、清水山北斜面、粟田口にみられるヒノキ林を除き、それほど多くないとみられる。この国有林西側斜面では小規模なものを中心に古い崩壊地形が多くあること、基盤となる岩がやや受け盤的な構造となっており、一部を除いて乾燥を受けやすいことなどから、旧社寺林であるという社会条件とともに、森林の経営意欲はそれほど高くなかったためであろうと推察される。

ただし、乾燥を受けやすいとはいえ、粘性の高い土質はシイ（コジイ）の生育適地であって、森林に対する利用・攪乱《かくらん》（強風、火災、土砂崩壊、伐採などにより部分的または全体的に破壊されること）の減少とともに、徐々にその生育範囲が山腹上部へと拡大していったものと思われる。

このシイの拡大速度が飛躍的に大きくなるのが、昭和九年（一九三四）の室戸台風後である。コジイが大量に植えられた。つまり、室戸台風では、疎林を形成していた尾根筋のアカマツが大量に失われたが、林野庁大阪営林局によるヒノキ、コジイの植栽とともにアカマツも天然更新によっていったんは蘇る。

しかし、その後、東山の森林は過去五〇年のあいだにおいても、緩やかな、あるいは急激な変化がみられた。

①アカマツ林の衰退

戦後のマツノザイセンチュウ病の流行は、年をおいた波状攻撃のように大部分のアカマツを失わせた。これにより、すでにそこにあったヒサカキ、サカキなどの常緑広葉樹は増加するが、粘土質の基盤ではアベマキ、コナラも曽於生育範囲を拡大できず、シイ（コジイ、スダジイ）の登場を待つこととなる。

②シイ林の拡大

とくに粘性土の残積性基盤では、生育を許容される高木性樹種が少ないため、大量の種子を生産し、耐陰性が高く、高木となって緻密な樹冠を広げるシイにはヒノキ以外に競合する種はない。このため、シイは一様で斉一な林冠を形成するために、下層も含め他種の存在は減少し、単純な森ができあがっていく。これが、アカマツ林が大きく後退していく一九六〇年代から顕著となる。ヒノキは競合種であっても、人工林として導入されたため、大径木はなく、天然更新が許容される場はすでに存在していない状況は、現在でも続いている。

③ナラ枯れの発生

一九五〇年代までの主たる景観を構成してきたアカマツ・コナラ林では、アカマツがまず失われ、残されてきたコナラが二〇一〇年代に入るとカシノナガキクイムシ被害を受けるようになる。この虫害は、東山での数少ない落葉高木を枯死させるため、景観的には被害が目立つが、生態系の内部で起こる自己調節機能としても理解される。ただし、本来、植生遷移によって遷移後期種への交代が、長期にわたる人為的攪乱の継続によって、近傍に種子供給源がなく進みにくいため、林冠《りんかん》（高木層の樹冠が占める森林の上層部。人工林の場合は樹冠の高さが揃い、林内に光が入りにくい）の欠失が顕著となって森林被害と位置づけられる結果となっている。この虫害は東山においては二〇一五年にはいったん終息した。

④伝統文化の森推進事業の実施

シイ林の拡大が東山の景観を大きく損なっていること、生態系としての単純化を招いていることから、健全な多様性を有する森林、四季感のある森林へと戻す試みとして、林相改善事業が旧地権者である社寺が主となって行われるようになった。この結果として、シイの択伐と落葉広葉樹を主とする適地性のある苗木植栽等を実施してきた。ただし、落葉広葉樹の苗木成長のためには、相当量のシイの集中的な択伐と下層のシロバイなどの常緑低木の除伐が必要となった。

⑤二〇一八年の台風二一号による大量倒木の発生

この台風は南側に開析した谷を駆け上がるように吹き抜けた。この結果、谷あいのヒノキ、シイが一斉に根から倒れ、折れた。とくに前年、伝文の林相改善事業を実施した将軍塚南側の谷筋から斜面上部の被害は、高木層の多くを失わせるほどの威力があった。室戸台風以来の被害である。京都市全域の被害状況から考えると、長年放置された人工林や間伐直後の人工林での被害がひどく、いずれも一斉に倒れる事態となっている。

●林相改善の考え方とその方法

森林には自然治癒力ともいうべき相応の回復力があり、森が失われても直ちに埋土種子や飛来する種子によって夥しい実生が発生し、それらが競いながら育っていく。植生遷移と呼ぶ森林回復の過程がそこにはみられる。

しかし、定式化された植生遷移：

裸地　→　草地　→　アカマツ林　→　落葉広葉樹林　→　常緑広葉樹林

といったプロセスはそこにはない。むしろ、そんな事例は探す方が難しい。

かつて清水山の山麓部で林相改善を目指し、シイ林が伐られ、その後放置することによって、どのように森林が再生されるかが調査されたことがある。

この場合、土壌はそのまま残された状態であったため、埋土種子と切株からの萌芽によって、森林は回復過程へと進んだが、放置による森林の形成には問題があることが徐々に明らかとなった。

東山のように一大観光地に面する森林のありようは、長い目でみて、人々が期待するかたち――たとえば新緑や紅葉の美しさ、あるいは社寺景観との組み合わせとしての森厳性のある形の美しさなどが求められるべきであって、そういう品質をもつ森林に自律的に回復していくかどうかを注視しなければならない。

シイはその一斉林をつくる性質や新緑の異様さが好まれない現実があり、新たに生長した森が、それと同じものであることは決して求められてはいない。また、タマミズキのように一斉に発芽生長する落葉高木は、その生長の速さゆえに、材質が虫害を受けやすく、その多くが一〇年や二〇年で失われてしまうものであることからも、人の望む森としての将来が見通せない。

このため、自然的条件、社会的条件もあわせて考えれば、択伐、除伐で光条件を整え、苗木植栽による林相改善を試みることに妥当性がある。

ただし、苗木を植栽する場合には、従来の林学的手法のように、植栽樹種を決め、面積当たりの植栽本数を設定するといった安易な選択では、期待される森林像が実現しないと考えた。京都には伝統的な造園技術が残っており、そこでは、固有の樹形特性をもつ樹種どうしの組み合わせによって、精緻な緑地景観構造を設計する考え方があり、それよりもまず、自然地形においては細やかな微地形や既存木の存在があって、これらへの配慮がないと樹木の順調な生育とこれによる景観構造の実現には至らないと考えられる。そこで、補植位置の現場決めの理論として、自然配植の考え方を準用する林相改善の手法を東山においても用いることが必要である。

＊なお、多くの地域で深刻な被害を与えているシカによる食害については、三条蹴上以南の東山は、現状ではシカの定常的な生息がみられないという点で奇跡の地である。食われることなく、後継樹が育ち得るからである。蹴上以北の北部東山、北山、西山、そして醍醐山地では現存する樹木が失われることがあれば、これらすべての山々が崩壊や地滑りの危機にさらされることとなろう。蹴上以南の東山では当面そのおそれはない。

●実現する仕組み

東山の森林に手を入れようと願う人々が集まって、京都伝統文化の森推進協議会が設立されたのは二〇〇三年である。この協議会の下で、国有林の森林整備事業が可能となった背景には、多くの人々の思い、志があった。現実的に事業が可能となったのは、二〇〇四年、寺としての出資を諾るという清水寺大西親興師の強い意志があったからである。清水寺として清水山を千年守り続け、国有林となって百年。この山を守り続けるのが寺としての使命だという志である。

さらに将軍塚を守る、粟田口山麓の青蓮院の東伏見慈晃師。将軍塚を訪れる人々に市内の眺めを楽しんでもらいたいという長年の夢をもっておられた。眺めを良くするためには、行うべきことを行いたいというお申し出を受けることとなった。

こうして、山麓二か寺の夢と意志が山を変えていく原資となり、伝統文化の森推進協議会という組織ができ、事業実施とそのための計画立案が可能となった。

東山の森林再生の方法

自然配植という緑づくりの方法論がある。この方法論は、京都の長い歴史の造園文化の成果の一部として生まれたものでもある。これを東山の林相改善の基本的な方法とした。

①自然配植という植栽方法の概要

対象地において、制度的に決められた数量の苗木を植栽するのではなく、その対象地で許容される個別の空間の大きさや光の状態とその変化、場所条件の特性などから、樹種・数量を決めたうえで、苗木を植栽する。だから、木の一本を支える土や岩も、射し込む光も、数十年先の予測も含めて木を考える。植栽する苗木は、複数種に及び、地域の遺伝子資源の保全を念頭に置いた苗木を樹種ごと、場ごとに考えながら植える。そうすると、過剰な数量の苗木を捌けないことから、規則的に面的な作業を中心とする従来の林業とは異なった植え方となる。

②樹種の選択

樹種の選択は、近景の景観を主目的とする場合にはイロハモミジやヤマザクラが想起されやすいが、光の条件や必要な土の厚みを考慮し、イロハモミジだけを選択し、ガマズミやムラサキシキブなどの低木類との組み合わせを考える場合もあれば、尾根筋ではモチツツジなどを選択する場合もあった。清水山山麓部の寺境内地内では、長野県産のオオヤマザクラの一斉林が植栽されているが、これに連続するサクラ類の植栽可能地では、光条件が安定して強い場にはオオヤマザクラを、日照時間が短くなると想定される場にはカスミザクラの植栽を施し、いずれも地域遺伝子資源保全の観点から地域性苗木を適用した。

一方、遠景として市街地から望見される尾根筋で、粘土質よりもやや粒径の粗いシルト質や小礫が含まれる場では、モミを主木とし、アカガシなどの高木性常緑広葉樹、オオモミジなどの落葉広葉樹種を加え、モミ・アカガシ林が将来の稜線景観を形成するように考えた。

粘土質からなる尾根筋の緩斜面地では、地表近くに顕著な節理がある場合には、シイやカシ類などの導入が可能であるが、全体としては浅根性のヒノキを主木とする針広混交林が成立すると考えられたため、ヒノキを選択するとともに、広葉樹も生育可能なように、配植を工夫することとした。

③林相改善手法及び配植の工夫

同じ樹種を選択しても、配植によってはその後の間伐等の管理の手間が大きく異なる。東山国有林では、すでにほとんどが森林で覆われているため、新たに木を植える場所が少ないし、この森林に倒木による小さなすき間（ギャップ）ができても、そこに育つことができる樹種は限られている。

しかし、この東山の森林では、シイ林やヒノキ人工林などの限られた樹種だけからなる単純な林相を呈している。これは、同じくシイやヒノキを含む樹種数が多く、かつ構成する個体の年齢も多様で、かつ林内への木漏れ日も多い原生的な伊勢内宮林などと比較しても、生物多様性の面だけではなく、景観性においても一様性が高いといえるものである。

このため、東山での林相改善としては、以下のような除間伐を行った上で、樹木の植栽位置を決める配植上の工夫を、次のように、行うこととした。

①一過性の林相改善事業実施ではなく、必要に応じて同じ場所において再び事業を実施する時間をかけて行う方針とした。この結果、新たに植栽する苗木を含めた林冠、群落の組成を景観として改善することを目指した。この結果、森林の一様性を緩和することを期待した。

②場の状況、とくに景観的な重要度と光と土壌条件から判断する植栽適地を判定するとともに、光環境に影響を与えている周囲の植生状況を判断して、林相改善適地を決める。

③苗木植栽する上で必要となる除伐対象木を選択する。このとき、除伐によって生じる新たな光条件を予測するとともに、植栽苗木が生長して占め得る空間の予測を行った。

④この予測に基づいて、除伐を行ったが、斜面防災上残置させるべき林冠木であって、かつ苗木の生長の過程で必要となる林冠の開放に必要な樹冠を有する場合には、この林冠木の除伐は行わず、最小必要範囲に留めた樹冠の一部を除去する大枝降ろし（大枝の切断除去）を行うこととした。

⑤最適な光環境の確保のための除伐範囲の設定は、樹種ごとに異なる、求める光の強さに応じて、変えることとした。例えば、ヤマザクラの植栽については、光の強い（受光時間の長い）伐開地に限定している。

⑥除伐は、林冠を占める高木以外に、林内の下層を比較的高い密度で覆うサカキ、ヒサカキ、シロバイ、カナメモチなどの常緑低木についても苗木の生育の上で必要となる範囲：周囲直径一〇メートル程度の広さを目安に、すべてを除去することとした。

＊戦後植栽された清水山のヒノキ人工林の一部については、二〇〇七、二〇〇八年に劣勢木の三〇パーセントを目安

とする間伐を実施することとした。この施業を行ったところでだけ、二〇一八年の台風被害では、風倒木の被害は発生しなかった。

＊ハイカー、観光客の多い京都一周トレイルでは歩道両側五メートル範囲内の常緑低木の除伐を行うことを原則とし、一般市民参加型の事業として実施することとした。

この目的は、通行者の安全・安心性の確保を目的とするものである。

⑦用いる苗木は「京の苗木」として生産されている地域性苗木を使うこととした。これは、自生地から採種したポット苗木で、三年生苗を基本とした。

⑧苗木の植栽に当たっては、同種苗木三本を一組みとした巣植えを行うこととした。これは植栽位置において確実に一本の成木成立を担保すること、経験的に三本すべてが枯死する確率がきわめて低いことによる。

⑨植栽は、有機物の多い表土を活用せず、菌害の少ないことが期待される鉱物質土壌（心土）を用いることとし、強すぎず、かつ十分な転圧を基本として植栽を行った。ただし、表土が不十分な場合には分解性小型植栽基盤柵（エコプランター）を用い、巣植え本数は、活着の良い樹種は単植または二本植えにするなど、樹種によって最適本数に調整することも行った。

⑩植栽後、苗木が被圧されないように、シイの択伐後の萌芽更新を抑制するために光劣化しにくい合成樹脂シートを伐根部に覆った。

伝統文化の森という事業の方向性

東山の林相改善事業は、京都伝統文化の森推進協議会が行っている。

当初、この伝文事業は東山の国有林に限定されたものであった。ところが、山が、森林が抱える課題＝なかなか人の手が入らない現実は、森林をより豊かに導くものではなく、人工林ではその経済的価値は一向に上がらず、何よりも森林の有する公益的価値――防災、景観、生物多様性のいずれの面においてもその機能が低下しているという現実が存在している。

こういった状況のなかでも、とりわけ近年の異常気象とシカによる食害が連動する形で、斜面災害に対する懸念がますます増大するようになって、豪雨の夜には眠れないという地域住民も増えている。一方、そういった住民ニーズに十分に応えられるだけの公的原資も不足している。

東山で何とか安全で、安心で、かつ美しい森でありますように、という願いの下に始まった伝文事業が、気がつけばどこの山でも、どこの森でも求められるようになったのである。

こうした状況で、かつての旧い集落を痕跡のように残しながら発展してきた市街地――たとえば、その大きな地名の括りごとに、地域の森林の自主的な管理が行えればどうかという声が挙がるようになった。この声は二〇一八年の台風災害後、とくに強く聞こえるようになってきている。

科学的で公益性に適った森林整備を行うということは、決して容易ではない。研究者は、広い意味で現場の実態を知らないし、現場作業者は土地の歴史や景観、生態学的配慮に欠けがちとなる。ましてや、地域住民、一般市民にこの森林の健全化を目指す厳しく複雑な労働のすべてを委ねることは難しい。

こういったことから、かつて都を囲むように三山周りにあった旧集落を中心に、各地で伝統文化の森推進地域協議会を拡大すればよいのではないかという考え方が、徐々に賛同を増やすようになってきた経緯がある。

京の都がかつて農村集落に囲まれ、初めて循環・持続型都市として千年の歴史を生きてきたように、山や森に囲まれて存在し続ける歴史は続いていく。

しかし、山の存在抜きで京都は語れないとはいえ、その存在そのものが、「京都」というアイデンティティー形成や遊楽の場以上の意味があるかといえば、経済的な価値は算出不可能であって、むしろ災害対応などに対して莫大な負荷となってくることもあろう。

今はシンガポールやドバイのように、山や森を持たずに繁栄した都市はいくつもあり、普段の東京の暮らしのなかにもそれらはない。

けれど、地球のあり方として、日本人の深く、愛しみに満ちた感性を養う上でも、森と山の存在は欠くことができないと考える。山と森には、負荷も価値もともにあって、その折り合いをつけていくことが文化の根本を占める都市は強いと思う。それを小さなまとまりのある地域ごとに、その場から逃げられない人々の手によって、関わり方を決めていくことには妥当性がある。

今後、伝文事業を京都市の全域に拡大していこうとするとき、花背や京北など市の北部地域では、とくに経済林としてのポテンシャルが大きく、公益性に重きを置く森林整備は地権者の意向と大きくかけ離れてしまう可能性もある。一方、経済林を育成しようとする事業に公的原資を含め、広く財源を社会に求めていくには困難を伴う可能性がある。公益を目的とする整備では、固定資産税の支払いもできないからである。

課題はある。

第一に、行政でよく使われる「市民」が誰を指すのかが分かりにくいように、「地域」とは何を指すのかが、やはり、分かりにくい。

地域のことは、ここが私たちの地域であり、まとまりだというコンセンサスを地域住民の方々に任せるのがもっとも望ましい。幸いなことに京都三山周りには旧農山村地域の集合意識が今なお残っており、山を大事にしないといけない、手を入れないといけないという共通の意志があるところから、時間をかけて地域協議会をつくればいいのではないかと考える。

第二には、誰が事業の必要性、妥当性を決めるのか、またその事業の結果がもたらす善悪正邪をだれが判断するのか、そこには対立もあるかもしれない。

ものごとの良し悪しを判定することは簡単ではない。その判断基準は時間スケールによって正反対となることもある。そこで、事業で目指す目標像と森林評価の視点として、このように考えられる。

①京都市三山森林景観保全・再生ガイドラインに定める基本方針
(1) 人との関わりの中で形成されていた森林には手を入れていく森林景観づくり
(2) 森林の公益的価値の重要性に応じた森林景観づくり
(3) 適地適木の考え方を基本とした森林景観づくり
(4) 市民やＮＰＯ、事業者等との協働による森林景観づくりに準じていること、
②京都の地域特性、緑づくりに熟知した専門家による計画立案
③関連する広い分野の専門家によるチェックを適時受けること
④京都市等の所轄行政、地域、専門家のコンセンサス形成

協働が可能となる広報・情報共有、意思決定プロセスへの参加、事業評価体制確立の場として、地域協議会の充実とともに、京都市全体で議論する場としての伝文専門委員会の拡大改組などが今後必要となってくるであろう。数人の学術的権威がすべての方向性を決める時代ではなくなっているからである。現場で実際に汗をかく作業者、比較として三山を対象化できる社会学や観光学などの研究者、山地災害を専門とする研究者や、そこで技術的工夫を行ってきた専門家、守るべきものを明らかにする歴史学者なども老若問わずに大切である。

第三には、整備費用はだれが出すのかという問題がある。森林の整備に係る費用を公的原資だけに頼ることができない現実もある。

地域の森林は、地域で生活を送る市民が主体となって手を入れることが望ましい。ただし、国有林の場合は国が、市有林は市が、私有林では地権者の意志と費用によって整備が行われることが原則である。

幸いなことに東山国有林では、旧地権者である社寺の負担援助があり、その上で森林整備の内容とその実施に対して、市が伝文という組織の窓口となって専門家の意見や市民の意見を取りまとめ、国に先行して事業を行うことが可能となった。つまり、伝文による東山の林相改善事業は、この費用負担がなければ実施できなかったというのが実情である。

森林整備に充当される公的原資の財源は、現状ではその公益性の大きさに対して不十分といわざるを得ない。しかし、森林の現実は、整備に対しての時間的猶予がないとすれば、民間資金を検討するべき時期にきている。京都市においては、①旧地権者でもある山麓社寺、②森林整備による景観的価値の受益者——観光関連業界等、③斜面災害発生時の責任の一端を担う義務を有する地権者、④社会的貢献を行おうとする企業、⑤京都のブランドイメージを重ねて、事業参加が企業価値を高めることが期待される企業、⑥市民有志の六者である。

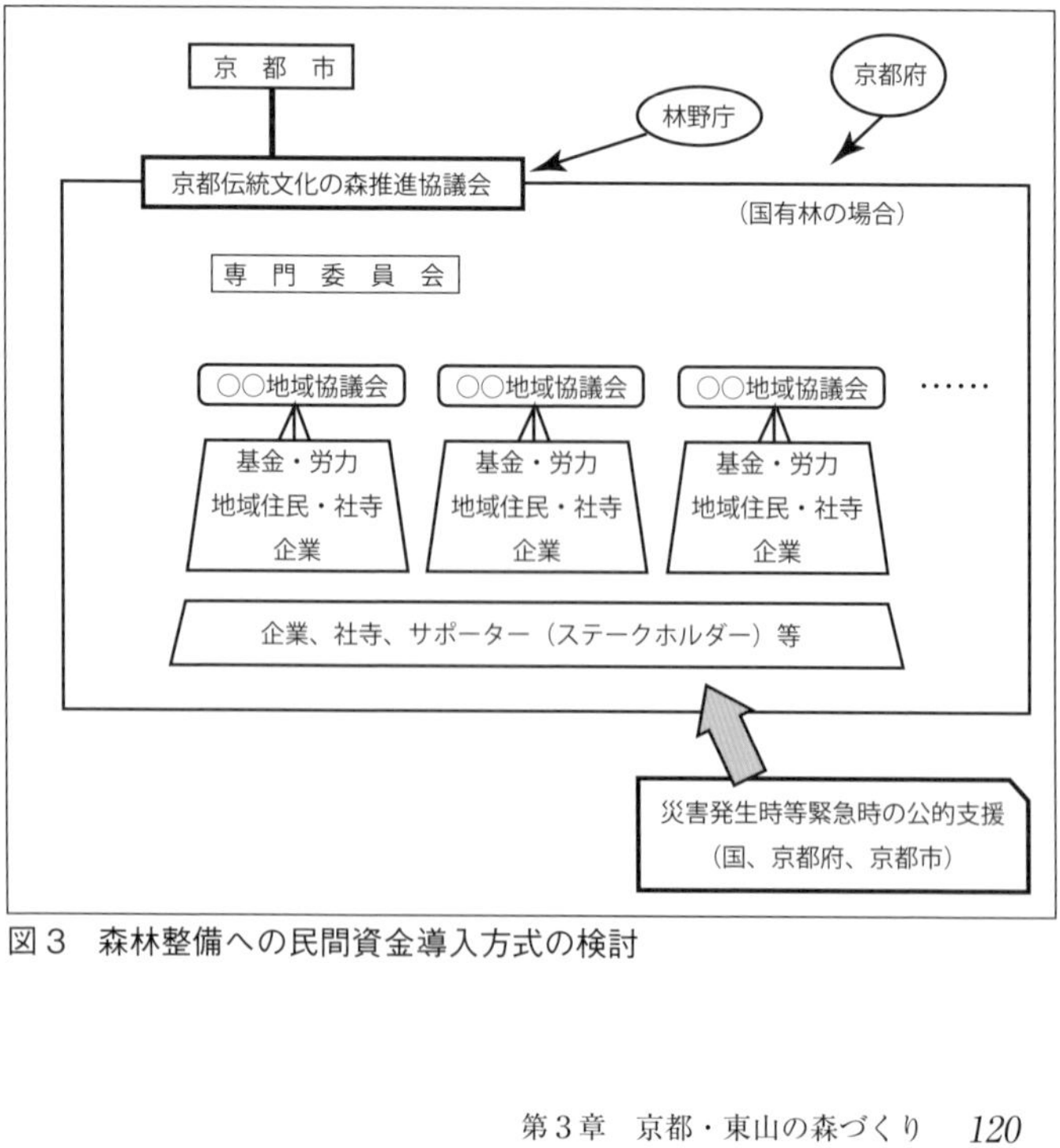

図３　森林整備への民間資金導入方式の検討

ここではいずれも効果的な広報戦略が不可欠であろう。実際、集金に当たっては、各地域協議会がそれぞれ独自の出資者へのインセンティブを準備する形で広報し、クラウドファンディング等で集める形式への期待は高い。

おわりに

山人は、新たな地へと入り込もうとするとき、まずひじり（聖）や長老が先達となり尾根道を拓く。そこでできる限りの高みを目指すのは、その地の神を見定めることにあるとされる。新しい植民地を探す帆船に神父が乗船するようなものである。未開の地の神は荒ぶる。その神を鎮め、あるいはこれを信じる人々を征服、簇滅する。しかしながら、わが国の山人は、荒ぶる地祇と和する道を常に求める。

自然と人々との関係史は、人間の始原より続いている。私たちの列島においても、新たな地平を探す旅が数えきれないほど繰り返され、尾根を捜し、全体の姿を鳥瞰しようとする人々が生きてきた。

しかし、一二〇〇年の都の歴史を超えて人々に利用されてきた森林が、今ほど大きく姿を変えようとする時期はなかったといえるほど、大きな変化が生じている。

私たちは今もう一度、森林、自然との関係史を新たに築いていくべき時代になったことを実感せざるを得ない。

参考文献

◎福田淳（二〇一二）『社寺と国有林―京都東山・嵐山の変遷と新たな連携―』日本林業調査会
◎佐々木尚子・高原光・湯本貴和（二〇一一）「堆積物中の花粉組成からみた京都盆地周辺における「里山」林の成立過程」『地球環境』16 (2)
◎嶌田知帆（二〇一七）「異なる遷移段階を構成する多樹種の混植による自然配植が形成する群落構造と林内光環境」京都府立大学学位論文

第3章◉京都・東山の森づくり

東山の植生と事業実施後の現状

公益財団法人
阪本奨学会 理事
安藤 信

東山の植生

●シイとヒノキが混交する特異な森林景観

春、五月の東山はコジイ（以下シイとする）の開花、開葉に伴い、森林がもこもこと躍動しているように感じられる。

高台寺山国有林の現在の植生は、上木にシイが優占しヒノキが混交する林相[1]で代表される。二〇〇四（平成一六）年度に同国有林のほぼ中心部に位置する調査地（一一一林班[2]と小班内〇・四ヘクタール）で直径五センチメートル以上の樹木を対象に行った調査結果では、シイの最大樹高は二五メートルを超えた。樹高階分布は一〇メートル以上の高木層とそれ以下の亜高木層からなる二山型の分布型を示した（図1）。高木層にはシイ、

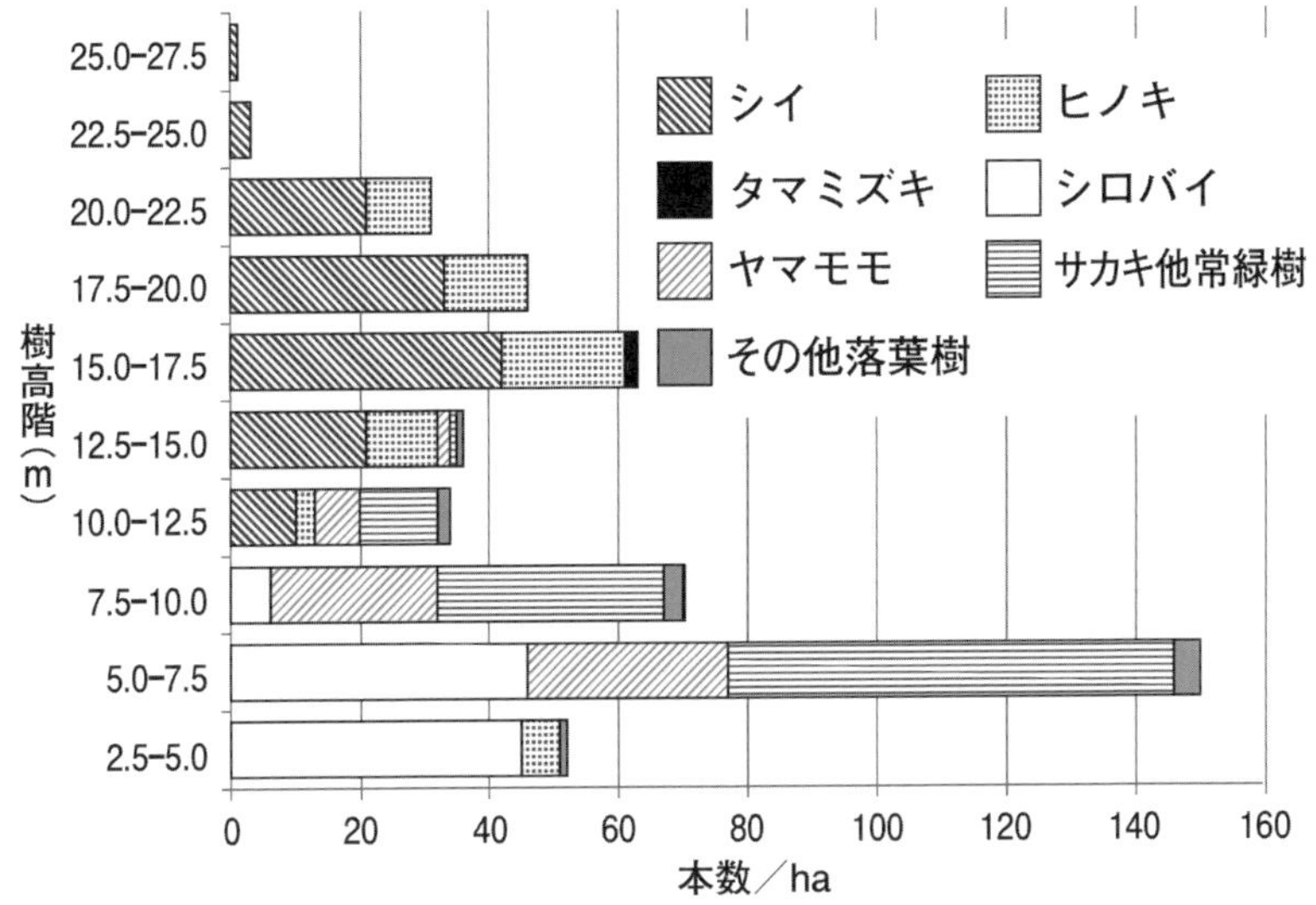

*シイ樹高階 10.0～12.5、17.5～20.0m にそれぞれクスノキ 2.5本/ha を含む
*ヒノキ樹高階 12.5～15.0、15.0～17.5、17.5～20.0m にそれぞれアカマツ 2.5本/ha を含む
*サカキ他常緑樹にはサカキ、アラカシ、クロバイ、タラヨウ、ヒサカキ、アセビ、カナメモチ、シャシャンポ、ソヨゴ、ナナミノキ、モチノキ、モッコクを含む
*その他落葉樹にはカキ、サクラ類、コシアブラ、タカノツメ、コナラ、コバノミツバツツジ、ネジキを含む

図１　東山シイ林の樹高階分布

図２　林冠を覆うシイの樹冠

ヒノキが優占し、アカマツと常緑広葉樹のクスノキ、落葉広葉樹のタマミズキが点在し、亜高木層は耐陰性[3]が高いシロバイ、ヤマモモ、サカキが優占して、クロバイ、タラヨウ、ヒサカキなど様々な常緑広葉樹で構成されていた。落葉広葉樹は高木、亜高木層ともにきわめてわずかであった。林地の下部から上を見上げると、シイは樹冠[4]が重ならないようにすみ分けて林冠[5]を覆い（図2）、その下に亜高木種が折り重なるように分布して、林内、林床[6]をさらに暗くしていた。このように高木層にシイとヒノキが優占する針広混交林は今までにわが国ではほとんどみられなかった特異な森林景観である。

●東山国有林の明治時代以降の取扱い

東山は過去から変わらない林相を維持してきたわけではない。国有林に残されたいくつかの報告書を参考にすると、西暦一三〇〇年代に社寺所有林の伐採は「制限あるいは禁止」されている。それ以降も諸寺はたびたび樹木の伐採を禁じたようで、継続して周辺住民による樹木等の搾取・利用が多かったものと思われる。その結果、明治時代に至るまでは森林が形成されていたとしても、度重なる伐採や自然災害などで森林植生や林地が破壊・攪乱《かくらん》された後に成立するアカマツ林が主体であったと予想される。

一方、社寺は一八七一（明治四）年の社寺上知令[7]に際し、所有する森林の立木を売り払って、土地のみを政府に提供した場合もあり、上知林には伐採跡地が多かったという。国有林では編入後の一八七五（明治八）年に、現在の高台寺山国有林を禁伐とし風致林に指定した。一八八四（明治一七）年には山林巡視の制度を設けて山火事、盗伐等の防止に努めたという。さらに一八九六（明治二九）年に施行された森林法に基づき東山全域を風致保安林に指定している。大正時代には保護林制度の発足に伴い、東山の国有林野すべてを保護林に指定し、禁伐としている。また、風致保安林の位置づけから、林内散策のための歩道の整備や、ヒノキ、風致樹としてサクラ類、カエデ類、ツツジ類、そして林道付近の裸地にはハギ類、林地改良のためにヒメヤシャブシなどの肥料木[8]の植栽、若齢造林地の保育間伐、高齢造林地や天然林の間伐、枯損木や被害木の伐採なども行われている。昭和初期には、ヒノキ造林地、アカマツ林の間伐なども継続され、従来の禁伐だけでは森林風致の保持助長を成し遂げられないという観点から施業案の改定を行って、風致林施業を行うための森林調査を開始している。

●東山の範囲と林相

一九三五（昭和一〇）年に発行された国有林の資料によれば、東山の範囲は、京都市の風致地区内に含められている、北は如意ヶ嶽（大文字山奥）より山科方面との脊梁《せきりょう》線を境に南は稲荷山にいたる五六四ヘクタールとされる。その内訳は御料地七〇ヘクタール（一二パーセント）、国有林二三四ヘクタール（四一パーセント）、社寺境内および私有林二六〇ヘクタール（四六パーセント）であった。植生は、アカマツ林（五九パーセント）、広葉樹林（一四パーセント）、ヒノキ・アカマツ混交林[9]（九パーセント）、ヒノキ林（四パーセント）、スギ林（三パーセント）、幼齢造林地（四パーセント）、その他竹林や草生地（七パーセント）に区分されており、アカマツ林が圧倒的に多かった。

アカマツ林は一般に斜面中腹以上にあって、年輪解析[10]からは樹齢の多くは五〇～六〇年生であり、一〇〇年を超えるものはわずかであった。広葉樹林はシイ、アラカシなどの常緑樹林は山裾や谷間に多く、コナラ、シデ類などの落葉樹林は銀閣寺山、東大谷方面でみられるものの、樹齢はこれも五〇～六〇年生で一〇〇年を超えるものは少なかったようである。ヒノキ・アカマツ混交林は、南禅寺裏山阿弥陀ヶ峰、清水山方面の一部にみられた。両樹種とも樹高にほとんど差がなく、樹齢はヒノキが七〇～三五〇年、アカマツが五〇～六〇年生で、ヒノキ林内に天然のアカマツが侵入してきたものと考えられた。ヒノキ林は、国有林では清水山と南禅寺山、若王子山方面に多く、清水山のものはおよそ三五〇年前の造林地と認められ、五〇～六〇年生の若齢林も植栽されたものとされる。スギは各方面の谷間や窪地の沃地に植栽され、五〇～六〇年生、老大のものは二〇〇年を超えた。幼齢造林地とは主としてアカマツの下木としてヒノキを植栽したもので樹齢は一般的には二〇年生とされた。このようにヒノキ林やスギ林には一部高齢な林分[11]がみられるが、ヒノキ林は若齢林も多く、アカマツや広葉樹は天然更新[12]してきたものと考えられた。

●室戸台風による森林被害と復旧

被害前の東山国有林の林相

京都地区では、一九三四（昭和九）年九月の室戸台風によって市街地周辺の森林や市内中心部に位置する京都御苑のクロマツなども壊滅的な被害を被った。被害前の東山国有林の林相は（図３）、

①針葉樹林が八五パーセントでその内訳はアカマツ林が六一パーセントと最も多く、それ以外はヒノキ林、アカマツ・ヒノキ混交林、スギ林、スギ・ヒノキ混交林が占め、

②落葉・常緑の広葉樹林の割合はほぼ拮抗しており、合わせても一四パーセント、

③アカマツとヒノキ・シイ、あるいはシイ・コナラが混じった針広混交林は一パーセントに満たず竹林はわずか、

図３　台風被害前の東山の状況：老齢ヒノキ林内に点々とアカマツが混じり周縁にはシイが目立つ（1932 年９月）（国有林提供）

であったとされる。前述の昭和初期の東山全体の林相と比べると樹種組成にほとんど変化がみられず、国有林でもアカマツ林が優占していたことが示唆される。

このアカマツ林は地味《ちみ》[13]の悪い乾燥地域に成立し、斜面中腹以上からところによっては山脚の線に沿って山麓にまで進出していたとされる。その樹齢からは東山一帯が明治維新の頃に一度濫伐され、その跡地に自然に成立したものと考えられている。ヒノキ・アカマツ混交林についてはヒノキ植栽地に自然にアカマツが侵入して上木になった場合とアカマツ天然生林[14]の下木としてヒノキを植栽した場合が普通であって、ヒノキが天然生である割合は低いと考えられた。ヒノキ林は三五〇年生林分の他に一九〇年生の林分もみられ、三五〇年生林分の一部が伐採利用された跡地に再び造林されたものと推察された。この時期のアカマツ林下にはほとんどアカマツ後継樹が見当たらず、中腹より下部にはシイほかの常緑樹の侵入が認められ、さらにアカマツはすでに樹勢が衰えているものも観察されたことから、いずれアカマツ林は耐陰性が高いヒノキ、さらにはシイに圧倒されてしまうことになると予想された。当時すでに東山の代表的な森林景観であったアカマツ林の保続が嘱望されていた。

図４　台風被害後の東山の状況（1934 年 10 月）（国有林提供）

高台寺山国有林の森林被害と復旧造林

高台寺山国有林（七五・二五ヘクタール、当時の面積では七八・五六ヘクタール）における森林被害は激害地

（森林蓄積の七〇パーセント以上の被害）二五・四七ヘクタール、中害地（同三〇～七〇パーセント）三・四四ヘクタール、微害地（同一五～三〇パーセント）八・九二ヘクタールの計約三八ヘクタールとされ、とくに高台寺山と清水山方面で被害が大きかったようである（図４）。その復旧のために一九三四（昭和九）年と翌年の二年間に新植、補植された苗木の総本数は一〇万本を超える。

その内訳はアカマツ五三パーセント、ヒノキ三三パーセント、スギ八パーセントなど針葉樹が圧倒的に多く、広葉樹は常緑、落葉樹をあわせて六パーセント程度植栽されたにすぎない。斜面中腹以上にはアカマツ、ヒノキを主体に、スギ、ケヤキを入れ、林地の速成被覆のためにヒメヤシャブシ、また、土地瘠悪《せきあく》の部分にはヤマモモ（五パーセント）を配植し、風致上の特殊樹種としてカエデ類、サクラ類やモミを点々と挿入したようである。広葉樹に関しては残存する稚樹を極力保存し、損傷したものは根切り[15]を行って萌芽《ぼうが》[16]発生を促し、植栽も人工的に列状となることを極力避けて自然な配置となるように心がけるなど、台風以前の森林景観を極力復元する形で行われた。谷間の肥沃地には将来そこに大木の林を造成することを目的に、菊渓などにはスギを重点的に植栽するほか、モミを混植し、さらに以前から広葉樹が成立していた林地にはケヤキを植栽して、全体として深山の林相を形成せしめたという。

被害跡地の復旧宣言

国有林ではその後、戦中戦後の混乱期には一部風致を無視した伐採が行われ、戦後には京都市民の燃料事情悪化に対処するために一時的に立木を薪炭材として提供するなどの歴史を経ながらも、継続して更新林分の保育に努めている。そして一九六七（昭和四二）年には東山一帯の国有林野を歴史的風土特別保存地区、一九八七（昭和六二）年にはレクリエーションの森・東山風景林に指定した。市街地からの遠景としての役割を果たすために、尾根筋にはアカマツ、中腹以下には広葉樹を主体にスギ、ヒノキが混交した健全な林分に整備することとし、アカマツの天然更新も試みられた。

ところが、一九七〇年代頃から顕著となったマツ枯れによって（第2章、黒田論考参照）、市街地周辺のほとんどのアカマツ林やアカマツと広葉樹、あるいはヒノキとの混交林が被害を受けることとなる。当地でも一九七〇年代後半まではアカマツが優占していたが、一九九〇年を挟むほぼ二〇年間に大径のアカマツはほとんど姿を消して、常緑、落葉の広葉樹やヒノキとの混交林に推移し、森林景観は一変した。とくにシイなどの常緑樹の台頭によって、林内に光が入らない暗い林に変化したところも多かった。国有林では室戸台風被害後ほぼ六〇年を経過した一九九二（平成四）年に、被害地の「復旧宣言」を行い、一九九四（平成六）年以降は一部の林地では常緑広葉樹の繁茂を抑制し、落葉広葉樹の生育を促すためにシイ等上木の本数調整伐[17]を開始している。しかし、常緑広葉樹の残存木や更新木の成長は旺盛で、施業地ではその後の管理に困難を極めたようである。これら伐採跡地も再びシイ林に戻る結果となってしまった。

京都市内ではかつて、シイは標高二〇〇メートル以下、カシは三二〇メートル以下、暖温帯性の落葉広葉樹林帯（モミ・ツガ帯）は三二〇〜六六〇メートル付近に分布すると考えられていた。一方、京都盆地では都市化の影響を受け、一九二〇年代頃からとくに最低気温の上昇が著しい。この温暖化によって二〇世紀半ばから平均気温が二℃以上上昇したと考えられている。冬季の気温はとりわけ常緑広葉樹の分布域の上限を決定すると考えられており、暖温帯性の落葉広葉樹林帯の垂直（高度）・水平（緯度）方向の移動を促すことになる。わが国の気温減率[18]は〇・五五〜〇・六五℃／一〇〇メートルと考えられていることから、二℃の気温の上昇は森林帯が三〇〇〜四〇〇メートルほど高標高域に移動することを意味している。清水山は標高二四二・二メートルとされ、現在ではそれをはるかに超える高さにまでシイが分布することが可能となり、いずれ高台寺山国有林全域がシイ林となってもおかしくない状況にある。

二〇〇五（平成一七）年に高台寺山国有林内のシイが京都市内ではじめてナラ枯れ被害を受け（第2章、黒田論考参照)、市街地周辺のコナラ、アベマキ、アラカシ等の林では、二〇一〇(平成二二)年をピークに被害が拡大した。しかし、同国有林そして京都市内でも林相が変わるほどの大きな被害には至っていない。京都市内ではナラ枯れ被害は現在でも単発的に発生し、アカマツ残存木や被害跡地に再生したアカマツ天然更新木に対するにマツ枯れも未だ各所で観察される。

事業実施後の現状

●伝統文化の森推進協議会による林相改良のための取り組み

伝統文化の森推進協議会(以下、協議会とする)で手がけた林相改良のための森林事業の概要は以下のようになる。

①林内歩道の整備とその沿道周辺の林相改良

②林内各所でシイ等を群状伐採し[19]、下層植生の除去を行って、その跡地に

(ア)天然更新　(イ)人工更新[20](植栽)　(ウ)両者を併用

して多種の落葉広葉樹の更新を促しつつ、種の多様性が高く、落葉広葉樹による四季の変化が豊かな明るい森林を造成することであった。森林は更新後、成林するのに数十年かそれ以上の歳月を要する。協議会による事業は開始してから一〇年になるが、半数の事業地は更新後未だ五年に満たない。そのため目指す森林が再生されたとは言いがたい。ここでは、主に初期に取り組んだ事業地における更新木の成長に関するモニタリング調査の結果と、森林再生のための問題点について述べることにする。

暖温帯性の常緑広葉樹林帯(照葉樹林帯)では高木性の落葉性広葉樹の種類は少なく、京都付近において落葉広葉樹林の林相を形成するのはコナラ亜属のコナラ、アベマキなどと、一部河畔林を形成するケヤキに限られる。

常緑広葉樹は一般に耐陰性が高く、その中にアカマツやコナラ亜属の陽樹[21]を混交させることは容易ではない。気象害、伐採等の大きな攪乱が繰り返されるか、一定の期間人為によって特定の樹木を保護し、目的とする森林に誘導する必要がある。そのためには多くの労力がかかることが予想される。

●更新木の発生・成長を阻害する要因

強度に伐採した林地には、初期にコジキイチゴ、ビロードイチゴなどのイチゴ類が繁茂し、タマミズキ、アカメガシワ、ナンキンハゼ[22]などの陽樹とともに多くの広葉樹が天然更新してくる。上木の伐採率が低い場合や、伐採残存木にヒノキが混じる少し暗い林分では更新してくる樹種の本数や種数は少なく有用な天然更新木が発生してくる可能性は低い。

伐採によって林内に陽光が差し込むと、その刺激に誘発されて多くの広葉樹の切株や伐採木付近に存在する残存木の根元付近から多数の萌芽が発生し、これらも有用な天然更新木や植栽木の成長を阻む。東山の場合、シイ、シロバイ、サカキ等の常緑広葉樹の萌芽発生量がとりわけ多く、中でも強度に伐採された林分ではシイ萌芽の伸長成長[23]は二メートル／年以上に達することがある。くわえてシイは種子生産量も多く、歩道脇や林床には高さ一〇センチメートル程度の実生苗[24]が無数に観察される。これらシイ実生苗は林床が暗い場合は発生してもほとんど成長せずに生き続ける。しかし、上木が伐採されたり、気象害を受けて林冠の隙間から光が差し込むと一斉に成長を再開する。他の更新木にとっては脅威であり、そのまま放置すればシイ林が再生されることが容易に予測できる。

さらに、付近に高さが二メートルに及ぶウラジロやコシダなどの大型シダやササが存在する場合は、上木が部分的に排除されただけでこれらが一斉に勢力を拡大する。これらのシダが繁茂した林床にはシダの落葉が厚く堆積し、シイ実生苗さえも侵入できない。有用な天然更新木や植栽木の成長を助けるためには更新初期段階でこれらのシイ等の常緑広葉樹の萌芽や実生苗、大型のシダ、ササ等を排除するために下刈[25]を繰り返すしか方法がない。

しかしスギ、ヒノキあるいは単一の広葉樹種からなる人工林と異なり、このような林の下刈作業は容易ではない。東山の常緑広葉樹林の樹木構成はきわめて豊富で、発生してくる多くの天然更新木の中から特定の天然更新木や多種の植栽木を瞬時に識別し選択的に残す作業は、通常の林業・造園関係者でも困難をきわめる。残すべき更新木や植栽木はまだ稚樹であるために、樹形や幹、枝の形態そして色から樹種を判定することは難しく、唯一、葉の形状の違いが樹木識別の鍵となる。ところが、常緑広葉樹は植物分類学上異なったグループに属していても葉が極似している場合が多い。樹木の識別に時間を要するために作業能率は著しく低下する。

●天然更新木と植栽木の本数

スギ、ヒノキなどわが国の針葉樹人工林の植栽本数は一般的には二五〇〇～三〇〇〇本／ヘクタール（苗間一・八～二・〇メートル）とされる。広葉樹に関しては木材生産林、環境林といった成林後の目的や樹種によって植栽本数が異なることが予想される。通常広葉樹は針葉樹に比べて活着率は低いとされる[26]。くわえて用材林[27]ではとくに材が通直であることが求められ、下部の枝が早期に枯れ落ちて材質に優れ、搬出しやすいように四〇〇〇本／ヘクタール（苗間一・六メートル）以上で植栽される場合が多い。東山では複数の樹種による環境林、景観林の造成を目的としている。そのための更新木の本数に関する指針・目安は現在存在しない。植栽木は林冠が空いた部分中心に植栽され、天然更新木は種子を供給する母樹中心に発生するため、集中分布する確率が高い。個々の林分でモニタリング調査を継続しながら、適当な時期に複数回のスペーシング[28]、除伐そして本数調整伐を繰り返し、森林を造成していくこととなる。

①天然更新による林相の改良

二〇〇八-三-A事業地は、協議会が主に実施してきた上木のシイ等の常緑樹を群状伐採して林種転換してきた他の事業地とは根本的に異なる。すなわち協議会発足前の一九九九（平成一一）年度に、国有林によってシイ林の林相を改良する試みのひとつとして伐採され、その跡地に成立した若齢天然生林を施業[29]の対象としている。二〇〇〇年春先に国有林によって、清水寺裏山のヒノキが混じるシイ林において、一部ヒノキ大径木を残して帯状に小面積皆伐[30]が行われ、同時に林床の低木を刈り払って集積する地拵え[31]作業が実施された。面積は等高線に沿って南北、水平方向に約一五〇メートル、東西、斜面方向に幅約二〇メートルの〇・三ヘクタールである。

八年を経過した二〇〇八年三月に協議会では南側の約〇・一ヘクタールを対象に除伐[32]を実施した。作業内容はすべての落葉樹と有用・稀少な常緑樹を残して、天然更新してきたシイ、シロバイ等の常緑広葉樹の若木を除伐し、林床を刈り払うもので、協議会発足後の初めての事業として、市民も参加する形で実施された。ここでは植栽は行われていない。除伐直後に二〇×二〇メートルの調査地（伐採区〇・〇四ヘクタール）を二ヶ所設け、樹高一・三メートル以上の樹木を対象に、ほぼ二年毎に残存した若木と除伐後に天然更新してきた樹木の調査を行った。同時に北側の除伐を行わずに残された林分についても、施業を行わなかった場合に森林がどのように変化するかを追跡調査するための調査地（対照区一五×三〇メートル）を設け、同様の調査を行うこととした。

伐採区における除伐直後の調査結果（表1）をみると、常緑樹に関してはこの除伐作業によってシイ、シロバイの若木はすべて伐採された。しかし二年後にはシイの本数が急激に増加し、シロバイなど他の常緑広葉樹の増加も著しいことから、これらの樹種が落葉広葉樹の発生や残存木の成長を阻害しているものと考えられた。そのため、調査後に個体数が少ないイヌガシ、ツバキ、カクレミノ、タラヨウ、リンボクや、高木とならないオオアリドオシ、チャノキなどの常緑稀少種を残して、高さがほぼ五〇センチメートル以上の常緑樹はすべて除伐することにした。とくにシイについては、伐採後一〇年近く経過しても古切株からの萌芽発生量に衰えがみられず、チェーンソーによって再度切株ごと伐採するとともに、新たに萌芽が発生してくるのを抑制する目的で緑色の耐光性防草シートを用いてこれら切株を被覆した。このマルチング作業は、萌芽発生を抑える意味できわめて効果的であった。作業段階ではシートを極力痛めないように、既存の萌芽を発生部位からきれいに除去した。被覆が充分ではない場合や、被覆後にカラスをはじめとする鳥類やほ乳類などの動物によってシートが損傷を受けると、その隙間から再び萌芽が現れ大型化してシートを突き破ることになる。下刈・除伐作業を軽減するためにも、この作業は完璧に行う必要がある。その後のモニタリング継続調査時においてもこの除伐、萌芽除去作業と、農業用黒マルチングシートを用いた簡易マルチングによる修復作業を繰り返した。

落葉広葉樹に関しては、除伐後から種数、本数ともに増加して、六年後には本数は除伐時の倍の一四六本（三六五〇本／ヘクタール）となり、一〇年後には種数、本数の変化は少ないか、むしろ減少する傾向が見られた。とくに陽生のタマミズキ、アカメガシワなどは林地が更新木で覆われてきた除伐六年後には本数を減少させている。

タマミズキは、伐採直後に発生して他の更新木の間をすり抜けて上層に達すれば大径となる高木層構成種である。京都や滋賀の常緑広葉樹天然林では落葉期にモチノキ科特有の赤い実をつけた落葉高木が点在するのを遠望することができる。除伐後一〇年を経過した当林分で最大一五メートルに達し、各樹高階で優占した。アカメガシワ、エゴノキは高木種であるが樹冠を広げるものの樹高はそれほど高くはならない。エゴノキは天然林の亜高木層構成種でもあり徐々に本数を増加させていく。これら二種は更新初期段階の常緑広葉樹の本数増加をいくらか抑制する効果が期待できるかもしれない。更新木のなかにはコシアブラやタカノツメ、数は少ないがカスミザクラやウワミズザクラなどのサクラ類、コナラなど、高台寺山国有林内に自生し、期待される有用樹も出現した。シイ、シロバイ等を除伐しているが、常緑広葉樹とあわせた更新木の総本数は除伐後一〇年で一六六本（四一五〇本／ヘクタール）となり、天然更新してきたヒノキを除いても前述の広葉樹人工林における植栽本数にほぼ匹敵する。景観林であれば五〇年後に、五メートルの間隔（四〇〇本／ヘクタール、この〇・〇四ヘクタールの調査地であれば一六本）で高木種の更新木があれば充分と考えられる。今後はこれら更新木の中から樹形、配置、成長等を考慮して残存木を選抜していかなければならない（表1）。

表１　2008-3-A 事業地における天然更新状況

本/0.04ha

除伐後年数（西暦年度）		0 年（2007）	2 年（2009）	6 年（2013）	10 年（2017）
常緑樹	シイ		263	9	
	シロバイ		27		
	カナメモチ	14	23		
	クロバイ	7	11		
	クスノキ	4	22	2	
	ソヨゴ	3	13		
	サカキ	2	4		
	モチノキ	1	1	1	1
	アセビ	1	1		
	リンボク		2	5	9
	ヒサカキ		2		
	イヌガシ			1	1
	オオアリドオシ				1
	ヒノキ	10	18	10	10
	計	42	387	28	22
落葉樹	タマミズキ	26	42	34	28
	アカメガシワ	13	16	11	8
	コバノミツバツツジ	10	13	13	13
	コシアブラ	7	11	43	40
	エゴノキ	7	13	18	26
	ヤマハゼ	7	9	9	6
	ヤマウルシ	1	2	6	9
	カスミザクラ	1	1	3	3
	コナラ	1	1	1	1
	ヌルデ	1	1	1	1
	クサギ	1	1	1	
	センダン		5	2	2
	アオハダ		1		1
	タカノツメ			1	4
	ウワミズザクラ			1	1
	リョウブ			1	1
	タラノキ			1	
	計	75	116	146	144
全体	総計	117	503	174	166
	種数計	19	25	22	20

二〇〇八-三-A伐採区の北側に設けた対照区では、国有林による伐採後一四年を経過した二〇一四（平成二六）年の調査結果からは再びシイ林と化していた。このことからも施業地では天然更新してくるシイの繁殖力がきわめて旺盛なため、適切な時期に除間伐などの保育作業を行って、森林を管理していくことが必要である。

②天然更新木と植栽木による林相の改良

二〇〇九-三-Aは春先に上木を弱度に伐採して、下層植生を刈り払い、イロハモミジ、ウワミズザクラ、カスミザクラ、ツクバネガシ、モミの五種を植栽した施業地（〇・〇四ヘクタール）である。植栽方法は、モミは単木植え、それ以外の樹種はほぼ直径五〇センチメートルの円内の範囲に二〜四本を植栽する巣植え[33]とし、植栽した苗木の樹高はイロハモミジ、ウワミズザクラ、カスミザクラは一メートル前後、ツクバネガシは六〇センチメートル前後、モミが五〇センチメートル前後であった。

ウワミズザクラは植栽当年に二本が枯れて全滅し、二年目までにツクバネガシとモミがそれぞれ一本ずつ枯れたために植栽木全体の活着率は八五パーセント、植栽九年後の二〇一七年までにはツクバネガシ二本とカスミザクラ一本が枯れたために、生存率は七六パーセントとなった。イロハモミジは順調に生育して施業九年後の段階で樹高は二五〇センチメートル前後に達している。カスミザクラは苗木によってばらつきが大きいが四メートル近くに達する個体もみられた。ツクバネガシは植栽後七年以降に成長が衰える個体もみられ、この時期に各樹種ともに伸長成長に陰りがみられた。モミは概して初期成長が悪く、個体によっては植栽後三〜五年を経過してから成長を開始するようであった。植栽木は天然更新してくる陽樹やシイなどの萌芽更新木と比較すると、初期成長が劣り、さらに植栽後七年を経過したあたりから成長の衰えや、枯死する個体もみられる。天然更新してくる陽樹の成長や萌芽更新してくるシイ等の常緑樹の繁茂、巣植による同種間の競争にも充分考慮した保育を行う必要がある（図5）。

③植栽木による林相の改良

高台寺山国有林では明治時代の設定当初の荒廃した森林の回復、一九三四（昭和九）年の室戸台風による被災後の復旧、八〇年代のマツ枯れ被害、シイ等の落葉広葉樹林の拡大に際しても、従来の森林景観をできるだけ維

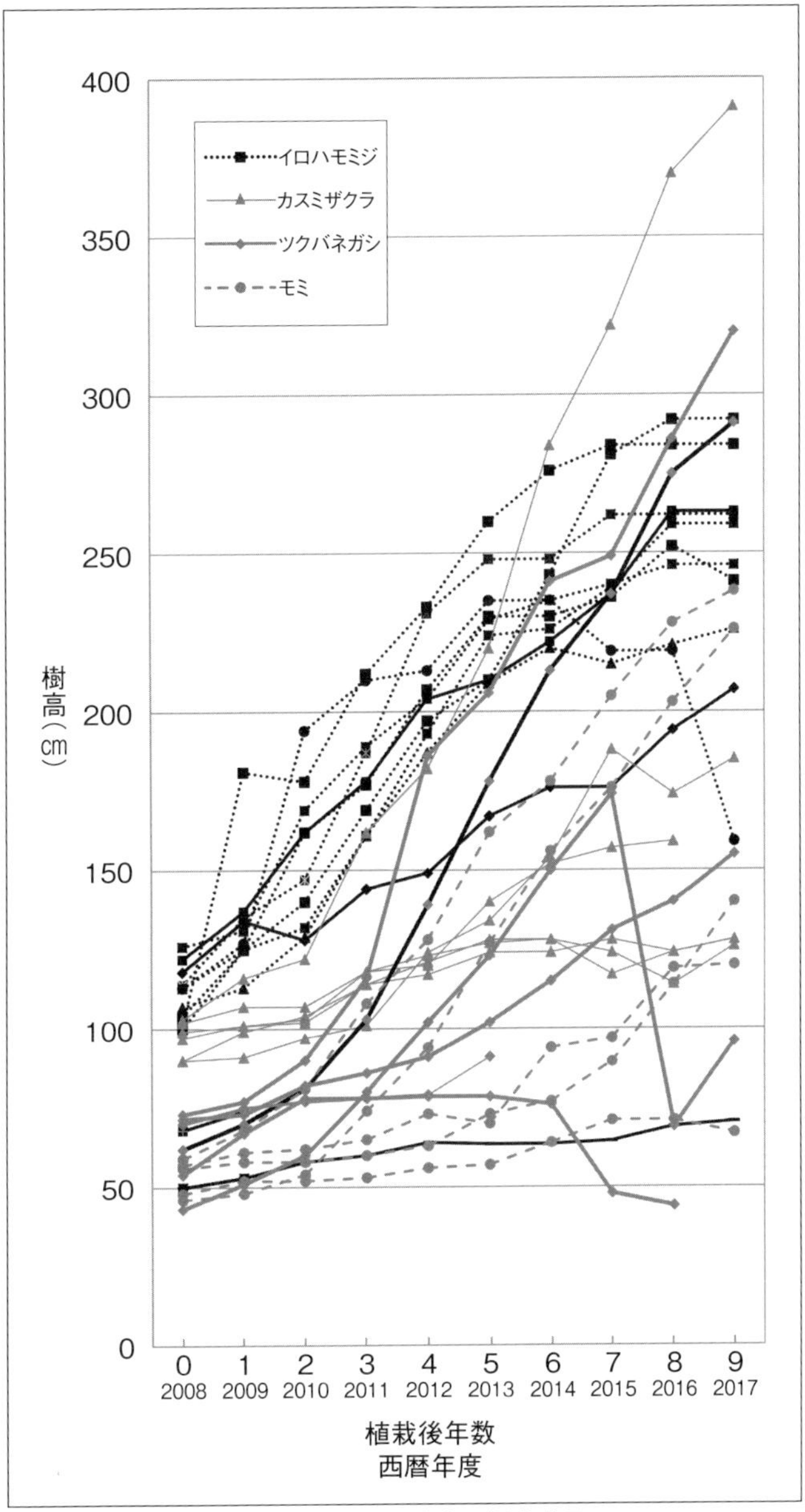

図５　2009-3-A 事業地における植栽木の樹高成長

持する形で森林の回復・保全に努めてきた。二〇〇三（平成一五）年三月にまとめられた国有林の森林景観の回復・保全指針では「種の多様性保全」と「自然回復力の活用」が重要であり、具体的には、他種を排除する性質が高いシイの伐採、下層植栽として優占するサカキ等の常緑樹の伐採、アカマツ林に誘導するために必要な枯損木の整理、自然の回復力を活用しつつ必要に応じた植栽、歩道の整備などを掲げている。また京都三山は多様な構成種からなる植生景観を有し、いくつかのタイプの森林がモザイク的に配置され、歴史的にも地域の自然・社会条件によって支えられてきた森林植生であることから、画一的な森林整備及び管理方法を適用するだけでなく、それぞれの地域における諸条件に応じたきめ細かい施業方法を採用するとしている。

　また高い修景性を必要とする区域にはその地域における自然風景との親和性の高い植物を植栽し、人為的に修景性が高く、生物多様性の高い森林へと誘導するものとしている。植栽に関しては、国有林で行っている天然更新や間伐、除伐、林床整理の森林施業だけでは達成されがたい場合があることから、期待される将来像に基づいた樹種の導入を図るものとし、同じ箇所に数本の同一種の苗木を数本植栽する方法（巣植え）は一般的に効果が高く、できる限り京都市または近隣に自生しているものを用い、外来種は用いないこととしている。

　京都市では地域の自然景観として親しまれてきた低木の落葉広葉樹を多く含む見通しの良いアカマツ林やアカマツ・コナラ林の回復がもっとも望ましいとされてきた。しかしマツ枯れが未だ継続し、高台寺山国有林の土壌は肥沃化していることから痩せ地に適したアカマツ林の再生は困難である。ナラ枯れ被害はピークを過ぎたとはいえ未だ各所で散見されることなどの理由もあって、高台寺山国有林ではアラカシ、アカガシ、ツクバネガシの植栽は一部試みられたが、他のブナ科樹木による森林再生は見送られてきた。

　京都の市街地周辺は常緑広葉樹林帯に属するため、マツ枯れ後に落葉広葉樹が高木層を占める森林はコナラ林、アベマキ林、一部クヌギ林などに限られる。エノキ、ムクノキなども社寺境内などに単木的に大径木がみられるに過ぎない。ケヤキは街路樹として使われることも多く、一部河川沿いでは河畔林を形成しているが、植栽木である可能性も高い。少し標高が高い地域ではシデ林やカエデ林なども出現する。東山に続く大原・八瀬そして比叡山の西斜面などには春先にヤマザクラやカスミザクラが点々と開花するのを見ることができる。しかしそれらも林を形成しているというわけではなく、市内の天然林で大径となる落葉性広葉樹の種数はきわめて少ない。

そのため京都市の北部や標高がやや高い暖温帯の落葉広葉樹林帯（モミ・ツガ帯）を主な分布域とする樹木も植栽木として用いられてきた。最も多いのは過去から修景用に植栽されてきたカエデ類やサクラ類である。過去にはソメイヨシノなどの品種も歩道沿いに植栽された可能性もあるが、その記録を確認できていない。ウワミズザクラ、ヤマザクラ、カスミザクラなどは高台寺山国有林内でも自生し、とくにウワミズザクラは多い。

植栽木の初期の活着・生存状況は、ウラジロノキを除くと概して良好であった。モミは植栽後、活着しているものの初期数年間はほとんど伸長成長が認められない。コマユミをはじめとする低木類はシイ等の成長が盛んな天然更新木に被圧されて数年後に消滅していく場合も多く、低木種に関しては高木種と同時に導入することは難しく、植栽時期や場所を再検討する必要がある。活着率が低いウラジロノキなどは他の樹種と比較して移植・植栽に向かない樹種と考えられ、モミは植栽後数年間の成長はほとんど見られず、このような群状伐採跡地では陽光量が不足しているのも一つの要因と考えられた。カエデ類、シデ類、サクラ類などは直立せずに斜面下部に向けて斜上するものが多く、これらもシイなどの天然更新木の成長に負ける場合も多く、今後大苗の植栽も視野に検討する必要がある。植栽木の生育状況は、樹種や施業地の光環境によっても様々であり、それぞれの樹種あるいは苗木段階の生育特性を早急に把握することが重要で植栽する場所や時期も検討する必要がある。

高台寺山国有林では現在多種多様な樹種による森林造成が行われている。この再生林を育成し管理していくためには、継続して保育作業を進めていくことが重要である。

注

（1）林相　林を構成する樹種・樹冠の組成・林齢・生育状態などを総称した林の姿。

（2）林班　森林計画では、尾根・河川など自然地形を用いて境界を設定し、森林を区画し施業の便を図る。その区画の単位であり、国有林では一〇林班など先頭には数字が用いられる。さらに林班内で林相の違いや施業を計画した範囲などを明確化するために、林小班という単位で細分する。先頭にはい、ろ、はなどの平仮名をつけ、例えばい小班というように示す。

（3）耐陰性　植物が弱光のもとでも生育できる性質。

（4）樹冠　樹木の上部にある枝と葉の集まり。

（5）林冠　樹冠同士が横に相接して森林を覆うようになったとき、これをいう。いくつかの樹冠層から成ることもある。

（6）林床　森林内の地表面。

（7）上知令（上知林）　第1章の東山国有林と「京都伝統文化の森推進協議会」を参照。

（8）肥料木　根に根粒菌が着生して、空気中の窒素を土壌に還元するためにやせ地の改良の先駆種として用いる樹木。マメ科植物やハンノキ属、ヤマモモなど。

（9）混交林　上木が二種類以上の樹木からなる森林。

（10）年輪解析　樹木の年輪の数やその幅を計測して過去の成長過程を調べる手法。過去の環境の変化を推測することなどにも応用される。

（11）林分　樹木の種組成・樹齢・生育状態等がほぼ一様で、隣接する他の森林と明らかに区別がつく森林の面積的に比較的小さな単位。

（12）天然更新　森林を再生する方法として、人力によらずにもっぱら自然の力で後継林を仕立てること。天然下種更新：自然に落下した種子による場合、萌芽更新：切株などから発生した萌芽による場合、地下茎更新：竹林のように地下茎による方法などがある。

（13）地味　生産力から見た土地の質。

（14）天然生林　天然林は原生林と天然生林に分けられる。原生林とは過去に人間などによる破壊を受けていない、自然に成立したままの林あるのに対し、天然生林とは災害や伐採などによって破壊されたが、その後ほとんど人の手が加わらずに自然に再生した林。

(15) **根切り**　苗木の根の一部を切断し、成長を抑制して、組織を充実させて細根の発達を図る作業。健全苗を生産するためには欠かせない。

(16) **萌芽**　薪炭林などで伐採木の切株や根などから発生する萌芽（林業、林学では「ボウガ」と呼ばれることが多い）によって樹木を育成させる更新法で、わが国では古くからコナラ、クヌギなどの薪炭林造成などに使われ、海外ではパルプ原材料の造成にも用いられる。

(17) **本数調整伐**　森林の健全な成長を図るため、主に下木等を伐採して、林内、林床に適度の陽光を入れ、残存木の生育を促すとともに林内環境を改善するための伐採法。

(18) **気温減率**　気温は高度が増すにつれて低下する。一〇〇メートル増すごとに気温が低下する割合。

(19) **群状伐採**　対象林分を小面積に限って伐採し、更新稚樹が大きくなるにつれて伐採面を徐々に広げていく伐採法。

(20) **人工更新**　人工造林とも呼ばれ、人工で造林材料である種子・苗木・さし木などを造林地に定着させて、目的とする林を育てる方法。苗木を植栽する方法が最も一般的であり、林地に直接種子を播く（直播《じかま》き）、母樹から切りとった枝の一部を直接挿す直挿《じかざ》しがある。

(21) **陽樹**　成長するのに多量の陽光を必要とし日陰に耐えない樹木。受光量が少なくてもそれに耐えて生育する樹木は陰樹という。

(22) **ナンキンハゼ**　わが国に導入された中国南部原産の外来種。都市の街路樹、公園などの緑化樹として植栽され、京都市内の自然林でも天然更新しているのをよく見かける。

(23) **伸長成長**　縦方向の成長。樹高成長。横方向の成長は肥大成長・直径成長という。

(24) **実生苗**　種子から発生した苗木で、稚樹段階までの小さな個体。

(25) **下刈**　更新した陽樹・稚樹の成長を促進させるために雑草や灌木を取り除くこと。

(26) **活着**　さし木や苗を植栽した場合に植物が根づいて成長すること。

(27) **用材**　製材用、パルプ・チップ用、合板用などで利用される木材。薪炭、シイタケ等の原木は含めない。

(28) **スペーシング** spacing　天然更新苗や植栽苗の間隔をあけること。北米の北方針葉樹などの天然更新林ではよく用いられる保育作業。

(29) 施業　森林事業を経営計画に基づいて行うこと。

(30) 小面積皆伐　皆伐とは対象とする林地にある商業的価値があるほとんどすべての林木を伐採することで、林地には小径木や被害木などが伐り残されることもある。伐採面積についてはとくに定義はないが、わが国では通例一〇ヘクタール以上の場合は大面積伐採、それ以下を小面積伐採とし、小面積伐採のうち〇・一ヘクタール以下であれば群状伐採とすることが多い。

(31) 地拵え　伐採跡地で森林の更新に向けて、林地にある雑草木を刈り払い、その枝条を集積する作業。

(32) 除伐　下刈作業段階を過ぎて、林がうっ閉に近づく頃に行う保育作業で、造林目的以外の樹種を除くとともに、目的樹種であっても今後成長が見込めないものや、ほかのものの生育に支障となるものなどを取り除く。

(33) 巣植え　一か所に二本以上の苗木を集め、一つの群（巣）として植栽する方法。苗木と苗木の間隔は普通一メートル程度。巣内の相互協力によって、巣外の競争植物の干渉の緩和を図ろうとするもので地拵えや下刈り労力の節約、耐風性や雪害抵抗性を増すなどの効果が期待される。

参考文献

◎大阪営林局（一九三五）『東山風致復旧座談会』
◎大阪営林局（一九三六）『昭和九年九月台風被害調査書』
◎大阪営林局（一九三六）『東山国有林風致計画』、「附録」『東山国有林植物誌』、『東山風致復旧座談会』
◎川那辺三郎・玉井重信・加藤博之・中掘謙二・安藤信（一九七九）「京都市の市街地周辺の森林植生に関する調査研究報告」『京都市域における自然環境に関する実態調査結果報告書』138-255．京都市衛生局公害対策室
◎大阪営林局・京都営林署（一九九三）『東山国有林の風致・防災施業』
◎安藤信・山崎理正・川那辺三郎（一九九八）「京都市の市街地周辺の森林植生に関する調査研究」『京都市の自然に関する実態調査報告書』1-156．京都市公害防止計画研究会
◎安藤信・川那辺三郎（一九九九）「京都市市街地周辺のタイプの異なるいくつかの森林の一九年間の変化」『日林学術講』110, 331
◎森下和路・安藤信（二〇〇二）「京都市市街地北部森林のマツ枯れに伴う林相変化」『森林研究』74, 35-45
◎京都大阪森林管理事務所（二〇〇三）『世界文化遺産（京都）緩衝地帯の森林景観の回復・保全指針作成のための調査報告書』
◎安藤信（二〇〇四）「世界文化遺産の背後にある森林景観の回復」『森と里と海のつながり』82-85．京都大学総合博物館
◎奥田賢・美濃羽靖・高原光・小椋純一（二〇〇七）「京都市東山における過去70年間のシイ林の拡大過程」『森林立地』49（1）
◎中村真介・呉初平・安藤信（二〇〇九）「京都・東山におけるシイ林伐採後の更新状況」『日林学術講』120, Pa3-27
◎中村真介・呉初平・安藤信（二〇一〇）「京都・東山のシイ林において短期間に二度伐採された林分の更新状況」『日林学術講』121, Pa1-43

キクタニギクの咲く菊渓の再生へ

京都市産業観光局
農林振興室林業振興課

はじめに

「キクタニギク」という植物をご存知だろうか。かつて、高台寺山の菊渓に自生し、これが種名の由来ともなっている小型のキクである。日当たりがよく明るい環境を好み、人の手が入ることで明るい森林として維持された菊渓で自生していたが、シイが優占する暗い森林となってしまってからは姿を消した。「〝キクタニ〟ギク」という種名も、虚しいものになってしまった。

　本種は、菊渓が森林として成長しすぎ、暗い森へと変遷する中で姿を消したが、これは、どれほど人の手が入り明るい環境が維持されているかを示す

図1　キクタニギク

指標となることも考えられる。つまり、キクタニギクは、菊渓をかつての明るい森として再生する際の象徴となるのではないか。そのような思いから取組が始まった。

キクタニギクの咲く菊渓の再生へ

キクタニギクの咲く菊渓再生への取組は、平成二八年（二〇一六）度から始まったシイ林の林相改善の一環である。キクタニギクは、花言葉が「押し合わず」「寄り添うように」とされ、一円玉くらいの黄色い可憐な花をたくさん咲かせる。東山の山中から祇園あたりへ流れ出る渓谷は「菊渓」と呼ばれるが、昔は谷の下流までキクが香るほどあったと伝えられている。

そして、キクタニギクという種名が地名に由来していることも注目されるところである。実は、京都の地名が種名に使われている生物は多く、キクタニギク（菊渓菊）のほか、草本類ではキブネダイオウ（貴船大黄）やエイザンスミレ（叡山菫）などがあり、樹木でもイロハモミジをタカオカエデ（高雄楓）と言うことがある。昆虫ではゴキブリの仲間に、京都の名を冠するキョウトゴキブリ（京都蜚蠊）があったりもする。

その名が示すとおり、由緒あるキクタニギクも、京都府レッドデータブック２０１５では「和名のもとになった菊谷では絶滅」と記され、実際、シイなどに覆われた暗い森林にその姿を見かけることはなくなった。

その復活を試みるとともに、明るい森林を形成・維持するための指標種とし

図２　市民参加を得て行った植栽活動

て、キクタニギクを選定した。こういった指標を設けて復活に取り組む活動は、京都では他にも、平成二三年（二〇一一）度から始まった大阪湾から鴨川へ遡上してくる天然アユ復活の活動が注目を集めている。指標種を掲げるのは、活動の目標設定に使える点、目的意識が共有しやすい点、親しみやすさや分かりやすさの点でも有効で、実際、菊渓でのキクタニギクの植栽を募ったところ、一〇〇名を超える市民参加があった。

シイやヒノキの常緑高木を事前に伐採し、三年間で二三〇株のキクタニギクを植栽してきた。人の手を加えなくては、キクタニギクの復活は期待できないと考えている。ただ、人が行う伐採や植栽はあくまでも「自然が自然をつくる」「森が森をつくる」そのお手伝いという視点である。植えた株については、京都の西山で採取された個体を増殖して導入している。この株が定着することが目標ではなく、人々と森林との新しい関わりによって、明るい光環境を保ち続け、キクタニギクも含め、生息・生育・繁殖する多様な動植物が彩る森林景観の再生を目指している。

図３　植栽されたキクタニギク

加えて、ニホンジカによる食害対策が不要であることも大きな利点である。防鹿対策なしで京都の山林に草本類を植栽すれば、シカにエサをやるようなものだが、菊渓では、今のところシカの侵入がない。三条通り以北の森林に生息するシカは、道路に車が行き来しているため、容易に渡ることができない。シカにとって、この地は陸の孤島のようなものである。しかしながら、エサの豊富なこの地へ渡ろうとするシカは目撃されており、今後もその動きを注視していく。

今後の課題

晩秋になればキクタニギクが咲く菊渓を保全し、京都の街の「借景」ともいえる東山の四季の彩りを将来にわたり感じられるよう、森林の植生遷移を適度な状態で維持していくことが課題である。その時代に生きる人々が、京都の美しい景観を形作り、人の手によって守られる森林の価値を認識し、後世へと伝えられるよう、行動していく必要がある。

京都市は、協議会の事務局として、林相改善の取組や委託契約などの事務をはじめ、市民参加の森づくり、公開セミナーの運営や広報など多岐にわたるが、今後も、地域、寺院、学識者、企業の皆様と共に活動の輪を広げていけるよう、取り組んでいきたいと考えている。

参考文献

◎京都府（二〇一五）「京都府レッドデータブック２０１５」

第3章◉京都・東山の森づくり

東山の森を守ろう

―『ナラ枯れ被害木の薪割り&ウォーク事業』―

京都女子大学 名誉教授
高桑　進

東山の森のナラ枯れ対策事始め　―学生パワーと地域連携―

林野庁と京都女子大学の間で「遊遊《ゆうゆう》の森」制度を活用した協定を結び、平成二〇（二〇〇八）年から京都女子大学に隣接する阿弥陀ヶ峯国有林を環境教育に利用させていただくことになった。「山城国風土記」に「鳥部《とりべ》の里」とあることから、「京女鳥部《きょうじょとりべ》の森」と名づけ、この森の出入り口には国と市の許可を得て森の案内板を設置した。ルートとイラスト入りの「京女鳥部の森　散策マップ」も、国土緑化推進機構と京都女子大学の補助金を使い四〇〇〇部作製し、関係者等に無料配布した。

ところが、当時ナラ枯れの伐採には補助金が出るものの搬出作業には出ないため、「京女鳥部の森」の中にナラ枯れ木が大量に燻蒸処理後に放置されていた。これでは森林の景観上および防災上からも良くないことは言うまでもない。

そこでまず、放置されていたナラ枯れコナラを利用する許可を豊国神社宮司から得た後、そのナラ枯れ木からつくる薪の利用をハイアットリージェンシー京都ホテルに相談したところ、「東山の森林環境の保全に役立つし、安全性にも問題がなく、費用も業者が販売しているのと変わらない」と当時の支配人横山健一郎さんが理解を示して協力してくださった。ハイアットホテルでは以前より薪を使用した料理をしていたのである。ただし、樹齢が七〇年もの大径木のコナラの薪割りは素人では困難なので、専門業者である奈良県吉野郡川上村のヤマツ産業有限会社に依頼した。そうしてできあがった薪を私と京都女子大生、京都府立大学（当時）の田中和博先生と京都府立大生の合計八人が協力しホテルに運びこんで利用してもらった（京都新聞に記事掲載された）。これが東山の鳥部の森に放置されていたナラ枯れ材を、女子大生と地域の連携で薪として再利用する最初の試みとなった。

図１　みんなで薪割りとその結束作業中

東山の森のナラ枯れ状況を知らせるために
―市民参加の薪割りウォーク―

平成二一（二〇〇九）年に京都伝統文化の森推進協議会に環境教育の専門家として参加させて頂き、東山区民がどの程度ナラ枯れの現状を認識しているかをアンケート調査した。

その結果、回答者の過半数は東山区に四〇年以上住む五〇歳以上の方であること。しかし約三割が「ナラ枯れ」を知らず「東山を一度も歩いたことがない」と回答した方がほとんどであったのである。東山区に四〇年以上住んでいる方でもナラ枯れの被害を知らない方が三五％もいたことに驚き、まずはナラ枯れ被害の現状を市民に知らせることが第一に必要であると痛感した。

そこで、ボランティアの力でナラ枯れ木の搬出作業を実施することを委員会に提案した。この考えに祇園商店街理事長北村典生さんも賛同され、平成二二（二〇一〇）年一一月に最初の取り組みを実施することができた。告知すると、多数の応募者の参加が得られて五〇〇束もの薪ができた。すると翌年から朝日新聞社の協賛も得られ、第一回「京都の森を守ろう　薪割り&ウォーク」がスタート。毎回一五〇名もの市民参加ボランティアが集まり、一五〇〇束もの薪ができあがった。この取り組みは朝日新聞の協賛もあり、四年間継続され、平成二五（二〇一三）年には東山のナラ枯れも収束した。

図２　参加したボランティアが斧で薪割り体験中

図３　参加者みんなでナラ枯れ木のバトンリレー中

このイベントのおかげで参加したボランティアたちは初めて「東山の森の危機」を目のあたりにし、ナラ枯れ対策には伐採材の利用が大切であることを学んだのである（実施日時は巻末の表を参照）。毎年一二月の初旬の実施期間は寒いため、祇園商店街の皆さんが暖かい豚汁と美味しいご飯をサービスされたのが参加者には大好評であった。こうしてできた薪は、陶芸家の方に渡すと同時に、薪ストーブを使う市民の方も喜んで取りにこられて利用して頂けた。

ナラ枯れ伐採木材を補助金が出ないからと林内に放置せず、このように知恵を出して市民と地域の連携でみんなの力を合わせることで完全なナラ枯れ対策となることを示すことができた。最初の試みの直後にも、他府県の行政担当者から、どのようにして費用をかけないで搬出したかの問い合わせがあったことを付け加えておきたい。この方式を使えば、人件費をかけないでも搬出や薪割り作業はできるのである。

地域や市民との連携はもちろんのこと、「東山の森」の景観整備に取り組むには観光都市京都を訪れる国内外の観光客等にも、色々なパンフレット等を通して東山の森の現状の姿を知らせ、森林整備の必要性と支援を訴えることも今後は必要となってくるのではないだろうか。

今後展開される京都三山の森の森林整備と景観対策では、「京都の森救援基金（仮称）」といったものを設けて、年間五〇〇〇万人以上もの観光客を含め、より広い市民層へと関心と支援の輪を広げていくことを期待したい。

図４　ナラ枯れ木搬出＆薪割り大作戦の成果！　1500束もの薪がつくられた！

京都の森と土の物語

京都伝統文化の森推進協議会　初代会長
宗教学者
山折哲雄

眺望をひろげよう。

海外から帰って機上から眼下を見下ろすと、この国ではどこまでも森林と山岳がひろがっているのがわかる。

そんな光景はロンドンのヒースロー空港やパリのドゴール空港に近づいたときには、まず眺めることができない。

エルサレムやモスクワの上空でも、そして西安空港でもお目にかかることはない。視界に入ってくるのは、乾燥した砂漠地帯か単調な草原のひろがりぐらいのものだ。

ところが、羽田や関西の空港にむかって機首をさげていくとき、しだいに豊かな田園地帯が迫ってくる。農業革命以来の景観といっていいだろう。関東大平野、そして瀬戸内をとりまく里山や農村の姿が目に入る。

このときになってロンドンやパリの上空から見下ろしたときの印象とそれが重なる。さらに地上に降下していくと、近代都市があらわれ、コンビナートをはじめとする工場群が近づいてくる。

やっと飛行機が滑走路にすべりこんで、ああ、日本列島は三層構造でできあがっていると気づく。さらに面白いことに、こんどは京都の都市形成の姿が日本列島のそれに重なって浮かび上がる。東山、北山、西山に取り囲まれた盆地空間、山麓にひろがる田園地帯、そして洛中にかたまる稠密な都市景観、である。

この列島形成の三層構造は、おそらく日本人の意識の三層構造をつくりだしているのではないか。深層に流れる「縄文」的感性、中層に浸透する「弥生」的人間観、そして表層をカバーする「近代」的な価値観、である。ここで見落としてはならないのは、この三層がたがいに他を排除しない、そして否定しない重層化の構造になっていることだ。

相互包摂の関係といってもいい。そのため戦争や激甚災害のような危機に直面したとき、われわれの先人たちはこの三層に横たわるそれぞれの価値観や世界観を柔軟に取り出して対処し、苦難をのりこえる手立てにしてきたのではないかと思う。たとえば、縄文的感性にひそむ無常感や自然観、弥生的心性に宿る勤勉や忍耐心、そして近代的価値感ににじみでる儒教的な合理主義、などである。

それが一つの価値や主義主張を優先的に取りだしてそれを生活の第一原理にすえるのではない。状況に応じて三層構造に発するそれぞれの価値観に身をゆだねる。こうした生き方は、あるいは指導原理を欠く無責任、無原則の態度といえばいえるかもしれない。選択意思が希薄であいまいな処世術、と批判する向きもあるだろう。

第二次世界大戦におけるみじめな敗戦の経験をふり返れば、そのような忠告に耳を傾けることも大切なことだ。けれども二一世紀を迎えて、世界規模の難問難題がつぎからつぎへと襲ってくるようになった今日、この日本列島において形成された三層構造の世界観や人間観がこれからは意外なはたらきをするのではないか、と私は思うようになったのである。

ことし（二〇一八年）の九月のことだ。台風二一号がこの列島を襲い、多くの被害の爪痕をのこして去っていった。

その甚大な被害に一つに、京都では松の破壊がとくに目についた。あらためて、われわれを取り巻く松の樹林が全身でけたたましい悲鳴をあげていることに気づく。

それは、もしかすると、今後、この国の根っこのような価値観に耐えがたい損傷をあたえることになるかもしれない。

三・一一の東北の惨状を、もう一度思いおこそう。たとえば、あの岩手県陸前高田市の海岸にとりのこされた、ひょろ長い一本の松の寂しい風景だ。あの松は、そのままの姿で維持するのがきわめて困難になったという。

専門のことは、もちろん知らない。だが、どの地に足を運んでも耳にするのが、

曰く、松枯れがとまらない……

曰く、松くい虫の跳梁跋扈……

手をこまねいているわけにもいかず、薬剤注入などいろんな対策がとられたにもかかわらず、効き目がなく、松の命運が風前の灯火にある。

そこへこんど、大きな被害をもたらした台風がやってきた。列島各地の樹木をなぎ倒し、森と山に襲いかかってつき崩し、想像を超える破壊をくり返して、あとをふりむきもせずに過ぎ去った。

なかでも、京都市民に愛されてきた京都御苑にのこされた爪痕は拭いがたい衝撃を与える。狂風一過のあとは、林間に二〇〇本を超える枝や幹が散乱し、無残に倒木が醜態をさらすとともに、松の樹林が軒並みなぎ倒されていた。「御苑」の尊厳を守るべき象徴の場が耐えがたい恥辱をうけたといっていいだろう。この手痛い恥辱はいずれ、あの東京皇居前広場に整然と立ち並ぶ美麗な松並木の聖域にも襲いかかるにちがいない。

一方、東北の災害地では、巨大な津波を防いで、身を守るための防波堤の建設が進められている。その時からかなりの歳月が流れているが、その間、コンクリート造りの従来型のほかに植樹による森の堤防造りが進められてきた。

具体的な効果や耐久性などについて種々論議が交わされたが、事態は一刻も猶予がならない。それで同時進行の形で行われているのだが、この後者の森の堤防造りではタブノキやシイの常緑広葉樹が主体で、ぜい弱な松の樹はまったく問題にならないという。

コンクリート堤防と比べてみることも含めて、その功罪はいずれ明らかになるだろうが、とにかく、これからの風水害の激甚化を予想するとき、聖域としての松にたいするわれわれの美意識を改めなければならないところにきているのではないだろうか。

ことここにおよんで私は、あの懐かしい「白砂青松」という言葉を思いおこす。

むかし、貴族や武士や商人たちがその邸の庭づくりに夢みた、桃源郷のようななつかしい風景だ。下って明治の文人、思想家たちが飛行機のない時代、船で西欧に旅し、やがて帰途について祖国に近づいたときに目にした、ふるさとの絶妙な美しいイメージだった。

こうしてそれは、いつしか日本列島人の永遠の美意識を映しだす一幅の風景画となったのである。けれども今日、環境や防災に関わる専門家の多くは、むしろこの夢のような「白砂青松」の美意識を捨てよ、という。それよりはむしろ「鎮守の森」構想にもとづく復興計画こそ新たな未来を築く、とさえ説く。

はてさて、どうするのか。考えどころである。

ここで思いおこすのが、桃山時代の画家、長谷川等伯の仕事だ。当時の画壇の中心を占めた狩野派と対峙し、その勢力に拮抗する画風を築いた人物として知られる。雪舟に心酔し、その真の継承者を自任してゆずらなかった。豊臣秀吉の聚楽第に出入りし、徳川家康に招かれて江戸におもむく。野心まんまんの自信家、という面もないではなかった。

生い立ちを問えば、能登は七尾城主に仕えた家臣奥村氏の子。のち染物業を営む長谷川家の養子になった。武士身分から商人の道へ。その転身はこともなげにおこなわれたのだろう。よほど絵筆をもつ芸術の世界に魅せられたためではないでろうか。

養家が日蓮宗の熱心な信徒であったためか、日蓮宗ゆかりの仏画や肖像画が多くのこされている。「日蓮上人像」「日尭上人像」「十二天像」などだ。いずれもキンキラキンの、色も形も鮮やかな輪郭を浮き上がらせて、画面いっぱいに立ちはだかっている。みていてまことにつまらない。思わず天を仰いで、目を閉じるだけである。

もっとも、かれの描く達磨や仁王や羅漢は、凄いともいえる。外部に発する迫力も内にこもるエネルギーも、群を抜く。だが、それがこちら側の胸底にひびくかといえば、ひびいてはこない。むしろ単純な模倣ではないか、たんなる学習による一瞬の冴えではないか。

こうして等伯の遍歴がはじまった。はじまらざるをえなかった。その行方の定まらぬ旅のなかで、さらに偉丈夫の肖像画も登場することになった。千利休、日蓮、そして武田信玄などだ。

等伯は求められれば、応ずる。門をたたかれれば、おお、といって戸を開く。豪毅闊達の素面が、そこにのぞく。一門の弟子たちをつれて、大寺院や聚楽第の障壁画の制作に立ちむかったのも、おそらくそのためだ。キンキラキンの曼荼羅宇宙を描くために……。

制作する画人たちも、さぞかし疲労困憊したことだろう。だが、それを見る方も疲れる。ときに吐き気が胸のうちを逆流してくる。

そんなときに等伯の「松林」が夢うつつか、幻のように眼前に飛来してきた。等伯ワールドの庭をさまよって歩いているうちに、私はごく自然にかれの「松林図屏風」にひき寄せられていった。一切の色と形をただひたすら抹殺しようとする等伯の冴えわたった意識が、そこに滲出し、私の存在自体を包みこんでくるようだった。

風景が宇宙の彼方、その背後に沈殿しかかっている。自然そのものが何者かの力によってかき消されそうになっている。自然を眺める一切の肉眼が拒絶され、全体の遠近法がみるみる画布からはぎとられていく。

松林自体が松林そのものを抹殺する姿であるといってもいい。それは、松林が松林であることを否定して、まさに涅槃を迎えようとしている姿ではないか。

　これは、たんなる「松林図」などという、国籍不明の名では呼ばない方がいい。この絵の正体は、「松林涅槃図」と称するほかはないと思うからだ。

　ともすればこの「松林涅槃図」はそう呼んだ瞬間、生物多様性などという軟弱な枠組からは解放されて、もうひとつの強靭な宇宙林のなかに歩み去っていくのだ。


眺望をひろげるために、もうひとつだけ類似の物語をつけ加えよう。

いまとりあげた長谷川等伯が、第一の師とも祖先とも仰ぐ水墨の名人、雪舟についてだ。

一〇年ほど前の一月、たまたま訪れた真冬の天橋立の風景が、いまになって却って眼前に浮かんで、離れない。そのときよりはるか以前、その他の高台を訪れ松並木の一本道を、誰もがやる股のぞきで眺めて、何の感興もわかなかったことも記憶の底に沈んでいる。

　冬の天橋立を見下ろす山中には雪がまだのこり、冷たい風が吹いていた。土地の人の案内で、くねくねした山道を車で登り、成相寺にたどりついた。西国三十三所の第二十八番札所である。シーズンオフのためか参詣者は誰もいない。水を含んだ重い雪に足をとられながら歩く。

　そのあと山を降りて、ふもとの籠神社に参拝した。丹後でもっとも古い一の宮だ。宮司に由緒のある系図の原本をみせていただく。

　からだがだんだん冷えてきたが、そこを辞去して、こんどは内海（阿蘇海）をぐるっと回って、南の対岸にある智恩寺に行く。「智恵の文殊」で知られる臨済宗の古刹である。日本の三文殊の一つともいう。中に入ると、ガランとした境内に寒気がみちて、柱や壁がきしんでいる。

ほぼ半日にわたる時間が経っていた。宿に入ってほっと息をついたとき、自然に眼前に浮かんできたのが雪舟の国宝「天橋立図」だった。晩年の代表作である。すでに八〇歳をすぎていたという。

室町時代の画僧だ。幼くして京都、相国寺に入って参禅に励んでいる。絵かきの仕事にとりつかれて山口に下り、やがて中国に渡って山水画を学ぶ。

帰国して、水墨の世界に独自の画風を打ち立てたのだという。けれどもその独自の意味が、私にはよくわからなかった。なぜ「国宝」とされたのか、それも本当のところ腑に落ちていたわけではなかった。

寒い天橋立から家に帰って、あらためてその国宝の複製を手元に引き寄せて対面したとき、胸に響くものがあった。

坦々とした静かな画面に、成相寺を頂点とし、籠神社と智恩寺を両翼とする三角形が、鮮やかな構図をつくりだしていることに気づいたのである。

野暮なことをあえていえば、この絵を画くとき雪舟は、天橋立を股のぞきで眺めてなどいなかったであろう。その松並木の横一文字の景観だけに心を奪われていたはずもない。

むしろその横一文字は、かれの胸の内では、神仏の霊場に見守られる三角形の底辺にみえていたのではないだろうか。

奥州の松島が瑞巌寺と切り離すことができないように、また安芸の宮島が厳島神社と一体のものであったように、日本三景の一つ「天橋立」も神仏霊場としての独自の歴史を刻んできたはずだ。

そのことを、雪舟の国宝はごく自然に表現していたのである。やはりこれは正式には、「天橋立参詣図」と呼ぶべき作品ではないかと思うのである。

環境風土の真の姿をいいあらわすのに、そもそも人と自然との関係を無視することができないことを忘れてはならないのである。

さらに、われわれの眺望を深めてみよう。

私はときどき、京都は東山の麓あたりをぶらぶら歩く。するとその一画に、人の目につかないお寺がわが身を隠すように建っている。木の間がくれに身をひそめている。一〇八の石段をのぼり、這いあがらなければ、そこに行き着くことができない。とにかく奥まったところだから、あまり人も訪れない。

正法寺、という。京都のめぼしい観光案内にもまず載っていない。もとは天台宗の寺院だったというけれども、いつのまにか時宗に転じていた。

建物は本堂といい、庫裏といい、老朽化がすすんでいて、扉や戸を閉めても風が吹きこむ。冬場は、雪が障子のすきまを通して舞う。強烈な台風の直撃を食らえば、たちまち潰え去るだろう。ときに猿たちが忍びこみ、茶菓子をつまんで宴会をしているのだという。そのため現在は、この破れ寺は改造、修復中で、近づくことができない状況下にある。

けれども、さすがに一〇八の石段、つまり一〇八の煩悩の急坂を這いのぼっていくだけのことはある。頂に立って眼下に目をやれば、京都市街の全貌が手にとるように見渡せる。京都タワーが針のように立ち、東寺の五重塔がそのさきにあらわれ、御所の森がすぐそこで、手ですくい上げることができそうだ。

お目あてはいうまでもない。その高みからはるかに拝める夕日の光景である。西山の端に沈んでいく落日、そしてあかね色に輝きわたる夕焼けは、わが胸の内にさざ波のような神経の粒を粟立てる。

かつて京都の地に遊んだ頼山陽は、鴨川の西岸に仮の庵を結び、山紫水明塾と呼んで自慢した。かれは、日夜、眼前の東山の山並みを眺めながら酒を飲み、詩をつくり、書をかき、そして子弟との交わりを楽しんだ。ときに歓楽の巷にまぎれこんで、夜を忘れ我を忘れた。

山紫水明とは、たしかにかれがいいだした洒落たキャッチフレーズであるが、それは鴨川をはさんで西岸から東山を眺めたときに浮かんだ自然の姿だった。だから東山からのぼってくる太陽を振り仰ぐような気分で眺めていたのだろう。かれはこの京の地で代表作の『日本外史』を書きあげているが、それは尊王論の立場から徳川政権を批判するものだった。

だが反面で、幕府の重鎮、松平定信にはたらきかけ、そのお墨付きをえようと策動してもいる。日夜東山を眺めながら、かれの視線はその東山を超えて油断なく江戸の文化、江戸の政治に向けられていたのではないだろうか。

私はこのごろ、このような頼山陽の視線を一八〇度回転して、鴨川越えの西の岸、そしてそのかなたに広がる西山の連山にわが眼球をすえ直したい衝動にかられる。

すると、その山並みのあいだに落ちていく夕日の姿が、もう一つの山紫水明の舞台を演出しているような錯覚にとらわれる。

その舞台のはるかかなたには、中国大陸とインド亜大陸を抱え込む無限大の大海原がひろがり、それをさらに超えて落日浄土のイメージが蘇ってくるのである。

もうひとつ、ここでぜひいっておきたいことがある。

まず近畿一円を地図で眺めてみよう。大きな琵琶湖、その西に比叡の山、さらに視線を北に走らせると福井沿岸部の原発地帯が目に入る。

琵琶湖は太古の昔から、この列島の貯水タンクだった。その歴史の原像も遠くイスラエルのガリラヤ湖に匹敵する。ガリラヤには竪琴の伝承があり、ギリシャ神話でもおなじみだが、琵琶湖の湖底からは平家物語の合戦の響きがきこえてくる。

比叡の山は、大陸伝来の仏教に深く根差した霊山だった。舶来の文明を土着化し、成熟させた母胎だった。そこを舞台に躍り出た思想的巨人は枚挙にいとまがない。日本の文化と歴史はこの山を抜きにして語ることはできないだろう。

そこへ突然、福井沿岸部の原発密集地がクローズアップされることになった。そのときまで、この日本海の象徴的な遺産は白山信仰圏であり、道元の開いた永平寺文化であったことを思えば、その変貌の姿は衝撃的であるといわなければならない。

これからはたんなる京都府、滋賀県といった行政区分の壁をとりはらい、京滋といった狭小の概念ものりこえ、近畿とか西日本といった枠組みからさえ自由になって、ものを考えていかなければならない時代がやってきた、ということだ。

やや唐突にきこえるかもしれないが、これからの主要なテーマは、琵琶湖、比叡山、原発エネルギーを、一体不離のものとして考え直していかなければならないということではないか。

肝要なのは、何よりも伝統と風土から何を学び、また先人がつみ重ねてきたこの国の知恵と工夫をこれからさきの未来にどのようにつなげていくか、ということだ。そのために身近の科学や技術、そして経済がどのように貢献しうるかをじっくり考えていくことである。順序をまちがえてはならない重要なポイントであると思う。

それで思いだすのが、七、八年前に書家の榊莫山さんからうかがった話である。お亡くなりになる直前のことだったように思う。

対話の席上だったが、突然、自分はいま「土」という字を毎日のように書いている。大きな和紙に向かって土、土……と書きつづけているといわれたのだ。はじめは、ああ、そうかと思ってきいていたのだが、そのうち話が意外な方向にそれていって、虚をつかれた。

「土」という字を書くこれまでの、一般的な筆順は間違っているという。ふつうはヨコ一文字を書いたあと、タテに垂線を下ろし、またヨコ一文字を引いて「土」の字を仕上げるだろう。そのやり方が、そもそもおかしいのだ。つまらないのだという。

本当の「土」の書き方は、タテに下ろす垂線を、逆に、下から上方に突き立てるように、つき上げるようにして書かなければならないのだ。なぜなら地上の一切の草や木、そして森林のすべては、土のなかから芽生え、土の表面を突き破って成長し、枝や葉を茂らせ、花を咲かせるからだ。

その土に発する生命エネルギーの勢いを表現するためには、下から上へとロケットのように逆噴射させる要領で書かなければならないではないか。上から下に書き下ろしてすますわけにはいかないのである……。

私は一瞬、われを忘れて莫山さんの顔をみていた。弘法大師もびっくり仰天するような話だったからだ。それにしても、この土という字に含まれるタテの一文字を、いったいどのようにして下から上に突き上げて書きあげたらいいのか。筆遣いやいかにと、好奇の心がますますつのった。莫山さんはそのうち個展を開かれるだろうと心待ちにしていたのだが、その日を待つことなくこの世を去ってしまった。

私ごとになるが、私はかねてから死んだあとは散骨にして山野河海に撒いてほしいと思ってきた。散骨であるから、もちろん火葬にするのが前提になる。けれども「土」の字の話をきいてからは、火の助けをかりずに土のなかにそのまま埋めてもらうのも、悪くはないなと思うようになった。

むかしながらの土葬である。そうすれば自分のからだが土の中に分解し、やがて草木を成長させる上昇エネルギーとなって、地上に蘇る。楽しい妄想がはてしなくひろがりはじめるのだ。

からだを土のなかに埋めもどすには、いま邪魔ものあつかいされている間伐材をお棺にして、そのなかに入ればいい。それに現代、つまりわれわれの社会はそろそろ化石燃料への依存から転換しなければならないところにきている。

われわれはこれまで、人は死ねば遺体を火葬場に運んで焼くものと思ってきた。法律でそうきめられているからだが、その火葬場で使われているのがご存知、化石燃料である。

ちなみに、一回の火葬にともなう温室効果ガスの排出量は、「地球温暖化対策の推進に関する法律施行令」によると、灯油の場合で約一七四キロにのぼる。わが国における年間死者数は二〇〇八年の「人口動態統計」によると約一一四万人であるから、この数字を掛け合わせると、年間の火葬で発生する排出量は、約二〇万トンに達することになる。

この排出量を、かりに高効率のエアコン（八－一二畳用）一台が年間に排出する量と比較するとどうなるか。火葬で生ずる排出量は、エアコン約七二〇万台に匹敵するという。また、その排出総量を森林の吸収効果でまかなうと、一三〇〇平方キロメートルの森林、すなわち東京二三区の約二倍の面積が必要となる。

もっともこのような数字がわが国のエネルギー事情にどのような影響を与えているのか、私はもちろんつまびらかにしていないが、ともかく火葬によっておびただしい量の油を毎日のように消費していることだけは確かだろう。

ふたたび数字の世界をのぞくと石油の採掘年限はあと四二年できれる。天然ガスが六〇年、石炭が一三〇年、そしてウランが百年なのだという。つまりあと一世紀ほどたてば、エネルギー資源がどんどん枯渇していくということだ。

私はもともと数字に弱く、統計というものが苦手だった。それを信ずる気にはとてもなれなかった。だからここに、排出量などの数字を麗麗しくもちだすことにためらいがなかったわけではない。けれども今回、あらためてその数字をじっとみつめているうちに気持ちが変わったのはほかでもない。そろそろわれわれの社会は、かつての土葬や火葬の方式をとり入れ、化石燃料ばかりに頼る生き方を改めた方がよいのではないかと思うようになったからである。

遺体を土に埋めたり薪を積んで焼く、というあの古典的なやり方である。今、全国的にその処理に困っている間伐材をお棺や薪に転用すれば、一挙両得ではないか。

化石燃料による死体焼却の時代は、これまでせいぜい百年ぐらいのものだろう。それにたいしてかつての土葬、火葬には五〇〇年、千年の歴史があった。それだけではない。その長い風雪のなかで生みだされた、かけがえのない堅固な人生モデルがあった。それが「死生観」というモデルである。

この言葉には二つの重要な言葉が含まれていることに注意しよう。第一が、「死」の言葉が先頭におかれているということ。そして第二に、死と生が同等の比重でとらえられていることだ。生きることは死を引きうけることであり、死を考えることがよりよき生を生きることにつながる、という人生観である。次世代の若者たちには、ぜひとも伝えておきたい価値観であると私は思っているのである。

かなり以前になるが、突然思い立って越後に旅したことがある。ちょうど梅雨に入る直前だったが、雨が降り、湿気がたちこめ、ものすべてがじとじとして迫ってくる感じだった。

梅雨はフハイの季節だから、いたし方がなかった。こうしてカビが生え、ものが腐り、異臭が鼻をつく。だから梅雨どきになれば、感情もフハイする。

出雲崎をへて、国上山の五合庵まで足をのばした。良寛の里である。山路をたどっているうちにからだがじっとり汗ばんできた。むっとした熱気がしだいに全身を押し包んでくる。

五合庵のまわりは雑草に覆われていた。人の足に踏みしだかれたようなところが見当たらない。草いきれのなかをわけ入るように近づいていくと、にわかにやぶ蚊の大群が押し寄せてきた。

いくら追い払っても、首筋や手首めがけて襲ってくる。べとべとする蒸し暑さのなかで私は立ち往生し、やぶ蚊とのたたかいに疲れはてていた。良寛もそんなたたかいのなかで日常を送っていたのではないか、そう思った。

庵の生活といえば、さしずめ世捨て人の閑居、といったイメージが浮かぶが、とてもそんな生易しいものではなかったにちがいない。毎日のように空調設備に守られているわが身をふり返れば、ほとんど想像を絶する世界のようにも思える。

そんなこともあって、その後しばらくしてこんどは鴨長明が「方丈」の生活をしたとされる旧跡を訪れた。京都の東西を走る地下鉄にのって、伏見区の「六地蔵」まで行く。そこからタクシーにのりかえて、親鸞の誕生地とされる日野の里に入った。

ほとんど人影をみなかったが、なだらかな村道を一キロほど歩き、しだいに狭まる急坂をのぼっていく。いたるところ風になぎ倒された枯木が行く手を遮り、雑草が生い茂っている。

そのまま、二、三〇〇メートルも這い上がっただろうか。突然、見上げるような大岩石が出現し、そこを迂回して上に立つと、長明の庵跡を指し示す「方丈石」が据えられていた。やれやれと立ちどまり、じっとり汗ばんできた胸元を開けると、やぶ蚊ならぬ一匹の蜂がぶぅーんと重苦しい音をたてて襲ってきた。

小鳥のさえずる声がきこえてきたとき、私はふと、庵跡のそばを走っているはずの渓流の音がまったくしていないことに気づいた。流れているはずの水がすっかり干上がっていたのである。それが蒸し暑さをいやが上にも耐え難いものにしていた。梅雨になればかかすことのできない、あのさわやかな涼風が吹いてくることもなかった。

そう気がついたとき、「方丈記」冒頭のよく知られた文章が、まさに清冽な川の流れそのままに、じっとり汗ばむからだに柔らかくささやきかけてきたのである。

> ゆく河の流れは絶えずして、しかも、もとの水にあらず。淀みに浮かぶうたかたは、かつ消えかつ結びて、久しくとどまりたる例なし。

これは無常観を示すキーワードともされてきたが，じつは川面をわたる涼風をこそ喚起することばだったのかもしれない。

無人島の天子とならば涼しかろ　漱石

みるからに涼しき島に住むからに　同

第4章

京都三山の文化的価値

京都三山に育まれた信仰空間

(同)京都ジャーナリズム歴史文化研究所代表／歴史作家
丘　眞奈美

はじめに　―京都人の心をささえてきた京都三山―

大文字五山送り火の夜、京都三山（東山、西山、北山）にある五山に浄火が灯され、街全体が祖霊を送る壮大な信仰空間となる。戦時中の灯火管制下では、大文字山麓の住民たちが白いシャツを着て火床にならび「白い大文字」で魂送りをしたという。送り火は、京都人と京都三山との深いつながりを象徴する宗教行事である。それは柳田國男（一八七五－一九六二）が、里山に見出した日本人の他界観を想起させる。

「死者の魂は故郷の山々に鎮まり、弔われ祖霊となる。年月が過ぎると個性をなくし高い山に登り神（氏神・山の神）になる。春に山の神が里に降り田の神となり、秋に収穫が終わると山に還り山の神になる」

『先祖の話』柳田國男　抜粋要約[1]

山中（上）他界観は、風葬と関連する。京都三山は風葬地として利用された歴史があり、柳田民俗学が説く「祖霊の昇華と神の循環」の場だった。さらに柳田は、このようなことをのべている。

「京の松原の珍皇寺（六道珍皇寺）などでは、槇（高野槇）の小枝によって精霊を迎えそれを一晩は家の井戸の中にあって息《やす》めてという話が有名になっているが、日は違っていても稲荷山の験《しるし》の杉（稲荷山の杉）、愛宕山の樒（愛宕樒）……　霊山から霊を迎える方法は皆似通っている」

京都では高野槇、杉、樒に加え、「葵桂《きっけい》」という葵祭にかかせない神聖なる植物により神仏を迎えてきた。人々は山に自生する植物を媒介に、山の霊性を暮らしの中にとりこんで精神的支柱にしてきたのである。

京都の伝統文化の三つの基盤

外国人観光客に京都三山はどのように映っているのだろうか。景観美だけではなく、「京都の信仰・文化の源」ということを世界の人々に知ってほしいと願い、論文集『The Kyoto Manifesto for Global Economics』（Springer Germany 2017）Chapter 6「The Three Foundations of Kyoto's Traditional Culture」（京都の伝統文化の三つの基盤）の中で、京都伝統文化の森推進協議会の活動を紹介し、三つの要素をこのように考えた[2]。

① The three mountains of Kyoto
京都三山（京都の信仰・文化の源である）

② The Hata Clan's Technical Expertise in Ancient Japan
秦氏がもたらした大陸先端技術（開拓・伝統産業、産業神の祭祀と聖地の整備）

③ The Woman of Kyoto and Feminine Culture
京おんなと生活文化（中世の女職人・商人が京都の伝統産業を支え継承した）

三つの要素は関連している。すなわち、京都三山が信仰の源となり、秦氏が荒野だった山背国に文明の火を灯し、「信仰や文化を熟成するゆりかご」をつくり、京おんなが伝統文化を育む母胎となった。本文は、①と②からの抜粋をひもとき、「京都三山に育まれた信仰空間」について論じる。

古代山背国をつくった秦氏とカモ氏

山背国の二大勢力が、秦氏とカモ氏（賀茂、鴨、加茂などさまざまな表記があるのでカタカナで統一）である。秦氏は『新撰姓氏録』などに秦始皇帝末裔（秦氏宗家）とあるが、古代朝鮮半島新羅国から渡来した中国・朝鮮民族に倭人が融合し、血縁だけでない大集団になったと考えられている。諸国に拠点（コロニー）をつくり、大陸伝来の先端技術（開拓、治水、灌漑、土木建築、鉱山、製鉄、養蚕、機織、染色、工芸、農業、医療など）で殖産し、信仰、思想、文化、芸能を伝えた。山背国において葛野（洛西）と深草（洛南）を開拓

(a)

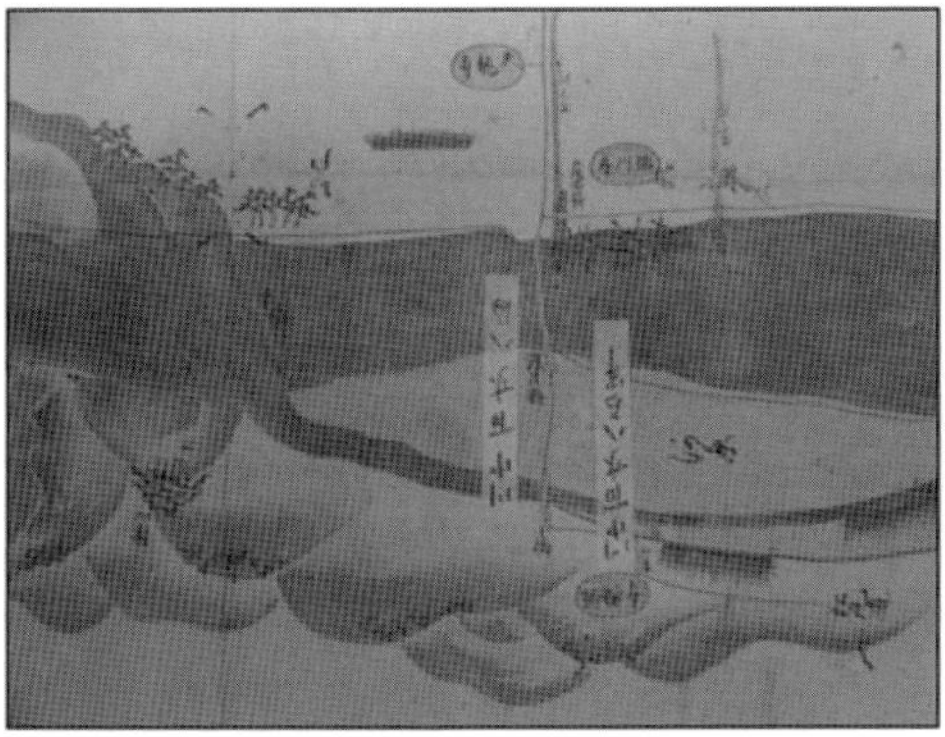

(b)

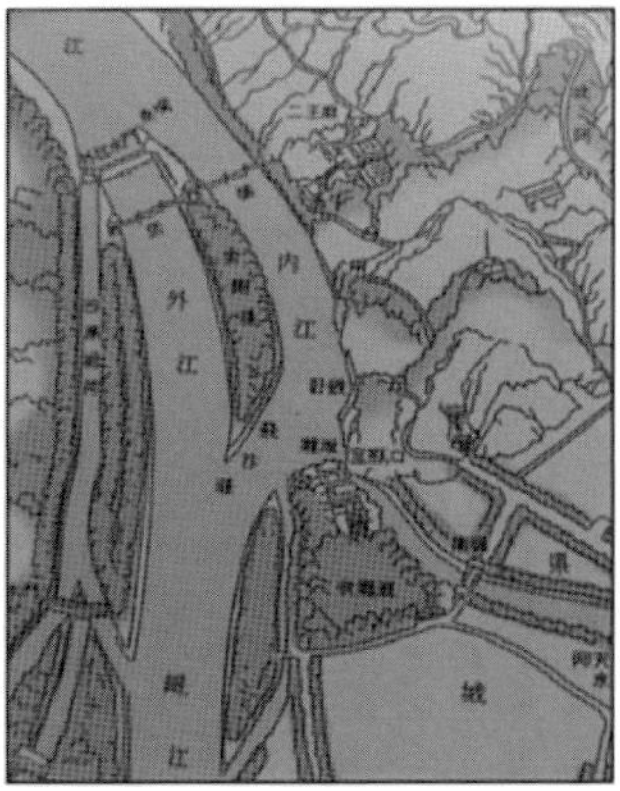

図１
(a) 嵐山古図　丹波国世木ヨリ山城国嵯峨マデ大井川筋絵図（江戸中期）
（京都府立京都学・歴彩館　京の記憶アーカイブ）
(b) 都江堰　世界遺産・都江堰（中国四川省）
（京都府農林水産部耕地課整備室『嵐山嵯峨一の井堰：風土を守る洛西用水』2006年）

図３
桂川図（嵐山）
（Manami Oka 2007）

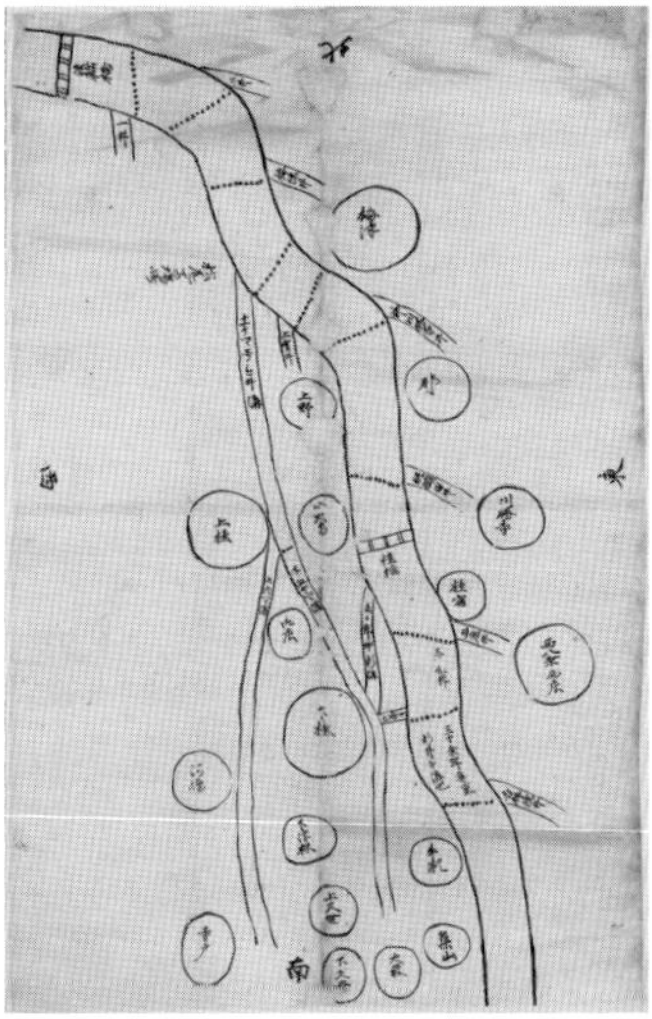

図２
桂川用水
（東寺百合文書　ツ函341番）
（京都府立京都学・歴彩館　東寺百合文書 web）

し、西山と東山に産業神を祀った。葛野秦氏は松尾山の神と開拓神、醸造神などを祀り松尾大社を建立し洛西総氏神とした。深草秦氏は稲荷山に農業神（稲の神）を祀り、伏見稲荷大社を建立した。

秦氏は、五世紀後半に葛野川（桂川）に葛野大堰《かどのおおい》（一之井堰）と洛西用水（桂川用水）（図2）を築いた。『秦氏本系図帳』（『政治要略』引用 惟宗允亮《これむねまさすけ》）に「秦の昭王が造った堰に倣い葛野大堰をつくる」とある。嵐山古図と中国世界遺産・都江堰《とこうえん》（古代水利施設）の絵図を比べてみると同じ工法（図1⒜・⒝）で、大陸伝来の高度な技術が導入されたのがわかる。これにより山背国は人が住める大地となった。渡月橋上流域のみを大堰川というのは、その偉業を称えている。景勝地・嵐山は秦氏による水利施設なのである（図3）。

カモ氏は、賀茂建角身命《かもたてつぬみのみこと》を祖とし鴨川流域を開拓し、賀茂県主として上賀茂を支配した。神山を祭祀する賀茂《かも》別雷《わけいかづち》神社（上賀茂神社）と御陰山を祭祀する賀茂御祖《かもみおや》神社（下鴨神社）を創建し、賀茂祭（葵祭・勅祭）を継承してきた。後述するが、秦氏とカモ氏の連携祭祀が、「山背国の信仰空間の礎」をつくった。

平安京の生命力・京都三山

延暦一三年（七九四）一〇月二二日、桓武天皇は新京（平安京）に遷り、二八日に新京の守護神たる鴨神社（上下賀茂社）と松尾神社（松尾大社）の神階を加階し、一一月八日、この様な詔を下した。

「此の国は山河襟帯し、自然《おのずから》に城をなす。此の勝によりて、新号を制むべし。よろしく山背国を改めて、山城国となすべし。子来の民、謳歌の輩、異口同辞に号して平安京と曰ふ。」『日本後記』巻第三逸文（延暦

一三年一〇月、一一月条）

桓武帝は京都三山を自然の要塞とたたえ、山城国と改名しただけでなく、山々に坐す先住の神々に守護を求めた。すなわち「賀茂の厳神・松尾の猛霊」（上下賀茂社、松尾大社）を皇城鎮護社とし、四磐座（東：東岩倉山観勝寺、西：西岩倉山金蔵寺、南：明王院不動寺、北：山住神社）に一切経を埋め都の鎮護としたのである。

京都は洛中、洛外、郊外という三層構造で都市が営まれてきた。洛中は宮城を含む市街地である。野が広がる洛外は、農地が拓かれ農作物の供給地となり禁野にもなった。郊外の山麓集落は林業を生業とし建材や薪、柴、炭などの燃料を供給していた。自然と共存しながら、需要と供給のバランスをとり、都の生活文化を育んできたのである。

京都三山に降った雨は地下水や川となり都市の暮らしを支え、平安京という世界的に稀有な長寿の都を生んだ。豊富な名水は京野菜、伝統食品、清酒などの食文化、茶道・華道などの精神文化、友禅染などの伝統工芸を育んだ。近年、関西大学環境都市工学部都市システム工学科・楠見晴重教授の研究により、京都盆地の地下深くに日本最大の湖・琵琶湖に匹敵する水量を湛えた巨大な水瓶が発見され、京都水盆と命名された（図４）。その構造は「水の出口が狭いので、流水量が少なく地下水をとどめる天然の地下ダムの役割を担っている」という。京都伝統文化の森推進協議会文化的価値発信セミナーにて楠見教授に御講演いただいた際に、京都三山と京都

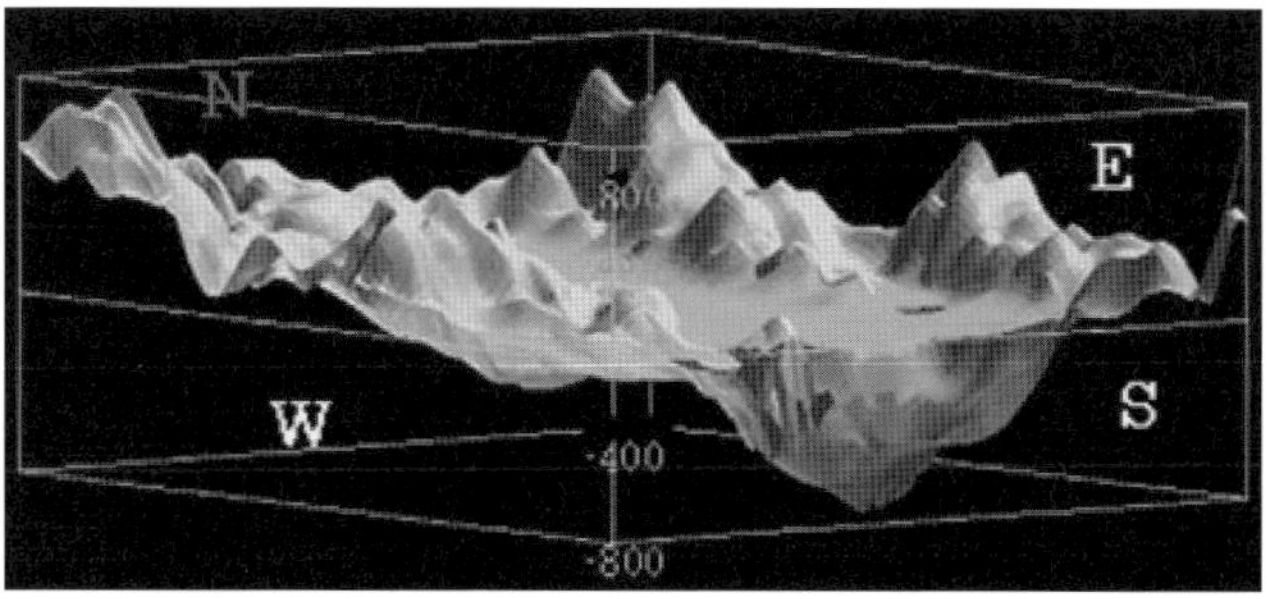

図４　京都水盆（Simulation of Kyoto's water basin）
（古都に眠る千年の地下水脈～悠久の雅を支える地下水）
（楠見晴重〔関西大学〕作成）

水盆との関わりに話がおよんだ。(3)

京都三山は平安京の生命力の源である。桓武天皇の勅には、それを未来永劫に伝える言霊が込められているように感ずる。

葬送地としての京都三山

京都三山には、鳥辺野《とりべの》（東山）、化野《あだしの》（西山）、蓮台野《れんだいの》（北山）という三大葬送地（風葬）があった。この三か所には「昼は朝廷、夜は閻魔庁に出仕し閻魔大王の冥官を勤めた」という平安初期の参議小野篁朝臣（八〇二―八五二）の「冥官伝説」が伝わる。篁卿は鳥辺野にある大椿山六道珍皇寺（旧名：愛宕《おたぎ》寺）の井戸から閻魔庁に行き、嵯峨野（北端が化野）にあった福生寺（廃寺、嵯峨薬師寺遺構継承）の井戸から現世に帰ったという。蓮台野の千本ゑんま堂引接寺《いんじょうじ》には、篁卿が造立した巨大な閻魔大王像が祀られてきた。(4)

これらの葬送地は、聖山を中心に、山麓の風葬地、周辺に庶民信仰の場（寺・お堂）という構造になっており、天界・冥界・地界の如きコスモロジーを形作っている（図5）。

鳥辺野は、阿弥陀ヶ峰を中心に南は今熊野山、泉山《せんざん》、北は霊山《りょうぜん》、鳥辺山、清水山、清閑寺山の山麓一帯にあった。南

図5　葬送地のコスモロジー、鳥辺野、化野、蓮台野（The cosmology of the burial ground Toribeno,Adashino, Rendaino）
（Manami Oka 2007）

側は皇室公家の葬送地で、月輪陵や皇室香華院・泉涌寺がある。北側は庶民の葬送地で、かつては六つの堂があり熊野比丘尼（熊野信仰）や愛宕信仰などの布教拠点があった。

化野は愛宕山麓に広がる嵯峨野の北端に位置する。愛宕山は火伏せの神を祀るが、死霊や天狗が宿る異界ともいわれた。参道筋の門前町・鳥居本の里人は鳥居形大文字を灯し続けてきた。送り火の夜、祖霊は舟形大文字に乗り、鳥居形をくぐりあの世へ帰るという。化野念仏寺では千灯供養を行い、無縁仏を供養してきた。

蓮台野は内裏の北、船岡山西北麓にあった。入口にある千本ゑんま堂引接寺は、死者に引導をわたす寺だった。このあたりは西陣織の産地で、職人達が閻魔さんや釘抜地蔵さんといった庶民信仰を守ってきた。

お精霊《しょらい》さん（祖霊迎え・六道まいり）で知られる六道珍皇寺では、高野槇に御先祖様をのせ水回向して持ち帰るという風習がある。これは「篁卿が高野槇をつたい閻魔庁に行った」という寺伝にもとづいている。『今昔物語集』や『江談抄』に掲載されている「冥官伝説」は、今も京都の盂蘭盆会に息づいている。

京都三山の聖地（パワースポット）のなりたち

京都三山とその山麓には、おびただしい数の聖地（社寺）が築かれている。東北（艮）では比叡山（天台宗延暦寺）が鬼門を封じ、西北（乾・神門）には、火伏の神・愛宕山が鎮座している。たびたび大火に襲われた京の人々は、愛宕山に月参りし、火伏せの護符と自生する愛宕樒を持ち帰り火難除けとした。

朝日が昇る東山には「京の伊勢」といわれる日向大神宮があり、その御神体山・日御山《ひのみやま》の伊勢遥拝所（鳥居）から伊勢神宮を拝してきた。夕陽の名所・清水寺西門や霊山正法寺などでは、日想観《にっそうかん》（夕陽に阿弥陀如来の西方浄土を想念する仏教修行）が修された。

夕陽が沈む西山連峰には古墳が集中しており、葛野地方を開拓した秦氏のものと考えられている。松尾学区古墳群（松尾山、西方寺川、衣笠山、唐櫃越《からとごえ》）には約一二〇基あり、西方寺古墳群（四三基）は京都で最も密集度が高い。山城国と丹波国を結ぶ古道・唐櫃越入口の桜谷墓地には、松尾大社代々社家（秦氏）墓所がある。その奥に「東山の清水寺」と並び称された、「西山の法華山寺」の大伽藍が西方浄土の如く築かれていた。

豊かな水源をもつ山は、大樹を育て田畑を潤す生命力の源である。その山中には磐座が築かれ、麓に聖地が開かれている。「山と水の祭祀」を行うための聖地が、北山、東山、西山の随所に形成されている。

●北山

北山国有林は鴨川と桂川、安曇川、由良川の水源で、複雑な分水嶺を形づくり、山林は水源涵養《かんよう》保安林に指定されている。分水嶺中央に位置する大悲山（七四一メートル）にある大悲山峰定寺《ぶじょうじ》の御神木・花背の三本杉は、樹齢約千年を数え白鷹竜王の宿る木といわれ参拝者の道標となってきた。二〇一七年一一月二八日、林野庁は杉の一本（六二・三メートル）を樹高日本一と発表。まさに生命力ある地のシンボルツリーである（図6）。

図6　花背の三本杉（樹高日本一）（中筋裕司 撮影）

貴船山・鞍馬山国有林は、「水源の森百選」（平成七年）に選ばれ、水源涵養保安林に指定されている。檜皮を供給する「世界文化遺産貢献の森」（平成一二年）、伝統的木造建築の修復のための良質大径材供給地として全国にさきがけて「古事の森」第一号地（平成一四年）が鞍馬山国有林内に設置された。

貴船神社は鴨川水源神として龍神（高龗神《たかおかみのかみ》・闇龗神《くらおかみのかみ》）を祀る。貴船山には鏡岩（磐座）や、祈雨・止雨の祈願場・雨乞いの滝があり、奥宮の社殿は龍穴の上に建てられている。貴船は古語において「氣（木）生根・樹生嶺」と表記されている。それは「大地のエネルギー・氣が生じる根源地である山が霊水を生み、大樹（良質の樹）が育つ風土」を伝えているかのようである。湧水は御神水とされ、自生する桂の大樹は御神木となっている。

鞍馬山（五七〇メートル）は鞍馬川と貴船川にはさまれた分水界で、老杉や巨檜の自然林におおわれ、固い地盤のため「木の根道」が続く。古生代に海底だった地質は注目され、庭石として珍重される鞍馬石を産する。牛若丸の修行地として知られ、大天狗・鞍馬山僧正坊を祀る修験道の聖地である。六五〇万年前に金星から護法《ごほう》魔《ま》王尊《おうそん》がご降臨された……と伝わる奥の院魔王殿は、磐座・磐境の上に築かれている。大杉権現社は、樹齢約千年の護法魔王尊影向《ようごう》の杉を祀る。奈良時代末期に鑑真和上高弟・鑑禎《がんてい》上人が毘沙門天を祀る草庵を結び、平安時代初期に造東寺長官・藤原伊勢人《いせんど》が千手観音菩薩像を奉安し、鞍馬寺の伽藍が整った。現在は護法魔王尊、毘沙門天、千手観音菩薩を三身一体の尊天として祀る。

●東山

世界文化遺産・音羽山清水寺（北法相宗）は、東山三十六峰第二十九峰・音羽山（清水山：二四二・五メートル）中腹に位置する。開基・行叡《ぎょうえい》居士《こじ》、開山・延鎮《えんちん》上人、本願・坂上田村麻呂とし、十一面千手千眼観音立像を御本尊とする観音信仰の大聖地である。その信仰の源が行叡居士の水垢離場・音羽の滝である。この滝水は、北側の柔らかい地層と南側の硬い地層（チャート）の間から湧出しているが、水源は清水山ではなく解明されていない。一説に「地下水が一〇〇〇メートル近い地底から東山断層の割れ目を伝い噴出している」という。

東山三十六峰最南端に位置する稲荷山は、伏見稲荷大社の源である。三つの峰が並び、古墳群や数多の霊蹟やお塚が点在する。『山城国風土記逸文伊奈利社条』には、深草の豪農・秦《はたの》伊《い》呂《ろ》具《ぐ》（侶）が、和銅四年（七一一）二月初午の日に稲荷神を祀ったとある。稲荷神を象徴するのが、初午詣で授与される験の杉である。山中には山

（磐座）や水（滝）、麓に田（神田）が祭祀されている。稲荷山は豊かな水を湧出し、杉の大樹を育て、山麓に広がる深草郡の田畑を潤す水源だったと思われる。古代において深草には屯倉が置かれ、深草弥生遺跡からは高度な技術で加工された農具が発見されていることからも、深草の秦氏は稲荷山の水源を得て先進的農業を営んでいたと考えられる。

●西山

西山連峰・松尾山の麓、桂川右岸にあるのが洛西総氏神・松尾大社である。太古に葛野郡《かどのぐん》松尾村（山田）の人々が、豊かな水源をもつ松尾山（二七六・一メートル）を神奈備とし磐座をつくり山の神を祀った。松尾山は別雷山《わけいかづちやま》、分土山《わけつちやま》ともいい、七つの谷の一つ大杉谷に磐座（『秦氏本系帳』いわく松埼日尾《まつざきひお》＝日埼岑《ひさきみね》）がある。磐座に坐す神、大山咋神《おおやまぐいのかみ》は『古事記』にこうしるされている。

「須佐之男神の御子・大年神の御子……大山咋神、亦の名を山末之大《やますえのおお》主神《ぬしのかみ》、此神は近淡海国（近江国）の日枝山（比叡山）に座し、また葛野の松尾に座す鳴鏑《なりかぶら》を用ふる神なり」

山末之大主神は山の末（上部）に坐し山と山麓一帯を支配する神、大山咋神は大山に咋（杭）を打つ所有者、地主神を意味する。大山咋神は、松尾大社（松尾山）と滋賀県の日吉大社東本宮（比叡山）に共通する御祭神である。日吉社では、比叡山系東端の八王子山（牛尾山：三八一メートル）

図７　霊亀の滝（松尾大社）
（松尾大社 HP〔www.matsunoo.or.jp〕より）

の金大巌《こがねのおおいわ》（磐座）に宿られたと伝わる。奥宮には牛尾神社（大山咋神荒魂）、三宮神社（后神・鴨玉依姫命荒魂）が祀られ、山麓には古墳群がある。

松尾山磐座近くに、水源を祀る「水元《みずもと》さん」がある。ここから湧く清涼なる水は、太古から涸れる事なく、御手洗谷で霊亀《れいき》の滝となる。かたわらにある霊泉・亀《かめ》の井《い》は酒造家が元水として使う信仰があり、酒の神・松尾神のご霊験を伝える。酒神の由来は秦氏の酒造技術に起因するともいう。

大宝元年（七〇一）秦忌寸都理《はたのいみきとり》が松尾山麓に神殿を建立し、先住民の祀った山の神・大山咋神と秦氏が奉斎する水の女神・市杵嶋比姫命を遷《うつ》し松尾大社を創始した。

京都三山には、陰陽道、太陽信仰、西方浄土思想、修験道、水神・農耕神祭祀など様々な要素の信仰空間が築かれている。

「葵桂」にこめられた大自然への祈り

京都三大祭・葵祭では、御所の内裏、神殿、供奉者や牛車などを葵と桂で飾る。

京都には「葵桂」を装飾に使う祭が三つある（表1）。

松尾祭還幸祭でも神輿、社殿、供奉者は「葵桂」で飾られる。勅祭だった時代があり、松尾の葵祭といわれる。稲荷祭還幸祭では、本殿内陣の各御簾に葵五個を結んだ桂の枝を三本ずつ懸ける葵桂奉献の儀がある。日吉大社の山王祭・牛の神事は、大山咋神（松尾大社と同神）と鴨玉依姫神（下鴨社御祭神）の婚儀を再現し、供奉者は桂の小枝を付ける。葵桂は秦氏とカモ氏の祭祀に共通する。

表１　「葵桂」を装飾に使う祭

祭礼名	執行社	継承氏族
葵祭（氏神祭→勅祭）	上賀茂神社・下鴨神社	カモ氏
松尾祭還幸祭（松尾の葵祭）	松尾大社	秦氏（葛野）
稲荷祭還幸祭・葵桂奉献の儀	伏見稲荷大社	秦氏（深草）

『秦氏本系帳』や稲荷社社家系図等は秦氏とカモ氏の婚姻・養子関係を示唆するが、両氏を繋げるキーワードが糺《ただす》である。下鴨神社の糺の森（カモ氏）の元地が、木嶋《このしま》坐《います》天照《あまてる》御魂《みたま》神社の元糺《もとただす》の森・池（秦氏）である。秦氏の拠点・太秦の氏神で、秦氏が東本殿・蚕養神社を勧請し、通称・蚕の社と呼ばれる。社伝では「嵯峨天皇の御世に下鴨（神社）に遷してより元糺という」と伝わる。元糺の池は泉を祭祀した磐座で、神座（上段池の石組）を三方から遥拝する三柱鳥居が建つ。

大和岩雄氏は『秦氏の研究』で、元糺と糺を結び東

図８　三柱鳥居（Manami Oka 2007）

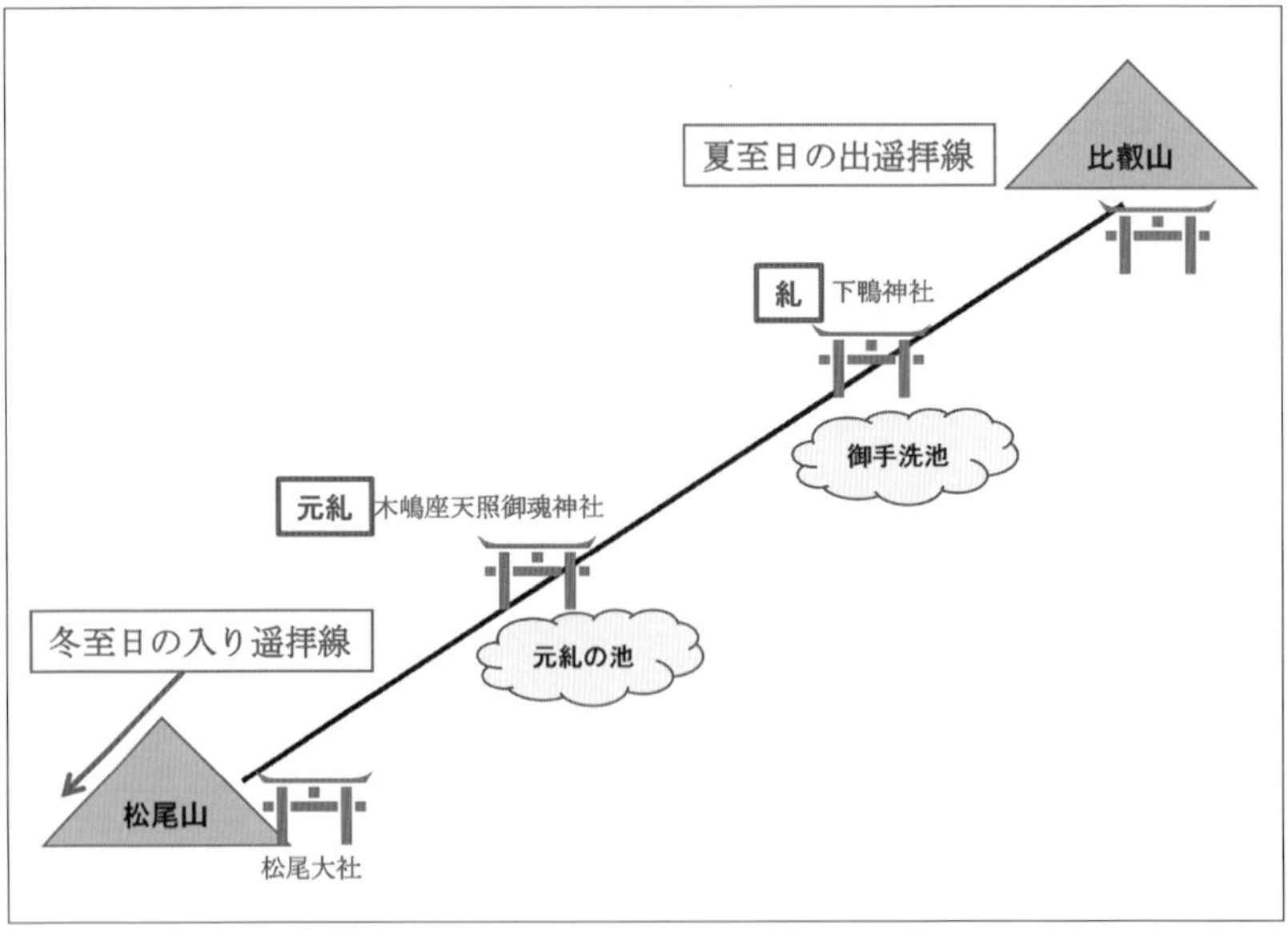

図９　元糺と糺を結ぶ「太陽と山と水の祭祀」（Manami Oka 2007）

北の日吉大社、北西の松尾大社に至るラインを夏至の日の出・冬至の日の入り遥拝線とした[5]。これを発展すると図9のように「太陽と山と水の祭祀」が浮かび上がる。

◆太陽祭祀⇒夏至・冬至太陽遥拝ライン
◆山の祭祀⇒松尾大社（松尾山）と日吉大社（八王子山）
◆水の祭祀⇒木嶋社（元糺の池）と下鴨社（御手洗池）＊土用の丑日に足つけ神事

神山（カモ氏聖地）に群生する葵は女神を、松尾山（秦氏聖地）付近に群生していた桂は男神を象徴するという。「葵桂」と上下賀茂社、松尾大社、日吉大社、木嶋坐天照御魂神社に共通する御神紋・双葉葵は、秦氏とカモ氏の連携祭祀を示唆している。

このように古代の山背国に京都三山と融合した信仰空間を築いたのが、秦氏とカモ氏だった。そして大自然が成長にむかう初夏に「葵桂」を奉ずる三つの祭礼を行い、大自然＝神のご誕生（御阿礼）を祝ってきたのである。

おわりに

京都三山に築かれた信仰空間は、都市、人間、自然が共存してきた歴史を物語る。京都は自然と一体化した文化を育んできた有数の都市モデルともいえる。それは、現代における環境・景観等の諸問題を考える上での道標になりうるのではないか。また京都の山々と街は、悠久の歴史の中で多くの災害を乗り越え再生してきた。その再生力の原点は都を維持してきた文化力でもある。平成三〇年（二〇一八）の台風二一号で、京都の山々は甚大な被害を受けたが、ふたたびその再生力をみることができるのではなかろうか。

文化的価値発信専門員会では、セミナーや催しなどを継続して行うことにより、京都三山のもつ文化的価値を発信し、少しでも多くのみなさまにその重要さを伝えていきたいと思う。また、観光やものづくり（産業）などとも関連し、文化的価値の新たな展開を行っていきたい。

注

（1）柳田國男（一九四六）『先祖の話』

（2）Manami Oka（2017）*The Kyoto Manifesto for Global Economics*. Springer Germany. 2017. Chapter 6 “The Three Foundations of Kyoto’s Traditional Culture”

（3）楠見晴重（二〇一四）「古都に眠る千年の地下水脈～悠久の雅を支える地下水」関西大学

（4）丘眞奈美（二〇一三）『京都奇才物語』ＰＨＰ新書

（5）丘眞奈美（二〇〇五）『京都魔界巡礼』ＰＨＰ新書

都と山河
―平安京と京都三山―

京都大学名誉教授
京都伝統文化の森推進協議会会長
鎌田 東二

どこに都を作るのか？
―日向国から大和国へ、「六合の中心」の探究と建設―

今、世界中で「安全」な場所が著しく減少している。天災と人災、具体的に言えば、地震や津波や火山噴火や台風・ハリケーンなどの自然災害とテロリズムと疾病の被害と脅威が増大している。そうした中で「安全」を保障する手立てのない乱世的な様相を見せているのが現代世界である。

だが、どんな時代であろうと、どれほど危険な事態に見舞われようとも、人は少しでも「安心」を得ようと努力する。「安全」が担保されていなくても「安心」を生み出すことは不可能ではない。そうした「安心」製造装置の最たるものが宗教である。極めて困難な状況の中にあっても救済や解脱という苦悩や苦痛からの脱出の道を宗教は生み出す。そのようにして人類は生き延び希望をつないできた。その構造は人類が存続する限り大きく変わることがないだろう。

都づくりにおいても、宗教の力は発揮される。社会的紐帯《ちゅうたい》や安心を生み出すさまざまな仕掛けを宗教的な象徴や儀礼や教理を用いて設定する。宗教は世界中の都市建設や首都建設で大変重要な役割を果たしてきたが、日本の都づくりにおいても例外ではない。

最初の「みやこ（都）」は大和国（現在の奈良県）の「橿原《かしはら》」に造られた。神武天皇は日向国から大和国に「東征」するが、それは大和が「六合《くに》の中心《もなか》」と認識されたからである。そして日本という国の中心が「大和《やまと》」と命名されるが、その「大和」は「山戸（処）」、すなわち山々に取り囲まれた盆地である。それが典型的な日本の集落構造や都市構造ともなっていく。大和は日本の「最中《もなか》」であると同時に原型であり典型でもあった。

多様な森林を豊富に蓄えた山があるということは、木も水も豊富で、灌漑用水を引いて田んぼに水を入れれば米を作ることができ、建築用材や燃料も確保できるということであった。その山と川の傾斜をうまく利用しながら用水を引き渡し、生活と産業を成り立たせることができる。また山と川に沿って道を作り、物資を運び、流通させ、諸地域を結びながら社会を統治することができる。そのような統治の要の地として最初に大和国の飛鳥や藤原京や平城京が選定され、次の中心となったのが平安京であった。

平安京と千年の都　千年の都が安定した理由

―地質・地形と社会規模―

平安京が、院政期の一時の福原京（神戸）遷都はあったものの、東京遷都までの千年以上もの長期にわたる都であり続けた理由は何であったのか。そこに比叡山を北嶺とする東山三十六峰と京都三山の守護力も大いに関与したと私は考える。以下、その根拠を示していく。

桓武天皇は平安京遷都の詔として、「この国、山河襟帯、自然に城をなす。この勝によりて、新号を制むべし。よろしく山背国を改めて山城国となすべし。また子来の民、謳歌の輩、異口同辞に号して平安京と曰ふ」（『日本紀略』延暦一三年、『日本後紀』からの引用）と宣言したとされるが、平安京が「山河襟帯」の地形を成しているというのは大変言い得て妙な表現である。

実際、東山、北山、西山の京都三山が襟のように立ち、鴨川、桂川、宇治川、木津川が帯のように流れる地形を平安京は持っている。山と川が豊富であるということは、豊かな水があるということでもある。これは大勢の人々が長期にわたり居住することの必要条件の第一を満たすものである。平安京長寿の秘密の第一はこの水を湧出する山河の地形とそれがもたらす生態系の安定性とバランスにあった。そして、その水の都の守り神が水の神である賀茂川沿いに鎮座する上賀茂神社・下賀茂神社であり、その上流の貴船神社であった。また、「賀茂の厳神、松尾の猛霊」と畏れられた松尾大社も桂川（大堰川）沿いにあって、湧泉と瀧を持ち、比叡山の神でもある大山咋神とともに市杵島姫命（中津島姫命）という水の神を祀った。こうして、平安京は東西南北に豊かな森山と河川を有し、一定規模の人口を擁することのできる生態系バランスの取れた適正サイズの都となる潜在力を持っていたがゆえに、千年の都に成り得た。そのような平安京の生態系バランスから生まれてきた文化を「平安京生態智」と捉え、①水の都、②里山盆地の都、③祈りの都、④芸術・技芸・ものづくり文化の都という四つの位相から考えてみたい。

第一に、水の都としての平安京。平安京は東を流れる賀茂川、西を流れる桂川（大堰川）を東西両川に持っている。加えて、地下にも地上にも豊富な水系を張り巡らし保有する。それが水の都としての平安京のライフラインの基盤であり、松尾や伏見の酒造りや染色や料理もすべてこの豊富で清らかな水の賜物であった。この京都三山の深い森林によって保水された東西二つの河川や地下水に支えられた生態系のバランスが平安京の安定の基盤であった。

第二に、豊富な水系に支えられた生態系がもたらす里山盆地としての安定性。平安京は、東山、北山、西山の三方が標高数百メートルの山々に取り囲まれている。また、東（左京区）に賀茂川、西（右京区）に桂川が流れ、南の淀川に流れ込んでいる。そして、すり鉢型のような盆地底に御所があり、碁盤の目のような条理に町並みが整備され立ち並ぶ。これは、近世の城下町などが建設される以前の四神相応の風水的なコスモスであり、「小盆地宇宙」（文化人類学者・米山俊直の命名）である。もちろんその先行形態は大和国の藤原京や平城京であったが、京都盆地が持つコンパクトな資源力とバランスは絶妙のものがあった。

　第三に、祈りの都としての宗教的象徴体系。この絶妙の生態系的基盤の上に、王城鎮護の寺としての比叡山延暦寺（近江国側）や赤山禅院（山城国側）という「表鬼門」を持ち、東を流れる賀茂川水系に賀茂一族による上賀茂・下鴨神社、西を流れる桂川水系に秦氏一族による伏見稲荷大社や松尾大社ががっちりと平安京を支える。その神仏協働による祈りの都としての平安京の霊的守護力の配備は、言うなれば、最強の霊的防衛ラインの確立である。賀茂社は葵祭（賀茂祭）を通して、賀茂の「厳神」の霊力をそのつど更新する御在《みあ》れ祭りを執り行った。一方、稲荷大社や松尾大社は庶民信仰と結びつき、商売繁盛や酒の醸造を支え、産業の発展やものづくりの育成を支えた。こうして、平安京においては、神仏ないし神社仏閣は緊密に協働しつつ都の霊的守護を施し、怨霊や御霊の跳梁跋扈する時空間に秩序と安定をもたらす最強の安心製造装置となった。さらに、これら大社寺のみならず、辻々の地蔵菩薩や観音菩薩などの小祠は、日常の生活空間の中で庶民が祈りや祈願を捧げる安らぎと癒しの拠り所となった。祇園祭などの町衆組織に基づいた祈りや祭りや芸能も平安京の安心安定に大きな役割を果たした。延暦寺や赤山禅院や賀茂神社や松尾大社は都城建設と皇城維持において精神的な座標軸の役割を果たし、辻々のお地蔵さまや観音さまやお稲荷さんは庶民の生活文化に潤いと彩りを与えたのである。

　第四に、そこで生まれ発展したものづくり文化の維持とイノベーション。例えば、米作りや農業は各地で行なわれる豊作感謝祭としての新嘗祭と連携し、天皇の代替わりには大嘗祭が執り行われる。そのような祭儀や祈念と結びついて、さまざまなものづくりが維持され改良を加えられた。神々や仏菩薩や天皇家に供えられたり納められたりするものはとりわけ念入りに最高級の奉納物として精魂込めて作られた。そのような精神と技術の積み重ねがモノづくりの伝統として伝えられた。こうしてさまざまな浮き沈みや紆余曲折を経つつ、一定規模の生産力やネットワークに支えられて諸種の芸能や芸術や工芸などのものづくり文化が醸成された。「禁裏御用達」（天皇家御用達、後に宮内庁御用達となる）はそれを支える重要な制度となり文化となった。それがものづくりの都としての平安京の位相である。

このように、平安京は「京都三山」と呼ばれるようになる周囲の山並みを里山とし、農業や林業はもちろん、その里山を祈りや祭りやものづくりと連動させ、一大盆地里山文化圏を造り、類稀なる総合生産力を安定的に供給できる持続可能な文化創造都市を形成していった。その安定的維持には、水や食料や燃料や材木やゴミ問題や流通や労働力などの物質的基盤と、学問や芸術や技芸などの技術的基盤と、祈りや祭りや修行や儀礼などの宗教呪術的象徴体系としてはたらく精神的霊性的基盤が相互に緊密に補完し合う必要があるが、天皇を中心とした政治的統治システムと「山河襟帯」としての平安京の地形規模によってそれを支えたのである。

東山三十六峰と修験道

風水思想から見ると、賀茂川は平安京の東を流れる河川であり、東山は青龍の守護する吉祥地である。陰陽五行説では、東は木火土金水の五行の木、春夏秋冬の春に当たり、水に育まれた生命としての「木」の生育を象徴する。平安京には、春＝木に振り当てられた東側に「東山三十六峰」と呼ばれる大変奥深く複雑な山並みが屏風のように連なっている。それらの峰々は、北嶺の比叡山の八四八メートルを最高峰とし、決してさほど高くはないものの、ほどよい高さが連綿と続き、大変入り組んだ峰々と谷々の連鎖を作り出している。その上、貴船や鞍馬を擁する北山は大変奥深い山系で、標高九四二メートルの愛宕山を最高峰とする西山を合わせると、京都三山はまるで母胎のように京都盆地を包み、見守っているかのようである。その京都母胎盆地の中でも東山三十六峰には特別の象徴的な意味付けがなされるようになる。

東山三十六峰は、北から順に、①比叡山、②御生山（御蔭山）、③赤山、④修学院山、⑤葉山、⑥一乗寺山、⑦茶山、⑧瓜生山、⑨北白川山、⑩月待山、⑪吉田山、⑫紫雲山、⑬如意ヶ岳（大文字山）、⑭善気山、⑮椿ヶ峰、⑯若王子山、⑰南禅寺山、⑱大日山（東岩倉山）、⑲神明山、⑳粟田山、㉑華頂山（知恩院山）、㉒丸山、㉓長楽寺山、㉔双林山、㉕東大谷山、㉖高台寺山、㉗霊山、㉘鳥辺山、㉙清水山、㉚清閑寺山、㉛阿弥陀ヶ峰、㉜今熊野山、㉝泉山（月輪山）、㉞恵日山、㉟光明山、㊱稲荷山、となる。つまり、北端の天台宗総本山の延暦寺のある比叡山から、南端の伏見稲荷大社のある稲荷山までの神道や仏教や修験道の重要宗教施設や拝所が目白押しに密集しているのである。

この東山三十六峰の麓に、三千院門跡、八瀬天満宮、御蔭神社、赤山禅院、修学院離宮、曼殊院、八大神社、詩仙堂、慈照寺（銀閣寺）、吉田神社、法然院、永観堂、南禅寺、日向大神宮、知恩院、八坂神社、青蓮院門跡、高台寺、京都霊山護国神社、清水寺、大谷廟、妙法院門跡、智積院、泉涌寺、東福寺、伏見稲荷大社などの京都を代表する重要寺社や総本山が甍を並べている。「東山」という山並みがいかに重要であるかが一目瞭然であろう。

この東山三十六峰のアルファとオメガとも阿吽とも言える、北嶺の比叡山延暦寺と南端の稲荷山稲荷大社に絞って見てみよう。

古く、比叡山の神は大国主神の子神の大山咋神と『古事記』に記されている。『古事記』上巻に、「大山咋神《おおやまくひのかみ》、亦《またの》名《な》は山末《やますゑ》之《の》大主神《おほぬしのかみ》。此《こ》の神は近《ちか》つ淡海国《あふみのくに》の日枝《ひえ》の山《やま》に坐《ま》し、また葛野《かづの》の松尾に坐して、鳴鏑《なりかぶら》を用《も》つ神ぞ」とあることから、日吉大社（滋賀県大津市坂本に鎮座）と松尾大社（京都市西京区嵐山宮町に鎮座）の両社に祭神として祀られている「山末」の地主の神が「大山咋神」と呼ばれていたことがわかる。そして、矢の先に付けた鳴鏑を持つ狩猟神格的な特性を持つ神であることも推測できる。この比叡山の東南麓にある近江国（滋賀県）

側の美しい円錐形をした八王子山（牛尾山）は琵琶湖に面して神奈備山と仰がれ、山頂の磐座に大山咋神が降臨したとされる神体山である。

この比叡山に、都が長岡京にあった延暦七年（七八八）に日本天台宗の総本山となる延暦寺（最初は「一乗止観院」と呼ばれた）を創始したのが伝教大師最澄である。最澄は『山家学生式』に「国宝とは何物ぞ。宝とは道心なり。道心ある人を名づけて国宝となす……一隅を照らす、此れ則ち国宝なり」と宣言し、「道心」を持って「一隅を照らす」生き方をする「国宝」の僧侶を育成する「国宝養成機関」として一乗止観院を建立した。そこでは、「国宝」とは「道心」に他ならない。そして「道心」を堅固に保ち、一二年間比叡山に留まって一心不乱に修行することを「国宝」への道と義務づけた。こうした修行教育方針が後に栄西や法然や親鸞や道元や日蓮などの鎌倉新仏教の創始者たちをはじめとする一隅を照らす「国宝」を育て、それによって比叡山延暦寺は日本随一の道心と学道の府となった。現在も、京都大学や同志社大学や立命館大学をはじめ、手狭な市中に国公私立の大学や教育文化機関がひしめいているのも、元を辿ればこの延暦寺の創建にその基《もと》いがあったからだと言えよう。

その後比叡山は、院政期には僧兵を擁し、白河上皇により天下三不如意（鴨川の水・双六の賽・山法師）の一つに数えられるほどの力を持ち、朝廷権力と結託することも権力闘争に関わることもあり、僧侶集団としての腐敗や堕落も見られたが、同時にそれを内部から批判し突き抜けていく自浄力も生み出した。そもそも最澄は、腐敗した南都仏教に抗して比叡山に大乗戒壇を造ろうと奔走したが、生前には実現できなかった。だが、最澄没後七日目に勅許により大乗戒壇（戒壇院）が設けられることになった。東大寺や東寺のような都の中の巨大寺院ではなく、山中にあって里を見守り、平安京を守護する鬼門の地を日本天台宗の「国宝」育成の修行の地とした最澄の「道心」は、確実に「一隅を照らす国宝」の地場となったのである。この比叡山での仏道修行は、天台（法華）に加えて、密教（台密）、禅、戒律の四門を兼修し、さらには法華（法華堂）と念仏（常行堂）が共存するという実に大らかで幅の広い学道だった。そこから、法然、親鸞、栄西、道元、日蓮などの、時代の新しい地平と宗教意識を切り開く世直し・心直し仏教が輩出したのである。

最澄が開いた延暦寺は近江国側に位置するが、その後山城国側に赤山禅院が建立されることになる。平安京を守護する霊的装置としての赤山禅院は、仁和四年（八八八）に建立されたとされる。円仁は遣唐使の一員に任命され派遣されるも、船の難破により二度入唐（中国留学）に失敗したが、それにも屈せず、承和五（八三八）年、最後の遣唐使船の一員として三度目の渡航でようやく入唐求法の夢が叶い、唐への留学を果たした。しかし、最澄が学んだ天台山行きを望んだものの許可が下りなかったので不法滞在者として残留し、山東半島の赤山浦の赤山法華院の新羅僧の勧めもあって、五台山までおよそ二か月間一三〇〇キロを歩きぬいた。五台山に辿り着いた時の感動を円仁は『入唐求法巡礼行記』に「地に伏して遙かに礼し、覚えず涙をふらす」と記している。

円仁はそこで法華教学と密教を修め、その後五台山から一一〇〇キロを歩いて長安に赴いて密教を学び、金剛界・胎蔵界の灌頂を受けたのだが、時の皇帝武宗による廃仏に伴う外国人僧の国外追放により、ふたたび二か月かけて赤山に戻り、新羅人の助けによって一〇年に及ぶ困難極まりない入唐求法の旅を終えて帰国した。

入唐求法の旅の途次、円仁は一日四〇キロを走破した。そして帰国後、入唐法の成満を導き守護してくれた赤山明神（道教の冥府の神・泰山府君神）を日本天台宗および平安京守護の神として手厚く祀ろうとしたが、自分の代では果たすことができず、弟子の第四代天台座主《ざす》安慧《あんね》の代になってようやく赤山禅院を建立することができたという。

比叡山延暦寺に伝わる伝統的な荒行の千日回峰行は、この円仁の入唐求法の歩行を追体験する修行という一面がある。円仁の弟子の相応によって始められたとされる千日回峰行は、『法華経』に描かれた、すべての衆生に仏性を見出して礼拝した常不軽《じょうふきょう》菩薩の精神を体現する日本天台宗独自の修行である。まず百日回峰を終えた者の中で特別に発願し認められた行者が、最初の三年間は一年に百日間ずつ（通算三〇〇日）定められた二六〇か所の拝所を一日三〇キロの行程で回峰する。四年目と五年目は一日三〇キロを二〇〇日間ずつ（通算七〇〇日）

回峰し、五年間で七〇〇日間の回峰の行を終えた行者は、東に琵琶湖を見渡せる眺めのよい無動寺谷の明王堂で「堂入り」と呼ばれる行事を行う。堂入りは九日間にわたり断食・断水をし、その間不眠・不臥で間断なく不動明王の真言を一〇万回唱える荒行中の荒行である。それを終えて、六年目は一日三〇キロの行程に加えて、さらに赤山禅院への往復が加わり、一日六〇キロの総行程を百日間（通算八〇〇日）回峰する。「堂入り」を終えて「大阿闍梨」を名乗ることを許された回峰行者が、比叡山から雲母坂《きららざか》を通って赤山禅院（赤山明神）にお参りして献花する「赤山苦行」と称する百日荒行を修し、最終年の七年目は、前半の百日間赤山禅院からさらに京都市内を巡礼する一日八四キロの「京都大廻り」の回峰を行じ、後半の最後の百日間を最初の一日三〇キロの行程を巡るという凄絶な修行である。

　最澄が比叡山に開いた天台宗は平安時代に「草木国土悉皆成仏」という天台本覚思想を生み出す。それは、衆生、すなわちいのちあるものはみなすべからく悟りを開いているという思想で、それは空海が提唱した「即身成仏」論をさらに徹底した究極の即身成仏思想であるが、それは単なる観念論ではなく、このような千日回峰行などの修行実践に支えられて生まれた日本独自の成仏思想である。それが能に取り入れられ、「一佛成道観見法界《いちぶつじょうどうかんけんほっかい》、草木国土悉皆成佛《そうもくこくどしっかいじょうぶつ》」という定型句として謡われた。草木も成仏するという思想は、今日、日本における森の思想の極致として再考されねばならないだろう。そのような森の思想が比叡山で練り上げられ、深化したのだった。

　赤山禅院の御神体は毘沙門天に似た武将を象る神像で延命富貴の神として信仰され、「表鬼門」に当たるために方除けの神としても崇敬されたが、皇城守護の神が同時に集金守護の神ともなっている民間信仰的庶民性も興味深い。赤山明神の祭日の「五日」に参詣して懸取り（集金）に回るとよく集金できるとされて町衆の信仰を集め、「五日払《ごとばら》い」と言われる商習慣ができ、現在の「五当日《ごとおび》（一般に「ごとうび」と呼ばれる）」につながっている。このように、赤山明神は天台密教の「密」と「俗」の部分をしたたかに支えているのである。拝殿中央の屋根の上には、御幣と鈴を持った陶製の猿の像が置かれていて、御所の東北角の猿ヶ辻の猿と対応している。猿は鬼門の神・金神の表象とも、また日吉大社の神使ともされていて、比叡山とは縁が深い動物である。

この北嶺比叡山に対して、東山三十六峰の南端の稲荷山山頂の一ノ峰には、大宮女神（天宇受売命）、二ノ峰には佐田彦大神（猿田彦大神）、三ノ峰には宇賀之魂大神が祀られ、末広大神、青木大神、白菊大神と呼ばれている。そして参拝者の誰もが圧倒される「千本鳥居」を抜けて、稲荷山の頂上に至ると、その一帯には膨大な数の「お塚」が置かれていて、その集積回路のような稲荷塚にも圧倒される。まさに「稲荷」のように、稲＝米粒が密集し増殖しつづけ、それが豊作や五穀豊穣や商売繁盛の信仰とも密接につながっているのである。

稲荷信仰はもともと磐座を抱く御神体山としての稲荷山への信仰から始まっている。そこに塚信仰が加わり、中世には三つの峰が下ノ塚・中ノ塚・上ノ塚と呼ばれるようになる。明治になると、そこに「親塚」が建立され、周囲を取り囲むように講の崇敬者個人の信仰する神名を刻んだ「お塚」が奉納されて現在の形になってきた。

この稲荷信仰を作り上げたのが賀茂氏と並ぶ古代豪族の秦氏であった。昔、平安京に遷都する以前の山背国（後に山城国と表記）には、松尾大社や稲荷大社を祀る秦氏と、上賀茂・下賀茂両社を祀る賀茂氏が勢力を張り、両氏は婚姻関係を結び、祭儀にも共通のものがある。

現在『山城国風土記』逸文として賀茂の社と稲荷の社の二社の創建伝承が残っている。「山城国風土記に曰はく、伊奈利《いなり》の社、伊奈利と称ふは、秦中家忌寸等が遠祖、伊呂具《いろぐ》秦公、稲粱を積みて富裕を有てり。仍れ餅を的と為ししかば、白鳥に化成りて、飛び翔りて山の峯に居り、伊禰奈利生ひき。遂に社の名と為す。其の苗裔に至りて、先の過を悔いて、社の木を抜にして家に植ゑて祈り祭りき。今、其の木を植ゑて、蘇かば福を得、枯れば福あらじとす。」

稲荷伝承には、「餅」が「白鳥」と化したというモチーフが出てくる。もちろん「餅」は米の、「白鳥」は神霊の隠喩である。これは、秦氏の遠祖の秦伊呂具が「餅」を的にして矢を射ようとしたら「餅」が「白鳥」と化して稲荷山の山頂に「飛翔」し、止り、そこに稲が生り出でたので「稲生り＝伊禰奈利→伊奈利→稲荷」という社名になったという話と、子孫がその不遜を反省して稲荷社の樹を家に植えて祈り祭り、その木が生育したら福を得、枯れたら貧するという二つの連携する物語である。

典型的な稲作農耕神話であるが、「白鳥」と「木」が象徴構造の核心にある。「白鳥」は超越的な霊威の、「木」は現世的な富を意味する。そして樹も米も育てる稲作農耕をするためには河川整備と灌漑用水が不可欠である。秦氏は山城国の西を流れて淀川に注ぎ込む桂川に大堰を造り、京都盆地の西側に広大な農地を確保した。図式化して言えば、京都盆地の東側を賀茂氏が、西側を秦氏が開拓したということになる。松尾大社はその西の拠点であり、稲荷大社は西方から東南地域に至る秦氏の最前線基地だった。

この「伊呂具秦公」のことが「稲荷社神主家大西（秦）氏系図」に「秦公、賀茂建角身命二十四世賀茂県主、久治良ノ末子和銅四年二月壬午、稲荷明神鎮座ノ時禰宜トナル、天平神護元年八月八日卒」と記されている。「秦公」秦伊呂具は、実は賀茂久治良の末子で稲荷社の「禰宜」となって、「天平神護元年」すなわち西暦七六五年に死去したという。この秦伊呂具の兄の秦都理が松尾大社の禰宜を務めたとされるので、この時期に秦兄弟が松尾社と稲荷社の両社を祀ったということになる。

この頃、平城京では称徳天皇が道鏡を寵愛し、統治の乱れが顕在化していた。この三年後に春日大社が創建されている。ほぼ同じ時期に、秦氏と賀茂氏とは縁戚関係を結び、協力して山城国を栄えさせたのである。その結果が、平安京の誘致に成功したというわけである。実際、桓武天皇に重用されて平安京造宮使に任ぜられて、平安京遷都を実現した藤原葛野麻呂の母は太秦嶋麻呂の女であったので、藤原氏と秦氏も婚姻関係により結ばれていた。その後、藤原葛野麻呂は延暦二〇年（八〇一）に遣唐大使に任命され、延暦二三年（八〇四）に最澄や空海らと共に唐に渡り、平安京の新しい仏教である天台宗と真言宗を日本に取り入れる際の水先案内人の役割を果たした。後に、弘法大師空海が稲を背負った翁姿の稲荷神に会ったことが『弘法大師行状絵巻』類に描かれることになり、今なお東寺と伏見稲荷大社とは緊密な関係を保っているので、秦氏や賀茂氏や藤原氏とのネットワークや支援なしには空海も最澄も平安京で新たな仏教を十全に展開することはできなかったのである。こうして、東山三十六峰の南端で執り行われることになる稲荷祭は、葵祭や祇園祭と並んで、平安京を代表する大祭となっていったのである。

平安京と京都の未来

日本に京都があることがどれほど伝統文化の維持と活性化に影響を及ぼしてきたか計り知れないものがある。その京都の伝統を作った平安京に京都三山、とりわけ東山三十六峰の森が果たした役割も計り知れない。平安時代以降、比叡山や稲荷山や北山の鞍馬寺や西山の愛宕山などで独自の修験道文化が展開されることになるが、それも京都三山あってのことである。

だが、二〇一八年九月四日に到来した台風二一号は京都三山に甚大な被害をもたらした。私は二〇〇六年秋以来「東山修験道」と称して、六〇〇回以上比叡山を登拝しているが、延暦寺に行く勅使道であった雲母坂周辺の比叡山中だけでも数千本の檜の根返り倒木の被害が起きた。かつてない大規模な自然災害が増加しつつある昨今、京都の「小盆地宇宙」を支えてきた京都三山の自然生成力をバランスよく持続していくことは最重要の課題であろう。

付記

本章は拙編著『平安京のコスモロジー』（創元社、二〇一〇年）等の論点を敷衍したものである。

第4章◉京都三山の文化的価値

京都三山に眠る遺跡

元京都市考古資料館　館長
梶川　敏夫

はじめに

筆者は、京都東山西麓にある哲学の小道南端の左京区若王子町で生まれ、子どもの頃から琵琶湖疏水や裏山にある若王子山、大文字山などを遊び場とし、社会人になってからも京都市の文化財保護の公務を通して京都三山と関わり、山域にある遺跡の調査や保存・保護、周知にも携わってきた。

そのような経緯を含めて、これまで京都を取り巻く山々をつぶさに見てきたが、かつてとは異なり、多くの場所では管理が行き届かず、マツ枯れやナラ枯れなどにより植生が大きく変貌し、また、山中に生息する鹿や猪などの獣害による植生への影響で、自然環境が脅かされて土壌崩壊の危機に瀕している場所も多い。

また、最近は地球温暖化の影響か、集中豪雨による土砂崩れ箇所も多く、さらに二〇一八年九月の台風二一・二四号による強風で、大規模な森林倒木など甚大な被害と損害が発生し、山中に遺存する遺跡の保存・保護にも大きな影響が出ており、京都を取り巻く山の環境維持がますます困難になってきている。

京都の魅力は社寺仏閣などの観光資源以外に、清らかな川と周囲を緑の峰々に囲まれた山紫水明な環境が維持されていることが大前提であるが、市民の多くは山に関してはあまり関心が高いと言えないのが実情である。

これまで同協議会の文化的価値発進専門委員の一人として、専門である考古学や文化財保護分野の知識を活かし、同協議会が開催するセミナーやシンポジウムを通して、京都盆地（山科盆地は除く）の三方を囲む「京都三山」に残るいくつかの遺跡を取り上げて紹介し、また、フィールドでは解説なども行ってきた。

これまで紹介してきた山中に残る遺跡は、二〇〇九年（安祥寺国有林内の安祥寺上寺跡）、二〇一二年（如意ヶ嶽の如意寺跡・如意ヶ嶽城跡）、二〇一三年（如意ヶ嶽の如意寺跡）、二〇一四年（清水山の霊山城跡・清閑寺）、二〇一五年（瓜生山《うりゅうやま》の北白川城跡）、二〇一六年（雲母坂《きららざか》の修学院雲母坂城跡）、二〇一七年（松尾山の西芳寺川古墳群）、二〇一八年（華頂山から将軍塚・清水山）などで、それぞれ参加された方々には、微力ながらも京都三山の中に残る遺跡の実態や歴史的価値、その魅力などを伝えてきたつもりである。

ここでは、『京都市遺跡地図』を参考にしながら、これまで訪れた山中の遺跡を含め、改めて京都三山に残る遺跡についてご紹介してみたい。なお、遺跡の詳細については、京都市文化市民局文化芸術都市推進室文化財保護課ＨＰ「遺跡地図を見る」を参照されたい。

京都三山の歴史と遺跡

京都盆地は、東・西に屹立《きつりつ》する艮《うしとら》（北東）の比叡山（四明嶽・八三八メートル）と、乾《いぬい》（北西）にある愛宕山

（九二四メートル）をそれぞれ主峰にして、北及び東・西の三方を一〇〇〜四〇〇メートル級のたおやかな峰々に囲まれて形成されている。

八世紀末、桓武天皇により一〇年続いた長岡京の廃都が英断され、京都盆地中央部に平安京が遷都、京都はそれ以後約千年を越えてわが国の都となった。『日本紀略』延暦一三年（七九四）一一月八日の新京の詔《みことのり》には、「此の国、山河襟帯《さんがきんたい》、自然に城を作《な》す……」と、盆地を取り囲む山河が着物の襟《えり》のように都の周囲を取り囲み、自然に城のようであると書かれ、都城（都《みやこ》）を置く場所として相応しい地勢であることが記されている。さらに一〇世紀後半、平安京に住んだ清少納言は、その著書『枕草子』の冒頭で「春はあけぼの、やうやう白くなりゆく山際、少し明かりて、紫だちたる雲の細くたなびきたる」と、御所から見える春の夜明けの山の風景を愛で、さらにその一五段には「峰は阿弥陀の峰」と東山にある阿弥陀ヶ峰の美しさを称えている。その他、江戸時代後期の儒学者・歴史家である頼山陽は、東山を望む鴨川右岸に居を構えて「山紫水明処」と名付け、京都のまちの美しさを豊かな山の緑と清らかな川の水に例えている。このように京都は、長く天皇や将軍の居所があるわが国の都として多くの歴史の舞台となり、そこに住む人々は、清らかな川の流れと盆地の三方を囲む緑の山の風景をこよなく愛してきたのである。

古来、盆地周辺の山々は、人々が生活をする上で欠くことのできない水源や材木資源、燃料の薪や木炭のほか、動・植物などの食料を得る場所であるとともに、古墳時代以降は死者の亡骸を葬る場所として多くの古墳や古墓が築かれた。また、平安京遷都後は、生活空間である都の中に墓所を設けることを忌み嫌い、周辺の鳥辺野や蓮台野、化野《あだしの》などが、都に居住する人たちの葬送の地となった。さらに、周辺の山域には多くの山林寺院が造られ、戦国時代には古道に面して山城などが数多く築かれた。そのほか山域には、平安時代後期以後、末法思想の影響を受けて多くの仏教法具を後世に伝え残すために経塚が営まれ、また、別雷《わけいかづち》神社（上賀茂神社）の神山や松尾大社の松尾山、伏見稲荷大社の稲荷山など、いくつかの霊峯は聖なる場所として御神体となり、また、磐座や滝、洞穴などは祈りや祭祀の場所でもあった。

このように京都の長い歴史の流れの中で、そこに住む人々と山との関わりは深く、それらの足跡が遺跡となって山中に数多く眠っている。

これらの遺跡が山中に良好に残る理由としては、常に人が住み続けて開発の波に晒されてきた平安京跡など、平地にある遺跡とは異なり、山岳域は開発の手が及ぶことが少なく、また、近代に入って、京都盆地周辺の山域は様々な法的規制により開発が厳しく制限され、遺跡として残る条件が整っていたことも大いに関係している。

人と山との関わりの歴史

京都盆地周辺の山間域に残る遺跡で最も古いものは、今から約二〜三万年前とみられる旧石器時代（後期旧石器時代）の遺跡である。この時代の人々は、火を使い水場や獲物を求めて居住地を移動しながら、主に狩猟採集生活を営み、石器のほか木や蔓草、骨、革などの材料から様々な道具を考案し、生活を維持していたと考えられている。そのような旧石器時代に遡る遺跡として知られているものは、上賀茂本山遺跡・ケシ山遺跡・沢ノ池遺跡・菖蒲谷遺跡・清閑寺霊山遺跡・大枝遺跡などがあり、多くが山域の高地に分布し、石器などが散布する場所として知られている。

次の縄文時代になると、一万年以上前の縄文時代草創期に人類は獲物や居住地を求めて移動し、それまでの簡単な道具以外に食物を煮炊きできる焼物（縄文土器）を発明した。その結果、食生活の改善が進むと人口も増え、やがて共同生活による集落が生まれて、定住生活が営まれるようになる。住居地の周辺では食料となる根菜類の栽培や栗、胡桃、桃、栃の実などの栽培も行われていたと考えられている。この時代の遺跡としては左京区の京

郵 便 は が き

恐縮ですが
切手を貼って
お出し下さい

606-8161

京都市左京区
一乗寺木ノ本町 15

ナカニシヤ出版

愛読者カード係 行

■ ご注文書 （小社刊行物のご注文にご利用ください）

書　名	本体価格	冊 数

ご購入方法（A・B どちらかをお選びください）

A. 裏面のご住所へ送付（代金引換手数料・送料をご負担ください）

B. 下記ご指定の書店で受け取り（入荷連絡が書店からあります）

市 区	町 村	書店 店

愛読者カード

今後の企画の参考、書籍案内に利用させていただきます。ご意見・ご感想は匿名にて、小社サイトなどの宣伝媒体に掲載させていただくことがあります。

お買い上げの書名

(ふりがな) お名前　　　　　　　　(　　　歳)	
ご住所　〒　　　－	
電話　　　(　　　　)	ご職業
Eメール　　　　@	

■ お買い上げ書店名

市　　町
区　　村　　書店・ネット書店名(　　　　　)

■ 本書を何でお知りになりましたか

1. 書店で見て　2. 広告(　　　　)　3. 書評(　　　　)
4. 人から聞いて　5. 図書目録　6. ダイレクトメール　7. SNS
8. その他(　　　　)

■ お買い求めの動機

1. テーマへの興味　2. 執筆者への関心　3. 教養・趣味として
4. 講義のテキストとして　5. その他(　　　　)

■ 本書に対するご意見・ご感想

都大学構内遺跡や、山科区の中臣遺跡、西京区大原野の上里遺跡などが知られるが、開発が少ない京都盆地周辺の山間部では、縄文時代の遺跡の実態はまだよく分かっていない。

　その後、大陸からわが国に水稲栽培が伝わった紀元前三、四世紀からの弥生時代（弥生時代の始まりは諸説ある）に入ると、山裾周辺や平地部では米作りが盛んとなり、主に盆地周辺部の山裾から平地にかけて集落が営まれ、北区の植物園北遺跡や山科区の中臣遺跡など、これまでいくつかの集落遺跡が見つかっている。しかし、地方に多い山間部に設けられた弥生時代の高地性集落などは、京都盆地周辺では未だに発見されていない。ただし、右京区梅ヶ畑向ノ地町の山中にかつてあった御堂ヶ池の西側山腹からは、京都市内唯一の出土例である銅鐸四個（入れ子の状態で二組）が発見されている。

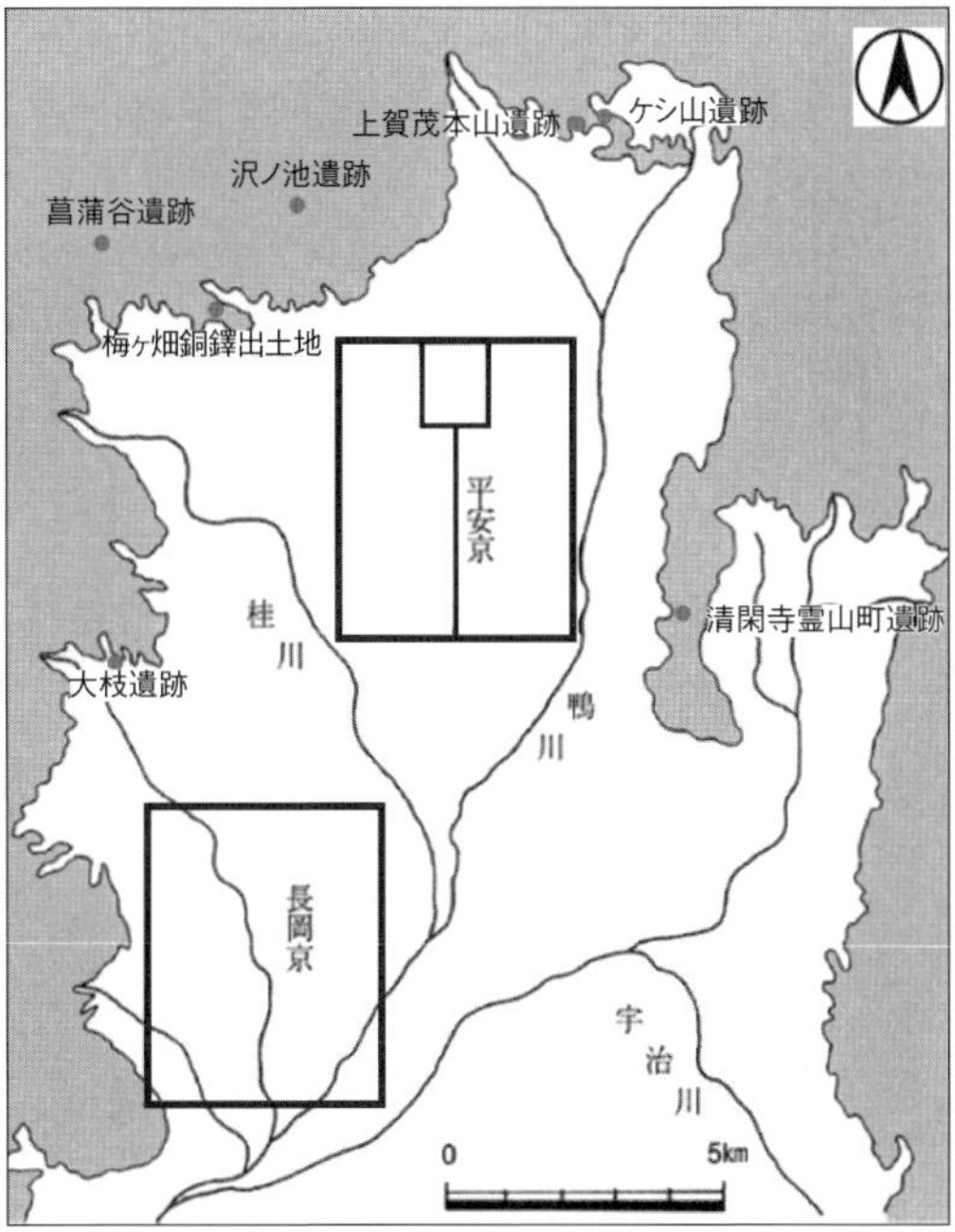

図１　京都盆地周辺の旧石器と弥生時代の遺跡
（参考『京都市遺跡地図台帳【第８版】』）

　次の古墳時代（三世紀後半～七世紀前半）に入ると、古墳は一般的に山頂や谷部、山裾部やそれに続く平地などに築かれるようになる。三世紀後半から五世紀代の古墳は、桂川右岸や宇治川を望む丘陵頂部に設けられたものがあり、後期では山域の頂上部から谷川の両岸や、谷部に設けられた群集墳などがある。洛西の乙訓地域では、丘陵部に古墳時代前期からの前方後円墳（乙訓古墳群）などが南北に点在し、その他、伏見区の稲荷山の一之峰頂部に築かれた古墳のほか、東山南端の桃山丘陵には、黄金塚一・二号墳など前期から中期にかけの前方後円墳が築かれ、山域はその地域を支配者する特定の人のための墓域となっていった。また、六世紀以降の古墳時代後期になると群集墳が多く築かれるようになり、桂川両岸の嵯峨野や松尾の山間部のほか、深泥池北方の岩倉・幡枝付近、また東山では将軍塚より南方の伏見に至る峰々に多くの古墳が築かれている。

次の歴史時代に入ると、六世紀代には大陸から仏教が我が国に公伝され、全国各地に仏教寺院が建立される時代を迎え、飛鳥・白鳳時代には京都盆地周辺にも寺院（北野廃寺・北白川廃寺・法観寺・広隆寺・樫原廃寺など）が建立されるようになる。ところが平安時代は、平安京の羅城門の左右に国家鎮護を担う東寺と西寺が建立されたが、京内にはそれ以外の仏教寺院の建立は認められなかった。しかし、京外の周辺部にはいくつかの仏教寺院が建立され、さらに山域にも山林寺院（山岳寺院とも呼ぶ）が建立されるようになる。

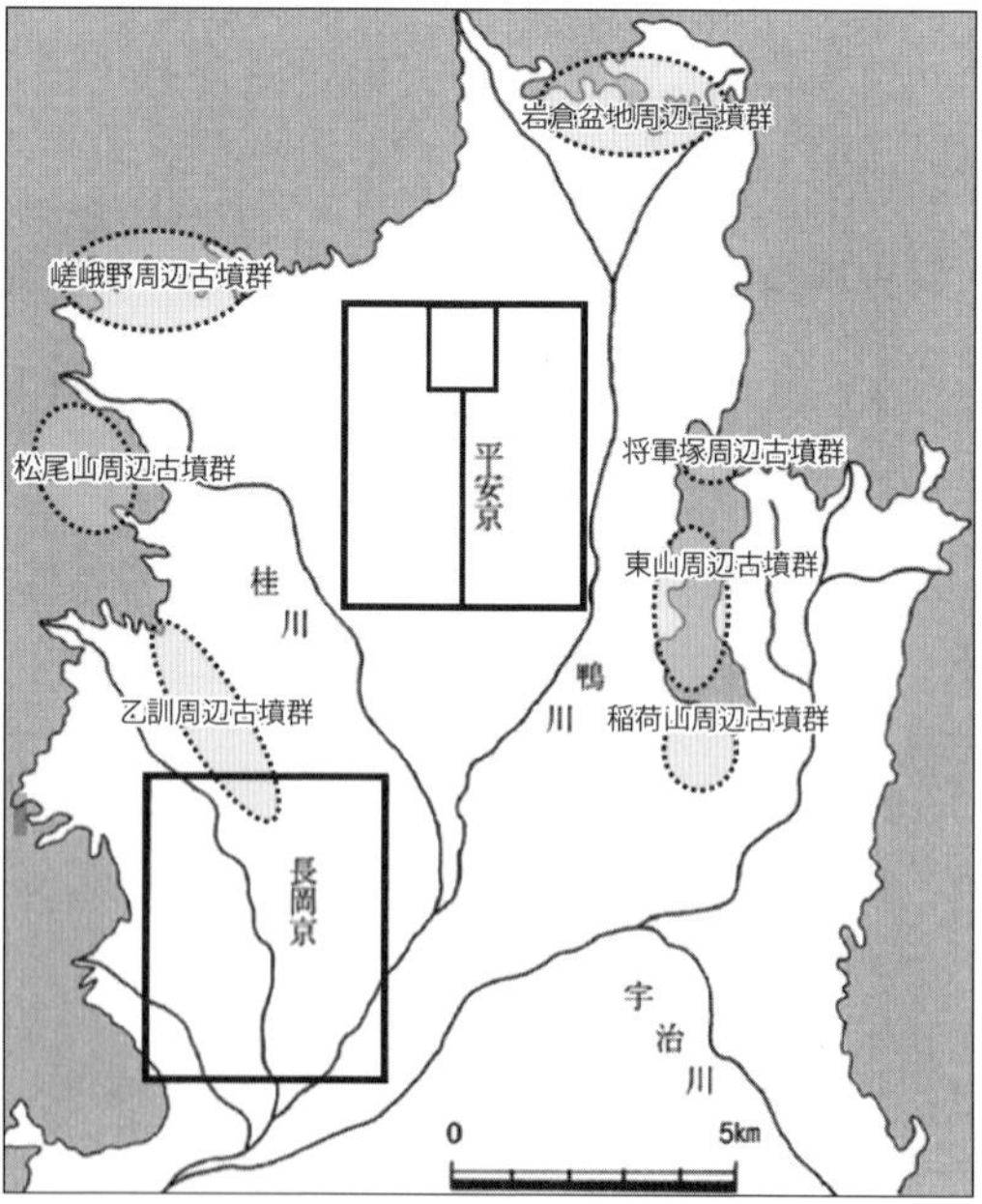

図２　京都盆地周辺山域の主な古墳群
（参考『京都市遺跡地図台帳【第８版】』）

この時代は、仏教の中心都市であった大和（奈良）から都が山背（城）へ遷ったこともあり、僧侶たちは新しい仏教を求め、憧れの聖地である大陸の唐へ渡航するようになる。入唐八家（最澄・空海・常暁・円行・円仁・恵運・円珍・宗叡）と呼ばれる僧たちは命懸けで大陸へ渡海し、難行苦行を重ねて新しい密教という教義を大陸からわが国へもたらした。そして、平安京周辺の峰々には、比叡山寺（延暦寺）や上醍醐（醍醐寺）、清水山寺

（清水寺）、安祥寺上寺、高雄山寺（神護寺）などの山林寺院が相次いで建立され発展していった。そのほか、山頂付近の自然石が露出した磐座などは祭祀の場とされ、平安時代後期以後は山岳域にも経塚が営まれるようになる。

　平安京周辺の山裾では、建築用材のほ

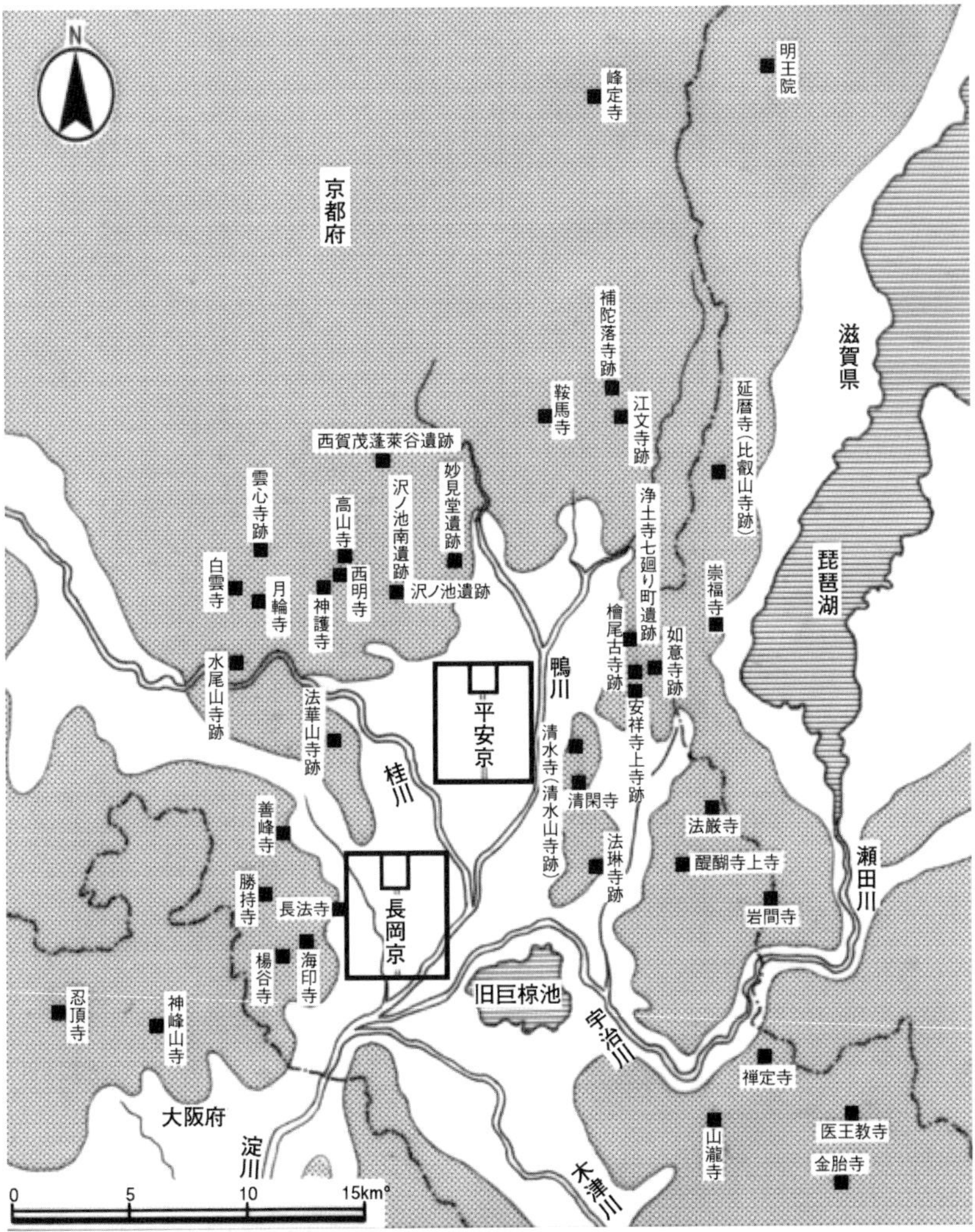

図３　平安京周辺の山林寺院分布図（参考『京都市遺跡地図台帳【第８版】』）

か豊富な樹木を利用して木炭窯が築かれ、さらに大量の炭を燃料とするタタラとも呼ばれる製鉄遺跡もいくつか見つかっている。また、窯業に必要な薪や粘土の入手が可能な山裾部においては、須恵器《すえき》や緑釉《りょくゆう》陶器、灰釉《かいゆう》陶器などの土器を焼く窯のほか、平安京の宮殿や寺院など、特定の建物屋根に葺くために必要な瓦を焼く窯が山裾の傾斜地形を利用して設けられ、特に岩倉盆地周辺や西賀茂などに多くの窯場が造られた。

その後、一五世紀後半の応仁・文明の乱を経て戦国時代に入ると、都は天皇や将軍が居所する政治都市であることから、主要な古道や街道などを押さえるための戦略的な目的で、京都盆地を取り囲む峰々にも多くの山城が築かれるようになる。特に都の東方にある東山は隣国の近江国にも近く、多くの山城が築かれ攻防が繰り返された。

このように京都盆地周辺の峰々に残る遺跡の有り方から見ても、長い京都の歴史の流れと共に山岳域が様々な形で利用され、人々と密接に関係していたことがよく分かる。

京都三山にある遺跡の実態

●北山の遺跡

ここからは、京都三山に残る遺跡を区域に分けてもう少し具体的に見ていきたい。

盆地東北部の鴨川と高野川に挟まれた北山のエリアには、先述した旧石器時代の上賀茂本山遺跡、ケシ山遺跡のほか、平安時代創建の補陀落寺跡（図5）、江文寺跡などの山林寺院跡が知られ、このほかに鞍馬寺やその周辺には鞍馬山経塚群などがある。岩倉盆地の西方、深泥池の北方には本山古墳群など多くの後期の群集墳が分布しており、この時代に多くの人々が盆地北部の山に囲まれた平地部に進出し、定住していたことが伺える。また、この地域は豊富な薪や良質の粘土が得られたことから、先述の土器生産窯や官営の造瓦所などが設けられ、古代における窯業生産（岩倉・幡枝古窯跡群）の一大拠点でもあった。

鴨川以西から桂川のエリアの山間部では、沢ノ池遺跡、菖蒲谷遺跡などの旧石器時代に遡る遺跡のほか、北西域にある愛宕山の山中には、白雲寺（現・愛宕神社）、月輪寺（現存）、高雄山寺（現・神護寺）のほか、日輪寺、伝法寺など中国五台山に模した五つの山林寺院があったとされる。この他、近年に愛宕山の山中で発見された雲心寺跡（図６）のほか、妙見堂遺跡（寺院跡？）、沢ノ池周辺の遺跡（寺院跡）など寺歴不明の山林寺院跡が見つかっており、平安京の北方あるいは乾の方角には多くの山林寺院が建立されていたことが明らかになっている。

この地域の戦国期の山城は、静原城跡、堂ノ庭城（長坂城）跡、鑓磨岩《やりとぎいわ》城跡、高尾城跡などが知られ、丹波や若狭方面へ繋がる山路を押さえる役割を担って築かれたものである。その他の遺跡としては、古代より氷を夏期まで保存、貯蔵するために設けられた氷室《ひむろ》のほか鷹ヶ峰経塚などがある。

この地域にある古墳は、広沢池や大沢池のある嵯峨野の平地部に多くの古墳が築かれたが、北背後の山域にも後期古墳が多く築かれている。これらの古墳は五世紀末から六世紀かけて朝鮮半島からの渡来

図４　北山にある主な遺跡（参考『京都市遺跡地図台帳【第８版】』）

系氏族「秦氏」の奥津城《おくつき》と考えられており、彼らはこの一帯に進出して定住し、大陸の進んだ技術で大堰川（桂川）に葛野大堰《かどののおおい》（『秦氏本系帳』逸文）を造り、両岸一帯を開発したことで知られる。

そのほか、丘陵上にある御堂ヶ池周辺では、先述の弥生時代の銅鐸が出土、その丘陵の上部からは奈良時代末から平安時代にかけての土器などの遺物が多数発見され、この丘陵上で雨乞いや止雨の儀式が行われた祭祀場所（梅ヶ畑祭祀遺跡）であるとみられている。

図５　補陀落寺跡に残る礎石と石仏

図６　愛宕山の山中で発見された雲心寺跡

●西山の遺跡

桂川右岸の山域には、主に古墳時代後期に築かれた古墳が多く分布し、松尾大社背後の松尾山にある松尾山古墳群や、その西側にある西芳寺川古墳群、下狩川上流の谷筋に築かれた大枝山古墳群など後期古墳が知られる。また、史跡天皇の杜古墳のある右京区樫原の西背後から南方へ延びる向日丘陵上に

図７　西山にある主な遺跡
（参考『京都市遺跡地図台帳【第８版】』）

は、乙訓古墳群（図８）と呼ばれる主に前期古墳（三世紀後半〜四世紀代）が集中的に築かれ、北から南にかけて百々池古墳（円墳、径五〇メートル？）、一本松塚古墳（前方後円墳、全長一〇〇メートル）、寺戸大塚古墳（前方後円墳、全長九八メートル）、妙見山古墳（前方後円墳、全長一一五メートル）、五塚原古墳（前方後円墳、全長九四メートル）、北山古墳（前方後円墳、後円部径一二メートル）、元稲荷古墳（前方後方墳、全長九四メートル）など、京都市から向日市へ至る山中に古墳が連なり、これらの古墳の中には、埴輪列を有するものや三角縁神獣鏡など複数の鏡が出土しているものもあり、この地域を統治した首長墓と考えられている。

図８　乙訓古墳群の古墳分布図
（参考『京都市遺跡地図台帳【第８版】』）

また、戦国時代の山城跡としては、嵯峨野から京都盆地一帯を見下ろせる標高三八〇メートル前後の嵐山頂部に築かれた嵐山城跡、さらにその南方には法華山寺（峰ヶ堂城）跡、亀岡方面への主要ルートである老ノ坂峠を押さえる沓掛城《くつかけじょう》跡などがある。いずれも京の都から見て西方の丹波方面を意識して築かれたものである。そのほか、南方の灰方や大原野方面にも古墳や城跡、現存する山林系寺院もあるが、ここでは割愛する。

●東山の遺跡

京都盆地東方を占める東山では、比叡山（延暦寺）から南方の東山三十六峰と呼ばれる峰々に、多くの遺跡が分布する。

比叡山西麓を流れる高野川から南方にある山林寺院跡は、修学院離宮の南東から比叡山延暦寺へ至る雲母坂《きららざか》の入口にある雲母寺跡（詳細不明）、如意ヶ嶽（通称：大文字山）南麓から近江の園城寺（三井寺）へ至る山道（如意越え）に沿って築かれた園城寺の別院である如意寺跡（平安時代中期か）、最近明らかになった平安時代前期の檜尾古寺跡、山科盆地北域の山中に建立された平安時代前期の安祥寺上寺跡などのほか、現存する山林系寺院として八坂寺（現・法観寺）、清水山寺（現・清水寺）、清閑寺などがある。

山城跡では、北から御蔭山城跡、修

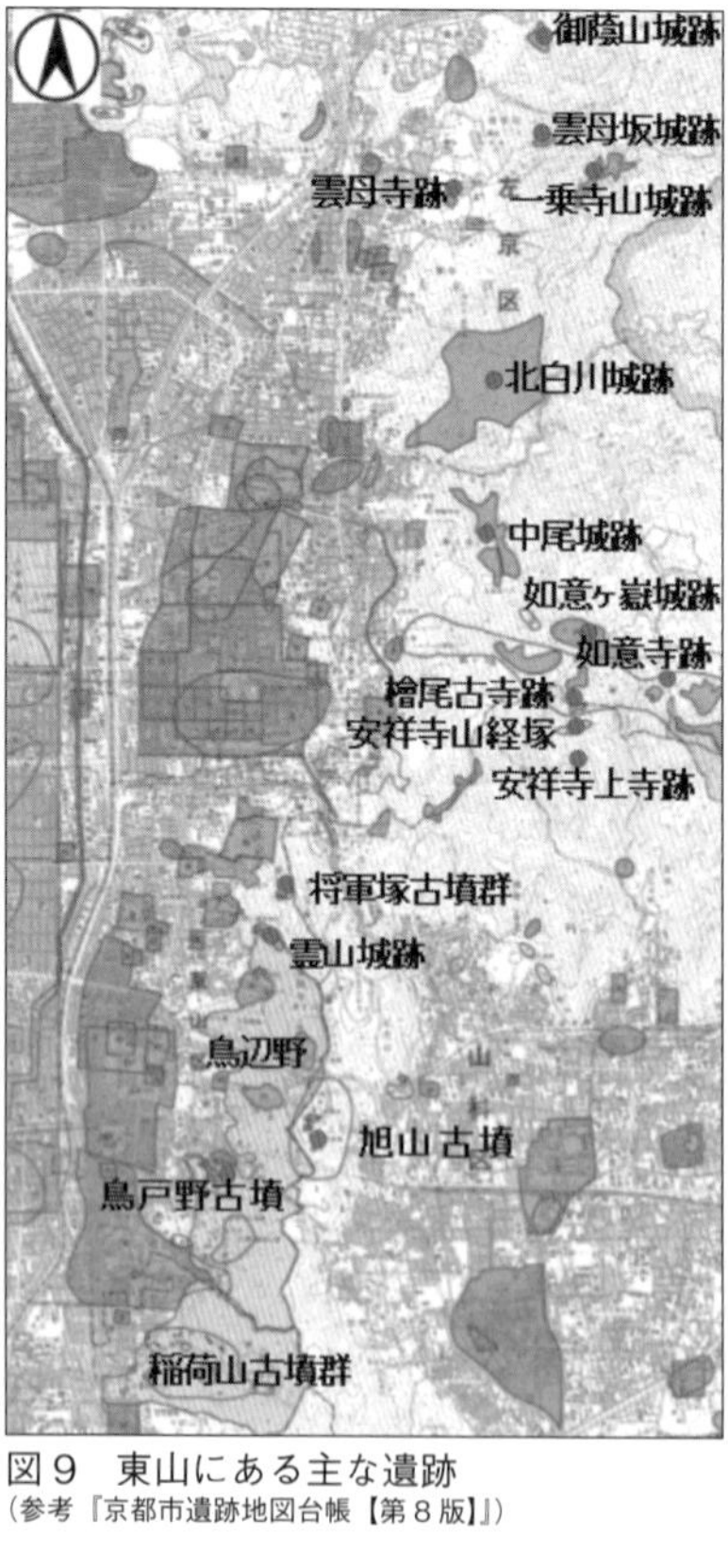

図９　東山にある主な遺跡
（参考『京都市遺跡地図台帳【第８版】』）

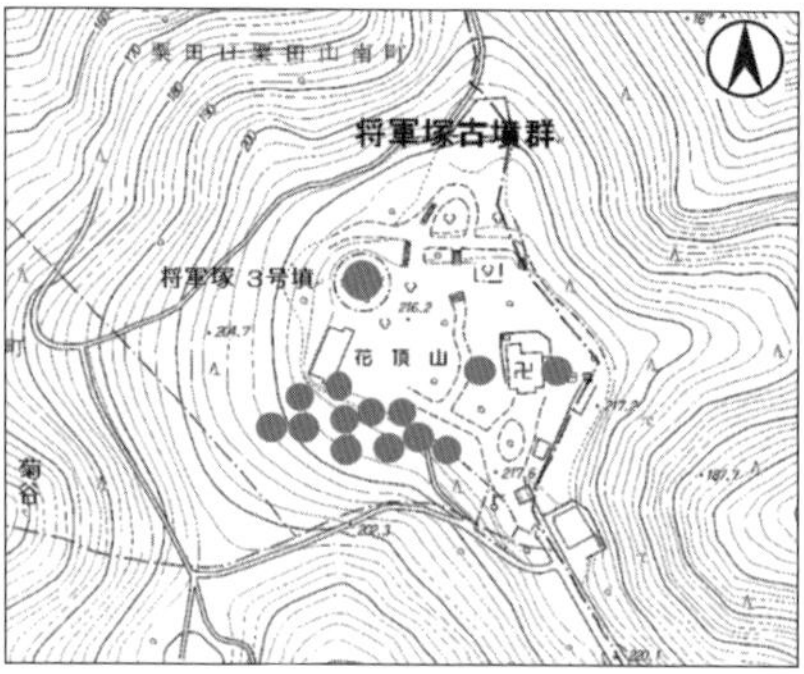

図 10　将軍塚古墳群の古墳分布図
（参考『京都市遺跡地図台帳【第８版】』）

図 11　将軍塚３号墳（将軍塚）

学院雲母城跡、一乗寺延暦寺山城、一乗寺山城跡、北白川城（将軍山城）、中尾城跡、如意ヶ嶽城跡、灰山城跡、東岩倉山城跡、さらに粟田口から南方には霊山城跡、阿弥陀峰城跡（豊臣秀吉墓所の南側）などがある。これら山城の多くは、天皇や将軍の居する京の攻略や、近江や比叡山（延暦寺）などを意識して造られた山城が多く、都の東方にある東山山系が如何に戦略的な要所であったかを如実に物語っている。

東山の北方の峰では古墳は見つかっていないが、粟田口を越えた南側、標高二一五メートルの華頂山の頂部には将軍塚古墳群（図10）がある。一〇基以上の小規模な後期古墳（群集墳）で構成され、その中には古い時期の古墳が三基点在し、内一基は将軍塚（三号墳）と呼ばれる直径約四〇メートルの大円墳（図11）で、付近の首長墓に繋がる古墳とみられる。東山をさらに南方へ行くと、旭山古墳群や鳥戸野古墳群、本多山古墳群、稲荷山古墳群など後期の群集墳があり、これらの古墳は、東山から鴨川の間や山科盆地に定住して集落を営んだ人々が築いたものと考えられている。

東山に残る経塚は、北から順に如意ヶ嶽経塚群、安祥寺山経塚群、将軍塚経塚、今熊野亀塚経塚、稲荷山経塚などが知られ、末法思想の蔓延する平安時代中期末から後期にかけて多くが都の東方山中に築かれた。

そのほか、東山の将軍塚から南方の西麓一帯には、平安京に住んだ人々の葬送の地の一つである鳥辺野があり、それを引き継ぐように、現在も東山西麓には、東・西両本願寺の一大墓所が設けられている。

東山如意ヶ嶽山中の遺跡

これまで京都三山に残る遺跡について概略を述べてきたが、次に筆者が長くフィールドで遺跡調査に取り組んできた、東山の如意ヶ嶽を中心としたエリアに集中的に遺存する遺跡群について簡単にご紹介したい。

京都の東山三十六峰の一峰である如意ヶ嶽は、西側山腹に大文字五山送り火の「大」の火床があることで広く知られ、この如意ヶ嶽を中心とする山域には、数多くの遺跡（図12）が点在する。現在のところ山中において知られている遺跡を列挙すると、平安時代の遺跡では、浄土寺（慈照寺）の前身寺院と推定される浄土寺七廻り町遺跡（寺院跡）、平安時代前期の遺物が散布する西方院下方西谷遺跡、平安時代前期の九世紀中頃に仁明天皇女御で文徳天皇生母の藤原順子《のぶこ》が願主、入唐僧恵運《えうん》が開基となって建立された安祥寺上寺跡（図14）のほか、九世紀前半代に遡る檜尾古寺跡があり、さらに、京・近江を最短で結ぶ古道の如意越えに沿って建立された園城寺（三井寺）別院である如意寺（園城寺に如意寺境内を描いた古絵図が伝わる（図15））の本堂跡や寶厳院跡、熊野三所跡、深禅院跡、赤龍社跡（現・雨神社）、正寶院跡、山主社跡が遺跡として良好に残り、そのほか平安時代後期頃の如意ヶ嶽経塚群や安祥寺経塚群などがある。

　また、室町時代（戦国期）では、足利義晴、細川晴元らが天文一八年（一五四九）に築城し、鉄砲防御を備えたわが国最初の山城として知られる中尾城跡や、一五

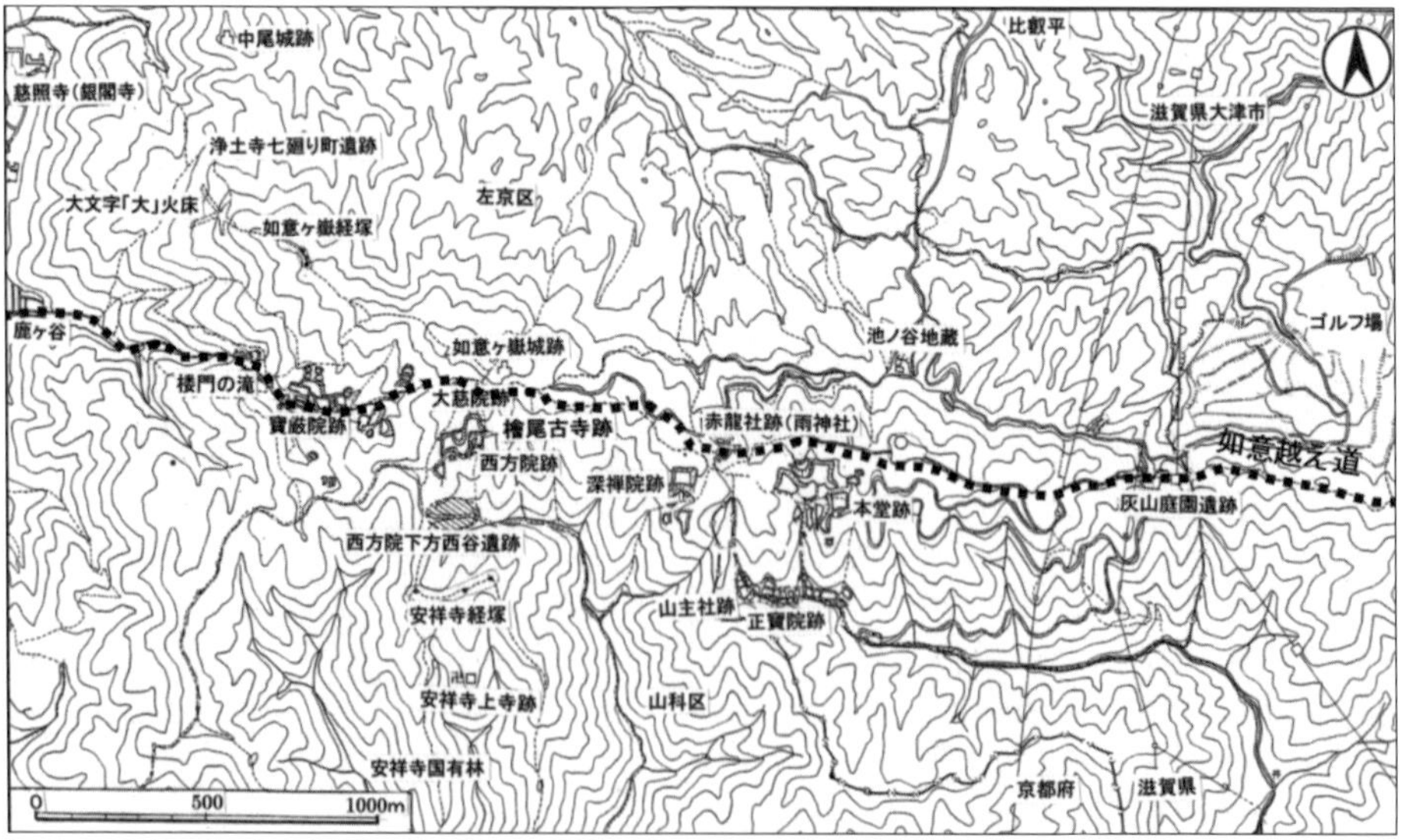

図12　東山の如意ヶ嶽周辺の遺跡と如意越え道（参考『京都市遺跡地図台帳【第８版】』）

世紀末に多賀高忠が如意ヶ嶽に布陣し、さらに、管領細川高国（一四八四－一五三一）や一三代将軍足利義輝（一五三六－一五六五）などよって利用されたとする如意ヶ嶽城跡、また、戦国期の灰山城跡と庭園遺構が良好に残る灰山庭園遺跡などがある。

このように平安京のすぐ東方に位置する如意ヶ嶽は、近江国とも隣接する位置にあり、山中には数多くの残存良好な遺跡が集中的に点在しており、今後も新たな遺跡が発見される可能性を秘めているエリアでもある。

図 13　台風で樹木が根返りして遺跡（檜尾古寺跡）を破壊

図 14　安祥寺上寺復元図（南東から）（筆者作成）

図 15 『園城寺境内古図』「如意寺幅」（重文）加筆図
（園城寺〔三井寺〕所蔵）

京都三山の遺跡の保存と活用

わが国を代表する歴史都市京都が、多くの日本人や外国人が訪れる風光明媚な場所として、これからも生き続けるためには、そこに居住する人々が京都三山を貴重な財産であることを認識し、積極的な環境保全の必要性を理解し、また、協力してもらうことが不可欠である。

観光立国を目指す政府方針のもと、二〇二一年度には文化庁の京都移転が現実のものとなり、これまでの保存を前提にした文化財保護から、文化財を積極的に活かした地域振興を促すため、その権限を地方に委譲する方針も政府内で検討されている。

最近の京都観光は、インバウンドと呼ばれる欧米のほか中国・韓国・台湾などアジア系の観光客も増加し、人気の高い伏見稲荷大社では、朱塗りの鳥居が林立する稲荷山に連日大勢の外国人が訪れ、最近では稲荷山の一之峰（標高二三三メートル）に登る外国人も数多い。また、市内を一望できる大文字山の「大」の火床まで団体で登る外国人も見受けられ、京都周辺の山道を歩くと必ずといっていいほど外国人と出会うようになった。

このような実態から、最近のオーバーツーリズム（観光公害）として問題視される市内の有名観光地へ集中する観光から、ランドスケープ（資源・環境・歴史など）を活かして、山域の自然環境の中に残る遺跡を巡る分散型の観光政策も、今後の検討課題として取り組む必要があるのではないかと思うようになった。

市街地内に残る一般の遺跡は、地上から見える御土居や一部の古墳、整備された寺院跡など極一部に限られるが、これまで述べてきたとおり、京都周辺の山岳域は、古代から京都に住んだ人々と密接に関係し、その痕跡として現在も多くの遺跡が人知れず眠っている。それらは後世の攪乱を免れ、地形が過去の状態のままで残っているものも多く、歴史のありようを、そのまま見ることが可能である。しかし、遺跡の多くが、近年の異常気象による大型台風や集中豪雨などにより、保存に大きな影響が出ているのも事実である。

山中に残る遺跡を歴史教育や観光資源として活用するためには、遺跡の現状調査や保存などの環境整備のほか、アクセスルートの整備も欠かせないが、現実はそのほとんどは手が付けられていないのが実態である。

周囲を緑豊かな山並みに抱かれた京都独特の安らぎある景観は、市民や訪れる観光客にとっても大きな魅力でありまた財産でもある。そのような自然環境の山中にひっそりと残る遺跡は、正しい歴史を知る上で欠かせない重要な文化遺産であり、保存と活用の調和を図りながら将来へ伝え残していくことが大切ではないだろうか。

参考文献

◎『京都市遺跡地図台帳【第8版】』（二〇〇七）京都市文化市民局文化芸術都市推進室文化財保護課

◎梶川敏夫（一九九四）「山岳寺院」『平安京提要』財団法人古代学協会・古代学研究所

◎梶川敏夫（二〇〇七）「平安京周辺の山林寺院と安祥寺」『皇太后の山寺―山科区安祥寺の創建と古代山林寺院―』京都大学大学院文学研究科21世紀ＣＯＥプログラム『グローバル化時代の多元的人文学の拠点形成』事業実施委員会

◎上原真人・梶川敏夫ほか（二〇〇四）『安祥寺の研究Ⅰ―京都市山科区所在の平安時代初期の山林寺院―』京都大学大学院文学研究科21世紀ＣＯＥプログラム『グローバル化時代の多元的人文学の拠点形成』成果報告

第4章◉京都三山の文化的価値

美術と森をめぐって

京都大学こころの未来研究センター　特定教授
吉岡　洋

美術の中の森

美術にとって「森」はどんな意味を持つのだろうか？

森とはまず、美術表現の題材のひとつである。美術が森を真正面から主題とする作例はかならずしも多いとは言えないが、森が場面や背景として重要な意味を持つ場合は少なくない。森は美術において、その美術が属している文化の違いによって様々な意味を担ってきた[1]。

西洋美術は、古典ギリシア・ローマとキリスト教という二つの大きな文化的源泉から成り立っている。まずギリシア神話を主題とする美術や文学においては、森は都市（ポリス）やその中心となる広場（アゴラ）のような、開かれた空間との対立において理解することができるだろう。都市や広場は人間同士の対話や取引の場所であり、合理性がそれを支配している。それに対して森は、情念や狂気の蠢《うごめ》く見通し難い暗闇として想像され、そこでは合理性は崩壊し、人間と自然との境界は曖昧になる。ニーチェの有名な定式化になぞらえて言うなら、「アポロン的」な都市に対して、森は「デュオニソス的」なものを象徴する。

一方キリスト教美術において森とはまず、アダムとイヴが追放以前に暮らしていた「エデンの園」である。「エデンの園」という言葉は庭園を想起させ、日本語の「森」というイメージからは少し異なっているが、キリスト教美術においてエデンの園はしばしば、樹木の生い茂った森として表現されてきた。森は「原罪」以前の人間の住処であり、このイメージは西洋美術において繰り返し現れてくる。

さて近代の西洋絵画、とりわけ一七世紀オランダの風景画において、森は「風景」として再発見される。それ以前も画家は森の風景に関心を持ち、多くはギリシア神話や聖書に基づく物語の背景としてそれを描いてきたが、一七世紀オランダにおいてはじめて森は人物の単なる背景ではなく、それ自体が美術の主題となる「風景画」が誕生する。そこで描かれる森はもはや、人智の及ばない自然力の支配する場所でも、追放以前の楽園でもなく、それを眺める近代的な主体の視線が向かう対象となる。自然観のこうした変化は、言うまでもなく自然科学、資本主義経済、そして市民社会の発達と密接に関係している。

一九世紀末から二〇世紀に入ると、森は再び神秘的なものとして美術の中に現れてくる。そこでは森は外的自然の一部としてではなく、むしろ人間の魂の内奥にある理知を超えた領域を象徴するものとして表現されるのである。象徴主義やラファエル前派、そしてとりわけシュルレアリスムにおいて、森は重要な主題となる。シュルレアリストの美術家たちにとって、森はフロイトの精神分析が探究した「無意識」を可視化する重要なモチーフとなった。

森はまた、従来のアカデミックな美術の枠組に属さない美術活動、素朴美術やアールブリュットにおいても、重要な主題となることが少なくない。素朴美術《ナイーブ・アート》（「素朴派」と訳されてきたが適切な訳とは言えない）というのは、正式の美術教育を受けず美術市場とも関わりを持たずに行われる美術のことである。日本でも人気のあるアンリ・ルソー（Henri J. F. Rousseau, 1844–1910）の作品を思い浮かべてもらえば分かるだろう。

森は狭義の美術を越えた視覚文化においても重要なモチーフとなる場合がある。たとえば『森と芸術』の中で巌谷國士も言及しているフランス映画『シベールの日曜日』[2]を観てみればいい。これはヴェトナム戦争で記憶を失った青年と謎めいた少女との関わりを描いたものだが、舞台はパリ郊外のヴィル＝ダブレーという街の森である。少女は青年をそこに誘うのだが、街の中ではふだん内気な少女が、森に入ると生き生きとする。最後に少女が明かす彼女の名「シベール」は古代神話における豊穣神「キュベレ」のことである。いわばこの映画では、都市化に脅かされる二〇世紀後半のパリ郊外の森が、異教の神々が跋扈する太古の森林と、重ね合わされているのである。

森の中の美術

森はまた、美術表現のモチーフとしてばかりではなく、美術作品が置かれ経験される場所、すなわち美術の環境としても重要である。美術作品が置かれる伝統的な場所として誰もが思い浮かべるのは、美術館のような室内空間であろう。大理石や青銅による彫刻の場合は野外に設置されることもあるが、それでも広場や公共建築物の周囲など、都市空間である場合がほとんどであった。けれどもとりわけ二〇世紀後半以降、美術作品を意図的に野外の、それも都市ではなく自然環境の中に設置することで、自然環境とアートとを同時に経験させるような美術展示の試みが行われてきた。

森林のような自然環境を展示空間として活用する美術施設の代表的なものとしては、日本で最初の野外美術館である「箱根 彫刻の森美術館」（一九六九年開館）や、「札幌 芸術の森野外美術館」（一九八六年開館）、「霧島アートの森」（二〇〇〇年開園）などがあげられる。こうした施設は、室内展示を行う美術館と、その周囲に広がる野外展示エリアによって構成され、カフェやレストラン、子供のための遊戯施設を備えている場合が多い。都市部の美術館とは異なり、訪問者の多くはたんに美術鑑賞のみが目的ではなく、自然体験や観光との組み合わせで訪れるからである。

また、美術館のような恒常的展示施設とは違った展示のあり方として、日本では二〇〇〇年以降急速に増加してきた「〇〇ビエンナーレ」「〇〇トリエンナーレ」と呼ばれるような国際美術展、フェスティバルという形式があるが、その中にもあえて都市ではなく地域を拠点とするものがある。代表的なものにはアートディレクターの北川フラム氏が企画してきた「大地の芸術祭 越後妻有アートトリエンナーレ」（二〇〇〇年開始）や「瀬戸内国際芸術祭」（二〇一〇年開始）がある。これらの試みもまた、抽象的な展示空間で美術作品のみを鑑賞するのではなく、それを地域の自然や文化と共に経験することに重点が置かれている。

野外の自然環境の中に美術作品が設置される場合、そこには大きく分けて二つのやり方がある。ひとつは、本来は美術館の室内や広場など伝統的な展示空間を想定して作られた彫刻作品を、あえて自然環境の中に置いてみることである。それによって作品が別な見え方をするようになり、多くの場合、アートへの親しみが増すという効果がある。美術館の室内では人を戸惑わせるような抽象的形態の現代彫刻であっても、山の自然の中に置かれると、その違和感が軽減される、いわば「かわいく」なる場合が多いのである。

美術がより親しみやすくなるというのは一見歓迎すべきことのようでもあるが、そこには問題点もある。美術作品にはたしかに、人々に安らぎや癒しを与えるという役割もあるが、逆に私たちに問題を突きつけ、普段考えないことを考えさせるという側面も重要だからだ。美術作品からそうした思考を汲み取るためには、その作品の背景となっている歴史的・政治的な文脈を知る必要があるが、自然の中に置かれると、そうした文脈はしばしば希薄になってしまうのである。

野外美術展示のもうひとつのやり方は「サイトスペシフィック」な方法、つまり設置される固有の場所を最初から意識して制作される場合である。これは美術制作の方法として決して特殊なものではなく、むしろ普遍的なやり方だと言える。どこにでも展示可能なものとして作品を制作するという方が、むしろ近代美術特有の考え方であり、伝統的には、壁画や肖像画にしても、キリスト教の祭壇画、仏像などにしても、作品がどこに置かれるかを想定して作られるのが普通である。

森の中を想定して作られた美術作品の一例として、筆者が最近訪れた霧島アートの森におけるアントニー・ゴームリー（Antony Gormley, 1950-）の作品「インサイダー」（一九九九年）（図1）をご紹介しておきたい。[3] ゴームリーはイギリスの彫刻家であり、自分自身の身体の存在をめぐって哲学的な問いかけをしてきた美術作家として知られている。「インサイダー」は、一見プリミティヴな造形表現のようにも見えるが、実は彫刻家自身の身体を型取りし、数学的手法を用いてその体積を三分の一まで減少させた形態なのである。

図1　アントニー・ゴームリー「インサイダー」
（霧島アートの森所蔵）

霧島アートの森では、これが野外展示エリアの最も遠い森の中に設置されている。他の展示作品を結ぶ主要ルートを外れ、一人で行くと少し不安になるような山道をしばらく降りてゆくと、まるでシラキの樹林に隠れるように、いくつかの人物彫刻が佇んでいる。山の先住民たち、あるいは神々との遭遇のような印象もあるが、作家の意図としてはこれは自分自身のイメージなのであり、いわば森の中で自分と、さらに言えば自分の身体の内部にいるもうひとりの自分（インサイダー）と出会う、ということになる。作品の哲学的なコンセプトと森の中という設置場所とが、きわめて有効に相互作用している成功例と言っていいと思う。

美術と京都の森（杜）

最後に、作品のモチーフや鑑賞の環境としてではなく、美術それ自体にとって「森」とはそもそも何であるのかを考えてみたい。それは同時に「森」と対立する「都市」とは美術にとって何かという問題でもある。

一見当たり前の存在のようにみえる「美術館」は、もちろん美術とともに最初から存在していたものではなく、ある歴史的条件の下で作り出された制度にほかならない。かつては教会や王侯貴族の邸宅に収集された私的なコレクションが、一八世紀以降のヨーロッパにおいて、しだいに公的な文化資源として集められるようになった。それを収容する施設が美術館であり、美術館の拡大は啓蒙主義や科学的世界観、市民社会の発展と不可分である。

だが美術館の定着に伴って、美術が美術館に展示されるのではなく、美術館で展示されるものが美術である、という転倒した理解が生まれてくる。また、美術も「対象」として科学的に研究可能であり、多様な作品群を比較検討することでその発展が因果的・合理的に記述できるという考え方も生じてくる。

こうした美術館や美術研究・美術史の制度化は、いわば美術における「都市化」として理解することができるだろう。また美術制作それ自体も自然科学の強い影響を受け、「実験」や「発明」といった科学的用語によって語られるようになる。モダニズム以降、ギャラリーの空間は余計な歴史的・装飾的ノイズの入らない「ホワイトキューブ」が標準となってきたが、これは科学的な「実験室」の美術版として理解できる。

だとすればポストモダン以降、美術の世界に生じているのは、こうした「都市化」への反省であり、言い換えれば美術における「森」の重要性の再認識であると言える。かつてハイ・カルチャーとしての美術から排除されてきたポピュラー・カルチャーや、アール・ブリュットなどとの境界がしだいに曖昧になりつつあることは、美術において「都市」と「森」とが融合してゆく徴候として理解することができるだろう。

こうした観点から考えてみるなら、京都は「都市」でありながらいわばその内部に「森」を抱え込みつつ発展してきた場所であると言える。「杜」という字が「もり」でありかつ「やしろ」であるということは象徴的である。そこでは自然と文明とは必ずしも対立せず、互いにすぐ近くで共存している。おびただしい「社」を抱く京都という都市のあり方は、いまだに西洋近代的な規範の強い美術にとっても、新たな可能性を示唆しているように思われる。

本協議会が関わった京都における美術展示の例を紹介して本論を結ぶとすれば、二〇一五年の「PARASOPHIA京都国際現代芸術祭」との協力のもとに開催された展覧会[4]があげられるだろう。鎌田東二の監修のもとに秋丸知貴が企画し、北野天満宮の建物内における美術展示とともに、現代美術家やなぎみわの移動舞台車の上で様々なイベントが行われた。「社」という空間を、アート展示やイベントの場所としてたんに「利用する」のではなく、むしろアートを「杜」に預けることで、アートの中からより深い思考を引き出そうとするものだと感じられた。こうした試みはこれからの美術展示にとって、京都という場所の持つ可能性を強く感じさせるものであった。

注

（1）二〇一一年、巖谷國士の監修による展覧会『森と芸術』が、東京、福井、札幌において開催され、同名の著作が出版された。この本には、美術にとって森が持ってきた様々な意味が、作品とともに紹介されており、本論においても参照した。巖谷國士監修・著『森と芸術』（平凡社、二〇一一年）

（2）「シベールの日曜日」（Cybèle ou les Dimanches de Ville d'Avray）セルジュ・ブールギニョン監督による一九六二年のフランス映画。前掲書、一五頁。

（3）ゴームリーのホームページ（英語）では、彼のほぼすべての作品のイメージや解説を読むことができる。http://www.antonygormley.com

（4）「悲とアニマ　モノ学・感覚価値研究会」展（二〇一五年三月七－一四日、北野天満宮）

あれは誰の山だ

祇園商店街振興組合 理事長
いづ重 主人 北村典生

四条通りのドン突き、東山を背に祇園さん（八坂神社）。西の楼門を入ってすぐのお社が蘇《そ》民《みん》将来《しょうらい》社《しゃ》。スサノオノミコトを粟の飯でもてなしたと伝わります。上空から見ると、東山の緑が京都市内に一番突き出したところがこのお社です。

昨年その社殿の修復計画が決まり、周囲の鎮守の森の整備もあわせて進めたいとの宮司さんのお話を聞き、ではどのような森づくりを進めるかを高田研一先生と共に宮司さんとお話をしました。あの台風の数日前のことです。話はまとまり八坂神社出入りの造園屋さんと打合せをして、五〇年先には、すばらしい鎮守の森が四條通りからご覧頂けるであろうと思います。（京都伝統文化の森推進協議会とは全く別行動でしたが）これで一安心。けれども、さて、なぜ私がおせっかいを焼いて近くのお宮さん……いや東山の保全をいいだすのか……『キミは組合員の利益優先、販売促進を図ることが努めだ！』。

山みたいなもん、キレイにして何になりますにゃ……との声に私がねばり勝ったのか、はたまた今インバウンド景気でそれどころではなくなったのか、一〇年も経過すると周辺からの攻撃は穏やかなものに変わって参りました。今がチャンスです。「不真面目だ」（人はそう誹《そし》る）・「趣味やろ」そんな組合員の皆様や、地域の方々に、なぜ私が「山と向き合いましょう」と言うのか、その根底にあるのは京都の砂漠化への非常な危機感であります。

生まれ育った祇園がどうもこのごろ情けない。京都といって胸を張れない。昔はもっと気位が高かったように思いますが、気位（品）を保っていた連中はみんな鬼籍にはいったのか、今はそういう人物が少ないんです。その上スマホばかりと向き合って、何を考えているのか、手も足も出んのです。こんなことを私が申し上げて何ですけれども、京都人は一番エライと思っています。偉いでなくてシンドイです。なんせ京都は日本の美意識の長でないとイカンからです。ものすごい責任を負っているわけです京都市民は！　審美眼の高さが民度《みんど》の高さであると思うのです。

一〇年前に京都中の山々が日に日に茶色に変わってゆくのに見向きもせんような京都人に、京都を背負えるわけがないんです。そんな御方がこぞって観光客向けに風情や情緒を販売促進するから、京都の徳が堕ちるんです。（スミマセン。どの口が言っているのでしょうか？　我と我身を省みて呆然と致しております。が、今、暫く）

そこでナラ枯れの最中に考えたわけです。金を生まない東山に京都人の視線と愛情を集めようと企てました。愛情が湧いたものに向き合う時にそこが居場所になりますでしょうから、手塩にかけて、労力を注いで、そして物語を生みながら我々の生活と山とが身近になっていかんもんかいな。京都復興のために原生林を造るのではなくて、京都の美意識が育てる雄大な庭を皆でつくるのです。東山は天下一の風情でないとダメ！　絵にならにゃアカン！　京都市民は歴史的に培った眼で東山の四季折々を賞玩《しょうがん》できなイカン！　京都を訪れた人を庭に案内せにゃナラン！。小中学生はもっぱら山のそうじ。四季の移ろいは山で知る。五〇年後の子供の常識となるように画策しておかないと、一二〇〇年も美しいものを追い求めた先達に申しわけない。これはいま、京都に居合わせた者の責務で、えらいシンドイめにあわしますけれども、京都のスタッフはそのくらい気張らんと京都人として偉そうに正々堂々とイケズできません。そして、上手に山をキレイにできれば、人心も安らぐかと思います。それは、美しいものを以って人心を統治するという非常に佳い戦略です。

古きを温《たず》ねれば、平安時代のおわりに後白河法皇は、今様を以ってこの国を統治するべく「梁塵秘抄」を編まれたのですよ……と啖呵を切るのですが、「そやけど商売人は百円でも儲けさしてもらわんとねぇ……」敵はその一点張りの一〇年でした。そうこうしてるうちに、ナラ枯れは終息して、椎を伐り、植樹し山の中がスーとしてきました。光が差し込み、小鳥が鳴いております。山は少し変わりました。……という処へこの前の台風。これはキツかった。

二日後に山へ入りましたが、笑っておられぬ惨状です。どこをどう片付けるのかゾッと致します。

コチョコチョ皆でやった一〇年をたったひと舐《な》めでひっくり返してゆきました。私は、台風が来る数日前に、八坂神社蘇民将来社の鎮守の森の五〇年後の姿についてお話が出来たこと、来し方を思い一〇年やって来たカイがあった、氏子の一人として光栄。感謝。などと思ったトタン、何のことはない山はズタズタ、これから先が正念場のようであります。スサノオノミコトの御神威の発揚をつぶさに観て、おののいておる次第であります。二〇一八年の東山台風被害は現に甚大ではありますが、シラける一方のこの時代に於いて、多くの人手と大きな知恵が必要な事件が起きましたけれども、京都の将来のために起こった吉事と思えてなりません。

第5章 京都の町と山

第5章◉京都の町と山

京都三山とまちづくり
—東京はいかに京都を真似たか—

京都大学名誉教授
平安女学院大学特任教授
高橋　義人

一

先日、嵯峨野にある知人の家を訪ねた。二条駅からJR嵯峨野線で嵯峨嵐山駅に向うと、次第に車窓の景色が緑豊かになり、嵐山が近づいてきた。嵐山に心がすっぽりと包まれるような心持がした。京都の人たちはこういうところに住んでいるのか、山を見ているだけで日々に心の安らぎが得られていいだろうな、と羨ましく感じた。と同時に、東京や大阪のような山のない町で暮らしている人たちはどうやって心の安寧を得ているのだろうか、と改めて思った。

町をつくるとき、山が大きな役割を果たすことは多い。山は敵の侵入を防ぐ天然の城壁になる。そればかりではない。山はそこに住む人々の心の支えになる。京都の人々は京都三山、特に比叡山が見えてくると、なぜかほっと安堵するのを覚える。京都市民の心的生活にとって京都三山は不可欠な存在である。

　山に囲まれているがゆえに「美しい」と評される町は多い。ハイデルベルク、ザルツブルク、フィレンツェなどはそうした町だ。かつてハイデルベルクにしばらく滞在していた頃には、ネッカー川にかかるカール・テオドール橋の上にたたずみ、ネッカー川やハイデルベルク城のあるケーニヒシュトゥール山の優美な山姿をうっとりとして眺めつづけたものだった。京都でも、同志社大学方面から京都大学方面に向うときには、加茂大橋の上にしばし佇み、鴨川の清き流れと、正面に見える大文字山の威容を眺める。大文字山のよく見えるところを長年の職場にしてきた筆者にとって、大文字山はつねに自分をやさしく見守ってくれる祖父か祖母のような存在だった。だから、大文字山を見ると、つい「いつもありがとう」と心のなかで呟いてしまう。筆者と同じように、京都市民の多くは京都の山々を心の伴侶にしている。

　日本は山国なので、日本の多くの町は山に囲まれている。むろん山に囲まれていない町もある。東京や大阪はその代表例である。だが、欧米に行くと、山のない町のほうがはるかに多い。パリ、ロンドン、ベルリン、ローマ、ニューヨークからは山が見えない。いずれも大都会である。他方、先に名前を挙げたハイデルベルクなどの小都市では山の眺めが美しい。当然、山の眺めの有無は、その町の住民のメンタリティに大きな影響を与える。

　人は誰でも心の伴侶を求める。そして山は家族や友人と同じように人を支え慰め、心の伴侶となる。では、山のない町、たとえば東京はどうやってまちづくりをしているのだろうか。本稿では比較都市論の見地から、京都と東京のまちづくりを検討することにしよう。

　東京は京都としばしば比較して語られる。好対照をなしているからだ。ドイツでベルリンとハイデルベルクが好対照をなしているのと同様である。今からもう三五年ほど前のことになるが、京都大学の同僚のＡさんと一緒にドイツに出張することがあった。研究会があったのは、主にベルリンとハイデルベルクにおいてだった。ハイデルベルクでの研究会の後、Ａさんとともに私はネッカー川にかかる橋の上にたたずみ、夜のハイデルベルクの町を眺めていた。そのときAさんは私にこう問いかけた。「君はドイツで京都に似ているのはどの町だと思うかい」と。私がケルンの名前を挙げると、彼は首を振り、「自分はハイデルベルクだと思う」と語った。彼によれば、東京はベルリンであり、京都はハイデルベルクだった。ベルリンの空気が東京の空気に似た匂いがするのに対し、ここハイデルベルクの空気の匂いは京都の空気を感じさせるというのだ。

京都の空気とハイデルベルクの空気が似ているのは、両者がともに山に囲まれ、町の中心を大きな川が流れているからであろう。そのため町にはしっとりとした味わいがある。それに対して東京とベルリンには山がなく、さえぎるもののないコンクリートの大地を風が吹き抜ける。その風は、爽やかなときもあれば、寒々と感じられることもある。

家康が駿府から江戸に居を移したとき、江戸はほとんど何もないところ、見渡すかぎりの荒れ地だった。その荒れ地で一六世紀末に家康は江戸のまちづくりを始めた。丘陵地を削り、その土で海を埋めて町を広げた。そのとき、まちづくりの手本になったのは京都だった。京都には御所がある。ならば江戸にも御所に相当するものをつくろう。こうして江戸の町の中心に築かれたのが江戸城、今の皇居だった。江戸が明治維新以降に東京となってからは、皇居が東京の町の中心となった。天皇制に反対する人たちは、皇居がなければより多くの人たちの住宅が確保できるというが、しかしそうなったら東京には中心がなくなってしまうだろう。

京都で一番重要な寺院は清水寺である。清水寺に相当するものとして江戸につくられたのが上野の寛永寺だった。かつて私は東京に住んでおり、ある日、上野公園内を歩いていたとき、清水観音堂というものがあるのに気づいた。まるで清水寺の名前を盗用したかのようだと疑いながらも、まさかそんなことはあるまい、と思いつつ境内に足を踏み入れた。すると中には小さいながらも清水寺の舞台らしきものまであり、これが完全に京都の清水寺を模したものであると知った。

そう気づいてから、他にも東京の町で京都にあるものを模したものがないかと探しはじめた。すると、次から次に出てきた。清水観音堂は上野の寛永寺境内にあり、その正式名称は東叡山寛永寺という。東叡山とはむろん「東の比叡山」という意味で、延暦寺が京都御所の鬼門に位置しているように、寛永寺は江戸城の鬼門の位置に据えられた。

今日、日本放送協会（ＮＨＫ）は渋谷にあるが、渋谷に移転したのは一九七三年のことで、その前は内幸町に、内幸町の前は愛宕山にあった。愛宕山というのは京都の愛宕山と同じ名前で、高校時代の私は、これは偶然の一致だとばかり思っていた。ところがその後、東京の愛宕山の上にある愛宕神社は、徳川家康が京都の愛宕山にある白雲寺の勝軍地蔵を分霊して建てられたものだと知った。

上野の不忍池も、じつは京都と密接な関係がある。一六二五年、上野に京都の比叡山延暦寺を真似て東叡山寛永寺が建てられたとき、寛永寺の開祖である天海和尚（天海大僧正、慈源大師天海）は、寛永寺の下にある不忍池を琵琶湖に見立てた。当時、不忍池に島はなかったが、琵琶湖には竹生島があるため、琵琶湖とできるだけ似せるべく、不忍池のなかにも人工の島がつくられた。それが今の弁天島である。

寛永寺は天台宗である。比叡山延暦寺が天台宗であることにもとづいている。

比叡山延暦寺が「延暦寺」と名づけられているのは、それが延暦年間に建立されたためである。それに倣い、寛永年間に建てられた上野の寺は寛永寺という名前になった。

京都の清水寺は単なる宗教的な聖域ではない。清水寺にいたる参詣道は一種のショッピングストリートであり、清水寺境内にある地主神社は縁結びの神社で、人々はここで恋占いをして遊ぶことができた。さらに清水寺を下ったところには祇園という大きな歓楽街があった。今でも清水寺から祇園にいたる界隈には聖俗を併せ持った特殊な雰囲気がある。清水寺に人気のある所以である。

それを真似て徳川幕府は、江戸にも聖俗両面を兼ね備えた特殊空間をつくった。浅草である。清水寺に当たるのが浅草寺であり、祇園に当たるのが吉原だった。

たしかに京都には御所もあれば、清水寺も祇園もある。だが京都で最も重要なのは、誰が見ても京都三山（東山、北山、西山）と鴨川である。その鴨川に当たるものとして徳川幕府が位置づけたのは隅田川だった。コンクリートによる護岸化が進み、今では隅田川の趣は鴨川のそれにはるかに及ばないが、歌川広重の浮世絵に描かれた隅田川を見ると、かつてはなかなか風情のあるところだったことが分かる。

永井荷風の小説『すみだ川』には、今まさに失われつつある隅田川の風情に対するかぎりない愛惜の念が綴られている。

江戸のまちづくりに当たって一番困ったのは、京都三山に当たるものがないことだった。前述したように、東京は京都のような山を欠いている町、からっ風の強い町である。東京には上野の山や愛宕山のように、「山」と呼ばれる地名があるにはあるが、いずれも「山」とは名ばかりで、実際はただの丘陵にすぎない。だが、東京にまったく山がないわけではない。やや遠いが、東京からは富士山がよく見えた。そこで富士山が比叡山に見立てられた。東京二三区内にはいまだに「富士見坂」という名前の地名がいくつも残っている。これらは富士山を遠望できる江戸の観光名所だった。そして江戸の人々は、京都に比叡山があるように、江戸に富士山があることを誇りに思った。

葛飾北斎の「富嶽三十六景」には、江戸の人々の富士山への畏敬と敬愛の念が見事に結晶している。

二

京都には、徳川幕府や江戸の人々がいくら真似したくても真似できないものがあった。霊気（オーラ）である。オーラがなければ住民はその町に愛着を持ちえず、観光客を惹きつけることもできない。京、大阪、江戸の三都比べにおいても、江戸は宗教的に軽薄だとたびたび指摘されてきた。(1) オーラを欠いているためである。オーラは歌枕にも表れている。歌枕とは、和歌の題材になる名所旧跡のことで、京都には、宇治、宇治川、大堰川、音羽山、桂川、鴨川、木津川、鞍馬山、淀、淀川など歌枕に登場する地名が多いが、それに対して東京では隅田川、武蔵野くらいしか歌枕になっていない。しかもその武蔵野ももともとは「荒野」を示す語だった。

だが、幸いなことに、江戸にも文句のつけようのないオーラがあった。富士山である。かつて東京には神田小川町の富士見坂、目黒の権之助坂のような富士見の場所が多く、そこからは不二の山、不死の山である富士山が遠望できた。そこでこのオーラに満ちた山が京都三山に見立てられた。霊峰富士は山梨県、静岡県の山で、東京の山ではないという人もいるが、江戸や東京の人々にとってこの霊峰は本当に自分たちの山、誇りをなす山だった。

オーラに満ちた京都は、日本の町のなかでも特にパワースポットの多い町である。京都のパワースポットとして挙げられるもののうち、貴船神社、神泉苑、松尾大社には水の神が祀られている。愛宕山、比叡山、鞍馬山は天狗の出てくる山である。その他、上賀茂神社のご神体は公式には賀茂《かも》別雷大神《わけいかづちのおおかみ》、下鴨神社のご神体は玉依《たまより》姫命《ひめのみこと》と賀茂《かも》建角身命《たけつぬみのみこと》であるが、これらの祭神はふだん神山《こうやま》と御蔭山という裏山に住んでいる。(2) つまり山がご神体なのである。これらの山々にかぎらない。神々しいほどの霊気が京都三山を包んでいる。

ところが東京にそうした霊気はない。霊気がないということがどれほど耐えがたいか、今の私のようにニュータウンに住んでいる者には痛いほどよく分かる。

聖なる山のない都会はどうにかしてその穴を埋めなければならない。山のないヨーロッパの諸都市がそこでつくったのが、大聖堂と人工の森だった。

ロンドンにはウェストミンスター大聖堂と聖ポール大聖堂という二つの大聖堂がある。ふつう大都市に大聖堂はひとつしかないが、ロンドンはウェストミンスターとシティという町が合併してできたため、例外的に二つの大聖堂を有している。ロンドンにはこの他、ウェストミンスター議事堂、エリザベス・タワー（ビッグ・ベン）、タワーブリッジ、大英博物館といった大きな歴史的建造物がある。これらの巨大建造物は、ロンドンの町に威厳と品位を与えている。さらにロンドンには、ハイドパーク、セント・ジェームズ・パーク、リージェンツ・パークといった緑豊かな公園がいくつもあり、そこで散策し栗鼠《りす》と戯れていると、いつしか大都会の喧騒を忘れてしまう。

　パリの中心に立つのはノートルダム大聖堂である。パリにはその他、エッフェル塔、凱旋門、オペラ座、ルーブル博物館など、記念碑的な建物が多い。さらにパリには、チュイルリー公園、リュクサンブール公園、ブーローニュの森、ヴァンセンヌの森といった公園があり、市民の憩いの場となっている。ちなみに都市には大きな公園、豊かな森がなければならないというのは、ヨーロッパのまちづくりの原則である。

　大聖堂をはじめとする巨大な建造物と人工の公園・森は、山の代替物として機能している。京都の人々にとって比叡山をはじめとする京都三山は、見上げる存在であると同時に、信仰の対象である。それと同じようにヨーロッパの大聖堂は、仰ぎ見られる神的な存在として聳えている。だが、そこには緑が欠けている。そこでヨーロッパの大都市では、大聖堂の他に緑豊かな公園をつくる必要があった。ちなみにザルツブルクやハイデルベルクのようにすでに山のある町には、大聖堂や教会はあっても、ハイドパークやブーローニュの森のような緑豊かな公園は必要ない。

　京都の人々が一番見上げることが多いのが比叡山だとすれば、パリの人々が最も親しみをこめて見やるのはエッフェル塔であろう。山のないパリで

図１　北斎「赤富士」

エッフェル塔は、京都にとっての比叡山のような役割を演じている。

同じことが東京にも当てはまる。東京に東京タワーやスカイツリーを立てなければならなかったのは、電波塔が必要だったからばかりではなく、山のない町に、山に代わってくれるものがなければならなかったからだ。

かつてヨーロッパには、五月祭（五月一日）に町の中心にメイポールを立てる風習があった。メイポールは世界樹として町を支え、天と地をつないでくれるものだった。一般に、町には世界樹ではなくとも、それに代わるものが何か必要である。山がたとえばそれで、事実、京都では比叡山や京都三山がその役目を担っている。では、東京ではどうだろうか。たしかに富士の眺めは東京の人々にとって重要である。だが、富士は東京の町中にはない。それは東京の世界樹とはなりえない。では、東京の世界樹ははたして何なのか。それはじつは東京タワーやスカイツリーなのではなかろうか。そして同じように、山のないパリにはエッフェル塔が必要だったのではなかろうか。

これにはおそらく絵画における画面構成の問題が絡んでいる。絵画には水平軸と垂直軸の両方が必要で、両方がないと、どうしても画面としての安定に欠ける。葛飾北斎が富士を好んで描いたのは、富士山を対象にすると、水平軸と垂直軸を中心にした画面構成がしやすいからだ（図１）。北斎はこの手法を、海のような水平軸が基調となる題材にも適用した。海はふつう水平だが、大波を立てることによって垂直軸を導入した（図２）。

パリにエッフェル塔が建てられたのは一八八九年のパリ万博の際で、建造前にはこれに反対する人が多かった。しかしいざ建てられてみると、山がなく、高い建物といってもノートルダム寺院くらいしかなかったパリの町に、エッフェル塔が垂直軸を提供してくれていることが分かり、万博終了後にはこれを

図２　北斎「神奈川沖浪裏」

取り壊すべきだという声は次第に消えていった。

同じことは東京タワーについても言える。筆者はもともと東京の出身で、筆者のいた子供部屋からは真正面に東京タワーが眺められた。建造中の東京タワーはいたって醜かった。ところが、いざ完成してみると、タワーの威容はすばらしく、以後、部屋から東京タワーを眺めるのが楽しみになった（図３）。

図３　東京の垂直軸をなす東京タワー
Photographer:Ilya Grigorik;Title:Good Morning Tokyo; URL: https://commons.wikimedia.org/wiki/File:Good_Morning_Tokyo_(129117105).jpeg (CC BY 3.0)

三

京都三山を愛する人は、鴨川にかかる橋の上から京都三山を眺めることが多い。事実、山と川はしばしばセットをなしている。比叡山にとって鴨川は欠くことができず、エッフェル塔はセーヌ川と対をなしている（図４）。では東京タワーは隅田川と対になっているだろうか。否である。スカイツリーならともかく、東京タワーは隅田川から離れすぎている。

永井荷風は隅田川をパリのセーヌ川に匹敵するところとして描いた。しかし今日、隅田川はもはやそのような聖なる川ではない。今の隅田川は東京の中心にない。しかも緑がないため、せっかくの桜も美しく見えない。東京の桜は桜ではない。

京都三山に対応する山や鴨川に匹敵する川がなく、桜が美しくない。以前はこれが東京人の大きなコンプレックスだった。パリはセーヌ川がなければパリではない。ケルンはライン川がなければケルンではない。同じく、京都は鴨川がなければ京都ではない。

しかも京都は、京都三山や鴨川をもとに、京都独自の「水と緑の文化」を発展させてきた。京都に水は、鴨川、桂川、堀川、西堀川、神泉苑、巨椋池など色々ある。だが、東京ではそれは真似したくても真似しようがない。だからこそ東京人は、自分たちにないものを求めて京都に憧れる。

だが、山のないパリ、山と川のない東京は、京都にはない別のオーラをつくり出した。それはシャンゼリゼ通りと銀座通りである。川に霊気があるのは、そこが流れているからだ。そして銀座通りには人の流れという流れがある。銀座通りは隅田川に代わる東京の新しい川、いわば水のない銀座川なのである。

図４　エッフェル塔とセーヌ川
https://upload.wikimedia.org/wikipedia/commons/thumb/0/00/The_Eiffel_Tower_from_the_River_Seine.jpg/1280px-The_Eiffel_Tower_from_the_River_Seine.jpg

渋谷は私が京都に移った後、ずいぶん大きな繁華街になったが、ここが銀座に太刀打ちできないのは、渋谷は文字通りの谷で、「流れ」が停滞してしまうからである。目下、渋谷大改造がなされているが、これは谷に下りずに平坦に移動できるようにするため、「流れ」をつくるためであろう。他方、改造しなくても、銀座通りは流れが滞ることのない平坦な長い土地になっている。

かつては東京の銀座通りを歩くことを「銀ブラ」、大阪の心斎橋筋を歩くことを「心ブラ」といった。後者の語があまり使われなくなってしまったのは、心斎橋筋が狭すぎるためだろう。通りが川の代用品となるには一定の幅が必要である。さらに、鴨川を桜の花や紅葉が彩るように、繁華街にもビルやショーウィンドーの美しい眺めがなければならない。銀座通りのショーウィンドーは、じつは鴨川の桜や紅葉に当たるものである。

鴨川河畔は京都市民の集いの場になっている。同じように、川の代用品となる通りにも多すぎず少なすぎない人々のいることが必要である。シャッター通りとなった通りは、川に代わることはできない。他方、人が多すぎて、河畔をのんびりと散策するように歩くことのできない通りも、川に代わる憩いを与えることはできない。

今の東京の難点は人が多すぎることにある。渋谷、新宿、池袋、青山通りは人が多すぎて、鴨川の河畔のように散策を楽しむことができない。その点、銀座は、土日の歩行者天国を除けば、人が多すぎることはない。そうしたことも手伝って、銀座通りは戦後の東京の人気の疏水となった。

それでも問題はある。銀座通りは美しいが、季節がない。そこで近年では一一月から一二月まで、クリスマス前のアドヴェントに合わせて通りがライトアップされるようになった。クリスマスのイルミネーションである。京都ではそれはちょうど紅葉狩りの季節に当たる。東京にも紅葉がないわけではないが、京都に比べれば皆無に近いほど貧弱である。そのことをどの程度意識したのかどうか分からないが、東京はイルミネーションによって町を飾るようになった。そんな東京の華やかなイルミネーションは、京都の紅葉狩りの巧みな代用品だとさえ思われる（図5）。

東京の人工の美と京都の自然の美。どちらがいいか、人によっ

図5　東京・表参道のイルミネーション
作者:Rs1421; 解説:表参道のイルミネーション 2010。東京都港区北青山。; URL: https://ja.wikipedia.org/wiki/%E3%83%95%E3%82%A1%E3%82%A4%E3%83%AB:Illumination-in-Omotesando-2010-02.jpg (CC BY-SA 3.0)

て意見はさまざまだろう。だが、人工的な東京タワーや銀座通りやイルミネーションをつくらなくても、京都の自然が人々に日々に喜びと慰めを与えているのは、やはりとてもすばらしいことではないか。そう思われてならないのである。

注

（1）ダイモン・スクリーチ（二〇〇七）『江戸の大普請』森下正昭訳、講談社、一一九頁。

（2）岡田精司（二〇〇〇）『京の社―神と仏の三百年―』塙書房、三四頁。

第5章◉京都の町と山

鎮守の森コミュニティ・プロジェクト

京都大学こころの未来研究センター教授
広井 良典

はじめに ―「鎮守の森」の再発見―

ヨーロッパの国々、たとえばドイツの地方を車や列車で旅すると、小麦畑のあいだに時々あらわれる村の集落の中心に、必ず教会が立っているのが印象に残る。

こうしたことは、あくまでヨーロッパの話で、日本ではまったく文化的背景が違うと以前の私は思っていたが、ある時から決してそうではないと考えるようになった。

最初に知った時に驚いたのだが、全国に存在する神社・お寺の数はそれぞれ約八万一〇〇〇、約八万六〇〇〇にのぼる。中学校の数は全国で約一万、あれほど多いと思われるコンビニの数は六万弱なので、これは大変な数である。

明治の初めには神社の数は二〇万近くに上っており、おそらくこれは当時の〝自然村〟つまり地域コミュニティの数とほぼ対応していたと思われる。そしてこれらの場所は狭い意味での宗教施設ということを超えて、「市」が開かれたり「祭り」が行われたりするなど、ローカルな地域コミュニティの中心としての役割を担っていた。

加えて興味深いのは、日本の神社やお寺と「自然」との結びつきである。考えてみればキリスト教の教会は、その「人為」的な建築に特徴があり、尖塔が天を目指すように立っているなど、自然とのつながりは重要な要素ではない。ところが社寺の場合は、まさに「鎮守の森」という言葉が象徴するように、森や木々などの存在が不可欠なものとなっている。〝八百万の神様〟という言葉に示されるように、自然の中に神々あるいは物質的なものを超えた何かを見出してきた日本人の生命観・宇宙観をよく示している（鎮守の森のもつ意味や現代的価値については上田編（二〇〇四）参照）。

そして京都三山や多くの社寺とともに、京都はそうした「鎮守の森」に象徴される自然信仰や伝統文化の一つの中心的な場所であるだろう。

こうした鎮守の森は、戦後、急速な都市への人口移動と、コミュニティの希薄化そして経済成長へのまい進の中で、人々の意識の中心から一時的にはずれていったが、経済が成熟し、また地域コミュニティのつながりや自然との関わりの重要性が認識されるようになった今、もう一度その価値を再発見する時期になっているのではないか。

以上のような関心を踏まえて、ここでは私がここ数年進めている「鎮守の森コミュニティプロジェクト」を中心に、鎮守の森に象徴される価値や自然観等を現代的な視点から再発見していくことの意義について述べてみたい。

鎮守の森と地域再生

近年、地方創生や地域再生といった話題に関する関心が高まっているが、興味深い事実として、地域の「祭り」が活発な場所においては、若者がその地域にとどまったり、Uターンしたりする割合が大きいという指摘がある。つまり鎮守の森は地域再生や活性化にもきわめて大きな役割を果たすのである。

数年前の例だが、ゼミの学生が一年の予定でスウェーデンに留学したが、自分の育った地元の活性化に貢献したいという思いが高まり、留学期間を半年に短縮して帰国したということがあった。彼女の出身は茨城県の石岡市で、〝関東三大祭り〟の一つとされる「石岡のお祭り」が有名な場所だが、その学生にとってこの祭りの存在が地元への愛着や思いにとって大きかったそうだ。

一方、次のような印象深い事実がある。

日本全体でのエネルギー自給率は四パーセント台に過ぎないが、都道府県別に見ると一〇パーセントを超えているところが二一あり、ベスト5は①大分県（三〇・一パーセント）、②秋田県（二一・八パーセント）、③富山県（一八・八パーセント）、④長野県（一八・二パーセント）、⑤鹿児島県（一七・八パーセント）となっている（二〇一五年）。

これは環境政策が専門の倉阪秀史千葉大学教授が進めている「永続地帯（sustainable zone）」研究の調査結果であり、大分県が群を抜いて高いのは、別府温泉などの存在からわかるように地熱発電が大きいことによる。富山県や長野県などは山がちな風土を背景にして水力発電が大きいことがエネルギー自給率の高い要因である。

もっぱら〝自然資源に乏しい〟と言われてきた日本だが、意外にもこうした自然エネルギーに関しては相当のポテンシャルを持っているのだ。

ところで自然エネルギー拠点の整備というテーマは、狭い意味でのエネルギー政策という枠を超えて、ローカルな地域コミュニティの再生という視点が不可欠だろう。つまり自然エネルギーを軸に、ヒト・モノ・カネが地域内で循環し、そこに雇用やコミュニティ的なつながりが生まれるような仕組みづくりが課題となる。

鎮守の森と自然エネルギーをつなぐ

このような視点と、冒頭に述べた地域コミュニティの中心としての神社やお寺の意義ということを踏まえて、私が考えるようになったのが「鎮守の森・自然エネルギーコミュニティ構想」だ。

すなわち、「三・一一」以降の基本的な課題である自然エネルギー拠点の自律分散的な整備と、元来コミュニティの中心であった鎮守の森を結びつけ、福祉や世代間交流などの視点も総合化しつつ地域コミュニティの活性化や再生を進めていくという構想である。希望をこめて言えば、それは地域におけるエネルギー自治という現代的課題と、自然信仰とコミュニティが一体となった伝統文化を融合させたものとして、日本が世界に対し発信できるビジョンにもなる可能性があると思われる。

以上の話は半ば夢物語のように響くかもしれないが、既に関連の試みは進んでいる。たとえば岐阜県と福井県の県境にある石徹白《いとしろ》地区という場所で、若い世代を中心に地域再生機構というＮＰＯが小水力発電を通じた地域再生事業を進めているが、そこはかつて白山信仰の拠点として栄えた場所でもある（図1、2）。

この事業に関わっている方々に二〇一二年に最初にコンタクトをとらせていただいた時、同機構の副理事長の平野彰秀さん（東京の外資系コンサルティング会社に勤めた後に地元の岐阜にＵターン）からいただいた次のようなメッセージは、私にとって非常に印象深いものだった。

すなわち平野さんは、「石徹白地区は白山信仰の拠点となる集落であり、小水力発電を見に来ていただく方には必ず神社にお参りいただいています」、そして「自然エネルギーは、自然の力をお借りしてエネルギーを作り出すという考え方」であり、「地域で自然エネルギーに取り組むということは、地域の自治やコミュニティの力を取り戻すことであると、私どもは考えております」と述べていたのである。

ある意味で「鎮守の森・自然エネルギーコミュニティ」は、実はすでに日本に存在していた、とも言えるだろう。

ところで、このような鎮守の森と自然エネルギーを結びつけるという構想について、神社の関係者の方々等はどのように考えているだろうか。

こうした点を把握する導入的なステップとして、二〇一三年三月に神社本庁で行われた研修会（各都道府県から中堅の神社の宮司の方々が参加）で、こうした鎮守の森と地域コミュニティに関する話題についてお話をさせていただく機会があった際、簡単なアンケート調査を行った（回答神社数三五（参加神社三七中））。

このうち、「自然エネルギーを貴神社において何らかの形で導入することについて御関心はあるでしょうか」という設問に対しては、「既に一部設置している＝二（全体の五・六パーセント）」、「かなり関心がある＝一七（四七・二パーセント）」、「あまり関心がない＝一二（三三・三パーセント）」、「その他＝五（一三・九パーセント）」

図１　石徹白地区（岐阜県郡上市白鳥町）の遠景

図２　石徹白地区で当初導入された小水力発電の例（上掛け水車型）

となっており（図３）、半数を超える神社が自然エネルギー導入に一定以上の関与ないし積極的な関心を示しており、これは予想したよりも高い割合だった。

さらに自由記述欄では、様々な興味深い意見が示された。たとえば「関心はあるが予算を考えるとできない」「予算、事業そのものに地域の同意を得られるか不安」といった意見があり、また「水力発電に興味が以前からあった。林には水車が昔たくさん動いていた」といったものも見られた。概括的な意見として、「自然エネルギー、鎮守の森の活用については興味をそそられるところがあるので、長期間を掛けてどの様な事が可能か考慮していきたい」というコメントや、「自然エネルギーや森林療法に大変関心がありますが、活かし方がわからない（何から始めればよいかわからない）」という意見が見られた。

限られた範囲のものであるが、こうしたアンケート調査から、自然エネルギー導入に一定の関心をもっている神社は相当数存在することがわかる。また、上記のように関心はあるもののノウハウがわからないという神社も一定数存在しており、様々な関係者（神社関係者や地域住民のほか、自然エネルギー関係者、行政、企業、ＮＰＯなど）をつないでいくネットワークや知見・データベースの集積等が課題となっている。

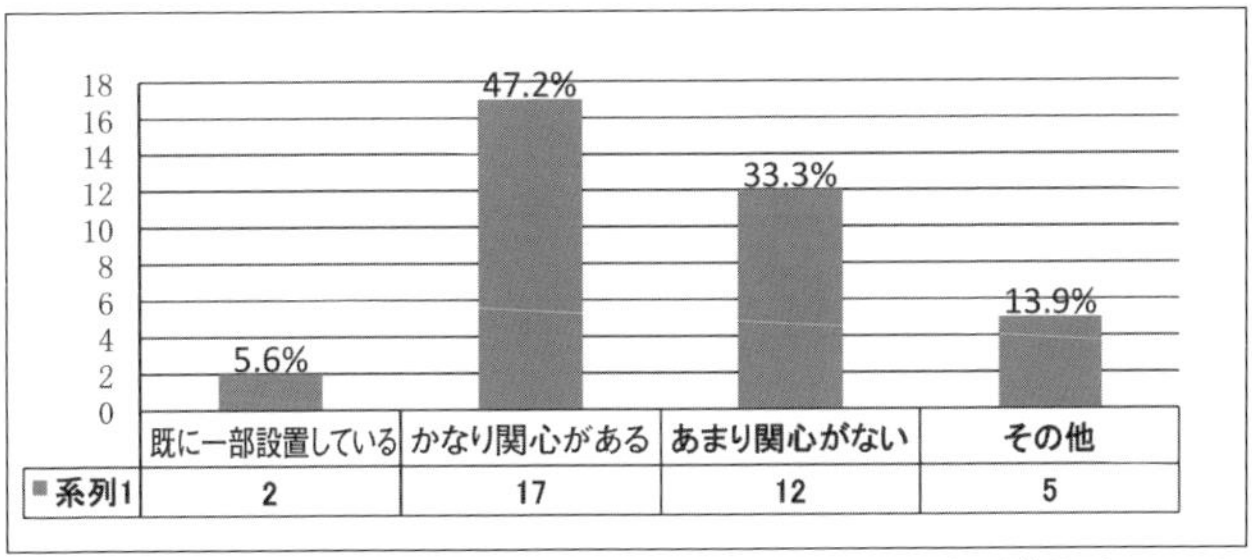

図３　自然エネルギーを貴神社において何らかの形で導入することについて御関心はあるでしょうか（「これからの時代の地域コミュニティにおける神社の役割」に関するアンケート調査（神社振興対策教化研修会〔2013年３月26日〕にて実施）より）

「鎮守の森・自然エネルギーコミュニティ構想」の具体的展開

こうした認識を踏まえて、私自身は二〇一三年に「鎮守の森コミュニティ研究所」という任意団体をつくり、ささやかながら様々な関係者の方々とも連携しながら「鎮守の森・自然エネルギーコミュニティ構想」のプロジェクトを進めている。

比較的スムーズに自然エネルギーの導入に至った例としては、埼玉県越谷市にある久伊豆神社がある。同神社は私たちのグループと連携して太陽光パネルを社務所の屋根に設置したが、導入を考える背景となったのは、東日本大震災の際に周辺地域一帯が停電となった際、神社もまた停電状態となり、避難してきた地域住民の方々に対し十分な支援を行えなかったという反省だったという。つまり自然災害等で大規模な停電になった際に、氏子を中心とした地域住民を対象として、神社の集会室等を避難場所として活用するための非常用の電源を確保するという趣旨であり、本プロジェクトはこうした「防災」拠点づくりという意味ももっていることになる。

こうした例も含めて本構想を進めてきているが、私たちが進めているプロジェクトの中で、現在重要な意味をもっているのが、石清水八幡宮周辺（京都府八幡市）及び宮崎県高原町での展開である。

石清水八幡宮については、同神社が中心にスタートした「石清水なつかしい未来創造事業団」の活動と自然エネルギーを活用した地域再生という方向が合致することや、エジソンの白熱電球において同神社の「八幡の竹」が使用されるなどエネルギーと関連が深いこと等から、同神社の田中朋清権宮司等と連携しつつ周辺地域での自然エネルギー導入の設計を進めている（図4）。

具体的には、京都大学に二〇一六年に設置された日立京大ラボとも協力し、第一歩として太陽光エネルギーによって同八幡宮の本殿釣燈籠のライトアップを行うこととし、二〇一九年三月一四日にその点灯式を行った。この模様は翌日の京都新聞等でも紹介された。また、近隣の地域住民の有志の方々を中心に発足し、周辺の竹林整備や地域の子どもたちを含んだ竹細工づくり等の活動を行っているＮＰＯ法人「八幡たけくらぶ」とも連携して、石清水八幡宮が鎮座する男山の展望台にも太陽光発電による竹燈籠を配置する事業に着手し、同年一一月一四日に点灯式を行ったところである。

宮崎県高原町については、本地域は日本神話における天孫降臨の舞台となった高千穂峰のある場所で、〝神話の里〟と呼びうるエリアだが、Ｉターン組の若者が作った一般社団法人「地球のへそ」や高原町役場等と連携してプロジェクトを進めている。地域住民が豊富な町内水資源の活用を検討していた段階から関与を行っており、小水力発電導入に関する詳細設計を進めているほか、地区内にある狭野《さの》神社の敷地内外の水路での自家電源確保のための水車導入等も検討している。二〇一七年度は日立京大ラボとの分散型システムに関する構想及び社会実装プロジェクトともリンクし、同町におけるエネルギーの地産地消や地域内経済循環を視野に入れた需給調査を進めている。

図４　石清水八幡宮（京都府八幡市）

「鎮守の森セラピー」と「鎮守の森ホスピス」

以上、「鎮守の森・自然エネルギーコミュニティ構想」について述べてきたが、並行して鎮守の森に関するプロジェクトとして進めているのが「鎮守の森セラピー」と「鎮守の森ホスピス」の二者である。

このうち鎮守の森セラピーについては、人間にとって「自然との関わり」が心身の健康や精神的な充足にプラスの影響をもたらすことが様々な研究から明らかにされてきていることを踏まえ（広井 二〇一三参照）、身近な神社の境内等において様々な世代が気功やヨガなどを行い心身の癒しや世代間交流を図り、ひきこもりになりがちな高齢者等にとっての地域での交流の場づくりを進めるのがその基本的な趣旨である（図5は森林インストラクターで鎮守の森コミュニティ研究所副所長の宮下佳廣氏の指導のもとゼミの学生とともに鎮守の森セラピーを行った時の様子で、ROS〔主観的回復感〕指標の様々な改善効果も見られた）。

図5 鎮守の森セラピー（森林療法）の試み
（実施例）最初に気功を行い、続いて樹木に寄り添う、触れる、抱える等により瞑想を行う。

一方、「鎮守の森ホスピス」の趣旨は次のようなものである。背景的な認識として、現在の日本では高齢化の進展の中で年間の死亡者数は顕著な増加を見ており、日本の伝統的な自然観・死生観を踏まえたターミナルケアや看取りのケアのあり方が重要な課題となっている。これまで日本におけるホスピスは、キリスト教ないし仏教を基盤とするものが主だったが、日本人の死生観においては「自然」――単なる物質的な意味にとどまらず、有と無あるいは生を死を超えた何かを含むものとしての自然――が大きな意味をもっており、こうした関心を踏まえ、上記の石清水八幡宮の田中権宮司等と連携しながら日本の伝統に根ざした「鎮守の森ホスピス」の可能性やニーズ把握等、実践に向けた検討を進めている。

以上述べてきたように、伝統文化と現代的な課題を結びつけた構想をささやかながら進めており、「鎮守の森」の意義を新たな視点からとらえなおし、地域再生などの現代的テーマとつなげていくこれらのプロジェクトに御関心をおもちの方は、気軽に声をかけていただければ幸いである（「鎮守の森コミュミティ研究所」ホームページhttp://c-chinju.org/）。

「コミュニティ空間としての都市」とまちづくり

以上、「鎮守の森」というテーマを中心に述べてきたが、最後に話題をもう少し広げて、「コミュニティ空間」としての都市ないしまちづくりに関する今後の課題について考えてみたい。

戦後の日本においては、経済成長あるいは〝生産の効率化〟ということに何よりも大きな価値が置かれ、そうした方向での様々な政策や都市・地域づくりが進められてきた。その結果、皮肉なことに、多くの地方都市では中心市街地の空洞化や「シャッター通り」化が進み、また大都市圏を含めて、道路によって街が分断されるなど、人々がそこでゆったりくつろぐ場所としての都市空間というものが大きく失われている。京都はそれでも日本の都市の中では、相対的に〝歩いて楽しめるコミュニティ空間〟としての都市という性格を一定程度維持しており、それが京都の魅力の一つともなっているわけだが、しかし以下に述べるような、ヨーロッパにおける近年の都市政策やまちづくりの潮流に比べると、なお多くの課題を残すものになっている。

こうした点を、具体的なイメージに即して見てみよう。ヨーロッパの各都市においては一九八〇年代前後から、都市の中心部において大胆に自動車交通を抑制し、歩行者が歩いて楽しめる空間をつくっていくという方向の政策が明確な形でとられるようになり、現在では広く浸透している。そうした展開は、私の印象ではドイツやオランダ、フランス、北欧など中欧ないしそれ以北において特に明瞭で、意識的に政策が進められている帰結と考えられる。

たとえば図6はフランクフルトの中心部の様子だが、かつて自動車道路だったところが完全に歩行者だけの空間となり、ある種のコミュニティ的なつながりやゆとりが感じられる場所となっている。図7は、スイスのチューリッヒの中心部の光景で、「座れる場所」が多くあり、人々がそこでくつろいだり談笑したりしている様子を示したものである。ある意味で単純なことだが、街の中に「座れる場所」が多くあるということは、言い換えれば街が単なる〝通過するだけの空間〟ではなく、そこで何をするともなくゆっくり過ごせるような場所であることを意味している。街あるいは都市が、そうしたいわば「コミュニティ空間」として存在することが大切と思われる。

以前、日本を訪れた外国人に対するアンケート調査で、日本に来ていちばん不便を感じたことは何かという質問に対してもっとも多かった回答が、「街の中に座れる場所が少ないこと」だったという報道に接し、半ば意外に思うとともになるほどと思ったことがある。

図６　中心部からの自動車排除と「歩いて楽しめる街」（フランクフルト）

図７　歩行者空間と「座れる場所」の存在（チューリッヒ）

ここで、以上のようなヨーロッパの事例から示唆される点として、〝「コミュニティ感覚」と空間構造〟という視点の重要性を挙げたい。

ここで「コミュニティ感覚」とは、その都市や地域における、人々の（ゆるやかな）「つながり」の意識をいう。そして、そうした人々の「コミュニティ感覚」（ソフト面）と、都市や地域の空間構造（ハード面）は、相互に深い影響を及ぼし合っているのではないだろうか。単純な例を挙げると、道路で分断され、完全に自動車中心になっているような街では、人々の「つながり」の感覚は大きく阻害されてしまう。

先ほども少し言及したように、戦後の日本の都市・交通政策では、そうした「コミュニティ感覚」といった視点はほとんど考慮されることがなかったのではないか。しかし社会が成熟化し、また高齢化も進んでいくこれからの時代においては、〝コミュニティ醸成型の都市空間づくり〟あるいは「コミュニティ空間としての都市」という、ソフトとハードを融合した視点がまちづくりや都市政策において非常に重要になると思われる。

日本における新たな展望

上述のように、京都は現在の日本の都市の中ではそうした「コミュニティ空間としての都市」という性格を比較的有している街と言える。しかし自動車交通が優先されて昼間はその喧騒の中に街が埋もれ、また自動車、自転車、歩行者それぞれの空間が無秩序に入り乱れ、歩道や細い道を歩く時にも（自転車や自動車の通行に）かなりの注意を要するというのが現実である。四条通りの歩道の拡大は確かに大きな前進であり、関係者の尽力に敬意を表したいが、しかしある意味でかえって中途半端な状態になっているのも否めず、上記のドイツなどの諸都市に見られるような、思い切った自動車の抑制と歩行者空間づくりまでもう一歩である。

〝ヨーロッパの都市と日本の都市はそもそも構造が違うので、同列には論じられない〟という意見がありうるが、しかしヨーロッパの場合も当初から現在のような状態になったわけではない。一九六〇～七〇年代にかけて急速なモータリゼーションの波があり、その弊害や反省を踏まえて上記のように八〇年代前後から新たな政策展開が行われ、その結果として現在の姿があるのであって、重要なのはそうした政策の展開とその土台をなすコンセプトないし理念である。

幸いなことに、希望を込めて記せば、そうした「コミュニティ空間としての都市」づくりに向けた動きが、現在日本の各地において立ち上がりつつある。

たとえば姫路市は近年、駅前の広場から姫路城に向かう道路の途中までを、歩行者と公共交通機関のみの空間――北米で言うところの「トランジットモール」――にするという、画期的な試みを行った。まさにここで述べてきたような〝歩いて楽しめる空間〟づくりであり、個人的には、ついに日本でこうした試みが実現されるようになったかという感慨をもった（これは地元の関係者の先駆的かつ地道な努力によってなされたもので、その経緯等は『建築雑誌』の座談会でも紹介されている。内平他（二〇一七））。

類似するものとして、熊本市では熊本城近くのバス・ターミナルだった空間とその周辺を、〝まちの大広間〟づくりというコンセプトのもと、大幅に歩行者専用の空間を拡充する形で再編しつつあり、これも「コミュニティ空間としての都市」というビジョンに重なるものである。

こうした新たな潮流が日本の都市に起こりつつある中で、ある意味でそうした方向を象徴的に体現してきた場所である京都が、伝統文化の豊かな土台に立脚しつつ、特に「コミュニティ空間」という視点を重視した、成熟時代の新たな都市像を実現していくことが中心的な課題でないか。それは京都そのものにとっても、また日本の他都市への影響という点からも、計り知れない大きな意味をもつと思われる。

おわりに　―鎮守の森・田園都市・まちづくり―

本稿では「鎮守の森」というテーマを導きの糸として議論を行ってきたが、「鎮守の森」が伝統文化や自然そしてコミュニティというものの価値を示唆しているとすれば、それは「コミュニティ空間としての都市」という話題にまでつながる広がりをもつことになる。

いま森や自然ということにふれたが、ここで思い出されるのは、二〇世紀における世界の都市計画に大きな影響を与えた〝田園都市（ガーデン・シティ）〟の考えに関することである。

私は最初に知ったとき大変驚いたのだが、意外なことに、田園都市のビジョンを唱えたイギリスのハワードやレイモンド・アンウィンといった人々は、実は当時（明治初期）の日本の都市・地域のありようを実現すべき理想像のひとつとして思い描いていた。

アンウィンは日本について、「春になると桜の木々の下に人々がくり出して賑やかに過ごす」と記し、それが他ならぬ〝田園都市〟のイメージと重ねられたのである。アンウィンのこの後の文章は「もしも私たちに同様のことができるとするならば……」という趣旨で展開されていく（Unwin 1909）。日本が田園都市のモデルだったのだ。

京都三山や鴨川などを含め、「自然」が都市やまちづくりの中に不可分かつ本質的な要素として存在しているのは、まさに「鎮守の森」と不可分の、日本の都市・地域のありようやその理念の独自の特徴ないし強みであり、それは京都的価値の中核の一つをなすものとして、継承し発展させていくべき財産であるだろう。

京都伝統文化の森という主題は、こうして都市やまちづくりをめぐる現代の課題とつながっていくのであり、新たな発想に基づく実践の展開がいま求められている。

参考文献

◎上田正昭編（二〇〇四）『探究「鎮守の森」―社叢学への招待―』平凡社
◎内平隆之他（二〇一七）「多様な立場を包摂する公共空間」『建築雑誌』Vol.132, No.1699
◎エベネザー・ハワード（二〇一三）『明日の田園都市』山形浩生訳、鹿島出版会
◎広井良典（二〇一三）『人口減少社会という希望―コミュニティ経済の生成と地球倫理―』朝日選書
◎Unwin, Raymond（1909）, *Town Planning in Practice: An Introduction to the Art of Designing Cities and Suburbs.*

第5章◉京都の町と山

二一世紀に相応しい文化的森林景観の創造を目指して

京都先端科学大学
バイオ環境学部学部長
田中　和博

はじめに

「森」に対して抱くイメージは人によって様々である。その人の森との関わり方やそれまでの体験によっても変わってくる。特に、幼少期の体験が重要のように思われる。理想とする森についても、その姿は人によって様々であろう。当然のことながら、京都三山の未来についても、様々な想いや考え方があってよい。

しかし、基本的に重要なこととして、これだけは共通認識として理解していただきたいことが一つだけある。それは、森林は生態系という生命体であり、絶えず変化していくものであるということだ。樹木も物品ではなく、生き物である。成長もすれば、枯れることもある。京都伝統文化の森推進協議会が活動を始めて一〇年余りが経過したが、この間にも、京都三山の森の姿は大きく変化した。この小文では、過去一〇年あまりにわたる私自身の森林保全活動の経験をふまえて、問題点や課題を整理し、京都三山の未来に向けた、持続可能な森づくりについての要点を提示する。そうすることによって、次の一〇年の活動につなげていきたい。

植生遷移

森の中の個々の樹木にはそれぞれ寿命があり、時の経過とともに、森を構成する樹木は置き換わっていくが、森そのもの自体は、大災害や開発などの余程のことがない限り永続していく。そして、森を構成する樹木は、その土地の風土に適したものに徐々に置き換わっていく。このことは植生遷移《せんい》と呼ばれている。

教科書等では、裸地から森林が形成され、やがて極相《きょくそう》林に達する遷移が紹介されている。すなわち、裸地に、まず、コケ植物や地衣類が進入し、やがて、一年生草本、多年生草本へと変わり、その後、陽樹、そして陰樹へと遷移していって、最終的には安定した状態の極相（クライマックス）になって落ち着くという流れである。極相林の姿は、その土地の風土条件によって異なる。温度条件によって大まかな分類をすれば、関西地区では照葉樹林（常緑広葉樹林）になる。

極相林は原生林に近い状態と目されることから、理想状態として受けとめられることも多い。そのため、森林にはいっさい手を加えず、自然のままにしておくのがよいという誤解が生じやすい。ここで、「誤解」という少々過激な表現を用いてしまったが、千年の都「京都」を取り囲む三山の森の姿を考える場合には、極相林を理想の森と捉えるのは間違いであろう。なぜなら、京都三山の森の姿は、千年以上の長きにわたる人との関わりの中で形成されてきた文化的景観を基礎にしているからである。近年は人との関わりが薄れてきているので、古来の文化的景観が崩れ、植生遷移が進行中であるが、京都三山の未来について考える場合には、植生遷移のどの段階に留めるのが良いかという認識が重要になる。

保存と保全

自然を守る方法には、大きく分けると、保存と保全の二種類がある。これらの考え方は一九世紀後半のアメリカで誕生し、一八七一年のイエローストーン国立公園の設置や、一八九〇年のヨセミテ国立公園の設置につながった。

保存（保護、preservation）とは、自然はそれ自体で価値を持つので、自然の推移に任せ、それを邪魔しないように見守る、すなわち、人間の活動を規制し、原生自然を守るという考え方であって、一八九二年に創設されたシエラクラブの初代会長のジョン・ミューア（「自然保護の父」と呼ばれた、ナチュラリストの草分け　一八三八－一九一四）によって提唱された。一方、保全（conservation）とは、適切な管理をしながら賢明に利用するというものであって、よりよい状態になるように、必要に応じて人が積極的に関与するという考え方であって、人間による将来の利用や消費のために、天然資源を守るという側面がある。合衆国農務省・国有林管理部門初代長官のギフォード・ピンショー（一八六五－一九四六）によって提唱され、最大多数の最長期間の最大幸福を目指すものである。二〇世紀初頭には、サンフランシスコ市へ水や電気を供給するためにヘッチヘッチー渓谷にダムを建設する案が浮上し、その建設を巡ってミューアとピンショーの間で大論争が展開された。

このような歴史的な経緯を紹介すると、現代社会では環境保全のためにダムを撤去する動きもあるので、保存（保護）に賛同する人が多いものと思われる。それはそれでもっともなことであると私も考えるが、保存の考え方をそのまま京都三山に適用することに対しては違和感がある。ミューアが唱える保存の考え方は、一九世紀後半のアメリカを舞台にしたものである。いわゆる新大陸においてフロンティア精神に基づく開拓が進んで行く中で、イエローストーンやヨセミテなどの原生的な自然を保存していこうという思想であった。しかし、京都三山の森の場合は、原生的な自然ではない。千年の都「京都」において、人との関わりの中で形成されてきた歴史的、文化的な森であり景観である。そこのところの違いを認識した上で、京都三山の森の取扱いについて考えていく必要がある。

　もう一つ、保全に対する誤解を解いておく必要がある。それは、これらの説が唱えられた時代の背景を考えて、保全の考え方を理解する必要があるということだ。保全派が唱える「賢明に利用する」とか「人間による将来の利用や消費のために」という表現に引っかかりを覚える人も少なからずいると思われるが、一九世紀や二〇世紀前半の人々の暮らしを考えてから、保全派の考え方を理解していただきたいと思う。

　森林資源を木質資源として利用する場合に、大きく二分すれば、燃材としての利用と、用材としての利用がある。燃材とは、薪や炭にしてエネルギーとして利用するものであり、用材は柱や板にしてマテリアルとして利用するものである。そして、日本の場合であれば、一九六〇年代頃までは、まだ、燃材としての利用が多くあった。しかし、プロパンガスが普及したことによって、いわゆる家庭における燃料革命が生じたことにより、薪炭が急速に使われなくなり、それに合わせて、薪炭生産にあてられていた森林が放置されたままになったり、スギ・ヒノキの人工林に転換されたりした。京都市近郊の森林も、同様の経過を辿った。したがって、ピンショーらの保全派が主張していた「賢明に利用する」という考え方も、当時の時代背景のもとに理解する必要がある。現代社会は、石油をはじめとする化石燃料や原子力エネルギーに多くを依存しているので、木質資源を賢明に利用する切実な要求に迫られていないだけのことである。

　ミューアらの保存派が唱える自然保護運動についても、「人間の活動を規制する」ことに対して、その前提条件に慎重に配慮する必要がある。自然の推移に任せてよい場合は、その森林が生態系として自立しており、次世代に継承されていくことが確実であることが前提になっている。京都三山の森は、到底、自立しているとは言えない状態にある。自立していない森林については、より良い状態になるように、人が積極的に関与する必要がある。場合によっては、木を伐ることも重要である。そのように考えてくると、京都三山の森に対しては、保全の考え方を取り入れる必要があると言える。医学の世界では、昔は人体にメスを入れる外科的治療はタブーであった。しかし、現代医学では、早期発見、早期治療の方針のもと外科的治療も普通に行われている。京都三山の森の管理や取扱いについても、「自然の推移に任せる」という無責任な放任主義的な立場を取るのではなく、森林の現状を適切にモニタリングし、その情報に基づく科学的な判断や根拠に基づいて、最善や次善の策を講じていく必要がある。

シイ林の分布拡大

私が京都三山の森の保全活動に積極的にかかわるようになったのは、東山におけるシイ林の分布拡大を目の当たりにしてからである。一九九八年四月に京都府立大学農学部（現：生命環境学部）森林科学科森林計画学研究室に赴任した私は、翌年一九九九年五月七日に中国の森林学会の訪日団ご一行を清水寺や金閣寺へ案内した。五月の頃に清水寺へ行くのは何十年ぶりかのことだったが、本堂の舞台に案内して驚いたのは、私にしては異様なというか、面妖な森の風景であった。ヒノキ林の中に何十本というシイノキが立っており、それらがちょうど開花の時期であったので、まるで巨大なカリフラワーが林立しているかのように見えたからである。現代アートとして鑑賞すれば、それはそれで面白い風景であり、新しい観光資源にもなり得るものかもしれないが、古都京都の歴史的風景としてはまったく相応しくなかった。中国からのお客様、しかも、森林科学の専門家達をご案内してのことであったので、私は、この風景が古都京都の風景として彼らに印象づけられてしまうことに大いに抵抗感を感じた。

その後、調べて見ると、東山地域においてシイ林の分布が拡大し続けていることが分かった。たとえば、大文字山（如意ヶ嶽）も下半分、五合目付近まではシイで覆いつくされていた。吉田山から眺めるとその全容がよく分かった。それ以後、毎年、ゴールデンウィークが過ぎた頃になると、京都三山におけるシイノキの分布状況が気になっている。

シイノキの分布拡大については、二〇〇六年から二〇〇八年まで毎年五月にシイノキに関する市民参加型公開シンポジウムを開催して、現状を報告した。

第一回目は、二〇〇六年五月二〇日（土）に、「シイノキの分布拡大は是か非か!!　～北山・東山の現状と課題～」というタイトルで、京都新聞社七階ホールをお借りして開催した。主催は、京都府立大学の「古都京都を取り巻く地域生態系の保全と生物資源の利活用に関する研究会」であった。当時の資料を見てみると、目的は、古都・京都の北山・東山におけるシイノキの分布拡大問題を、京都の景観や森林に関する身近な問題として、広く一般市民の皆さんに関心をもっていただくことを目的として、市民参加型の公開シンポジウムを開催する、というものであった。また、内容は、景観の善し悪しといった観点だけからではなく、古都・京都の歴史・文化的側面、生物多様性の維持や病虫害の防除等に代表される森林保全的な側面、そして、里山的な利用も含めた生活空間的な側面など、多様な視点や立場から京都三山の森林を見ていただきたいという立場をとっていた。なお、プログラムは、【研究報告】が、『京都近郊山地の植生景観の歴史』（京都精華大学　小椋純一）、『京都市街地周辺におけるシイノキの分布拡大過程』（京都府立大学　高原　光）、『森林景観の保全と病虫害 ― マツ枯れとナラ枯れ―』（京都府立大学　池田武文）、『嵐山における歴史的な森林景観の変遷とその対策の方向性』（京都府立大学　深町加津枝）、『国有林の現場から』（京都大阪森林管理事務所　村上幸一郎）であり、【コメント】が、

《森林再生の視点から》（森林再生支援センター　高田研一）、《地元住民の視点から》（NPO法人大文字山保存会　長谷川綉二）であった。また、【ディスカッション】の部では、《三分間発言コーナー》として、参加者が意見を述べる場も設け、その後、《質疑応答&総合討論》であった。

第二回は、二〇〇七年五月二〇日（日）に京都府立大学で開催し、タイトルは「過去一年間の研究成果の報告と意見交換」であった。プログラムは、【報告】が、『東山がシイノキ林になるまでの長い歴史』（京都府立大学　高原　光）、『京都市市街地周辺丘陵地における明治期以降の植生景観の変化』（京都府立大学　奥田　賢）、『シイノキに忍び寄る脅威―カシノナガキクイムシ―』（京都府立大学　小林正秀）、『昭和一一年東山国有林風致計画と最近の国有林の取組』（京都大阪森林管理事務所　村上幸一郎）であった。また、参加者が意見を述べる発言コーナーは、一〇分間に拡大された。

第三回は、二〇〇八年五月二五日（日）に京都府立大学で開催し、タイトルは「森林の再生に関する研究報告と意見交換」であって、【報告】は、『趣旨説明』（京都府立大学　池田武文）、『京都盆地周辺丘陵地における植生景観の変化とシイ林の拡大について』（京都府立大学　奥田　賢）、『京都市周辺森林の景観を考慮した森林の再生』（京都大学フィールド科学教育研究センター　安藤　信）、『京都東山の国有林と「京都伝統文化の森推進協議会」』（林野庁近畿中国森林管理局京都大阪森林管理事務所　福田　淳）であった。この年も、一〇分間発言コーナーが実施された。

シイ林の分布拡大に関する調査や研究が始まり、その報告会を兼ねた市民参加型公開シンポジウムが開催されるという流れの中で、京都伝統文化の森推進協議会が二〇〇七年一二月に発足した。発足の経緯は、清水寺から隣接国有林の森林管理を直接行い、景観向上を図りたいという要望があったからである。京都市と林野庁で協議・検討を行った結果、林野庁の国有林維持管理の手法の一つである、「レクリエーションの森サポーター制度」を活用し、高台寺山国有林を含む東山風景林（約一九〇ヘクタール）を対象に、市民等の参加による森づくりに取り組むこととなった。そして、「景観と森林生態系保全のための森林整備」と「京都三山の文化的価値の発信」を目的とした「京都伝統文化の森推進協議会」が設立されたのである。

二〇〇八年から東山風景林において林相改良事業が始まったものの、やがてカシノナガキクイムシが媒介する菌によるナラ枯れ被害が顕著になり、その対応に追われることになった。二〇一〇年から、ナラ枯れ木の薪割り大作戦が始まった。なお、京都市の取組として「京都市三山森林景観保全・再生ガイドライン」が作成されることになり協力した。本ガイドラインは二〇一一年五月に発行され、内容は京都市役所のホームページからダウンロードできる。

ナラ枯れとシカの食害

京都伝統文化の森推進協議会の活動は、元々はシイ林が分布拡大を続けている東山風景林の景観向上を目指すものであり、具体的には林相改良事業を順次進めていくことにあった。しかし、協議会発足直後から、カシノナガキクイムシが媒介する菌によるナラ枯れ被害（第2章、高原論考参照）に翻弄されることになった。ナラ枯れは、江戸時代の古文書にも登場する伝染病であるが、今回のナラ枯れは、大規模な被害を日本各地で引き起こしている。京都府内では、一九九〇年代に丹後半島で発生し、その後、南下を続け、京都市内では二〇〇四年から発生し、二〇一〇年には被害がピークに達した。現在は、被害は京都府南部や奈良県以南に移行し、京都市内での被害は下火になっている。

今回のナラ枯れ被害が、これほどまでに甚大なものになった理由として考えられているのは、二次林が放置状態になり、樹木が大径化したことと関係がある（黒田 二〇〇八）。カシノナガキクイムシは、ブナ属を除くブナ科樹木に侵入し、材内に孔道を形成して子育てをするが、樹木が太いほど繁殖が活発で、その分、翌年初夏に巣立つ成虫の数が増えるから、被害が増大する。また、薪を利用していた昔であれば、ナラ枯れ被害木は直ぐに伐採され薪にして燃やされてしまうので、被害の拡大も抑えられた。つまり、森林の管理不足がナラ枯れ被害に拍車をかけたといえよう。

　ナラ枯れ被害の次には、今度はシカによる食害が増大するようになった。東山風景林は三条通によって北部の山々との連続性が断たれているため、シカの食害はまだそれ程でもないが、その他の地域では深刻な被害になっている。たとえば、宝が池公園の森では数年前からシカが棲みついてしまい、有名なコバノミツバツツジが食害によって大きな被害を受けている。シカが下層植生を食べ尽くすと、雨が降るたびに表土が浸食される事態に陥る。

　京都市街地周辺の森林は、一九八〇〜九〇年代にはアカマツ林でマツ枯れ被害が増加し、その跡地は「マツ枯れ低質林」と呼ばれる高木種が少ない森林のままである。そして、ソヨゴばかりが目立つ森林も多くなっている。また、東山と同様にシイ林が拡大している地域も多い。そうした状況の中、追い打ちを掛けるようにナラ枯れ被害が発生し、シカによる食害も拡大している。さらに、外来種のナンキンハゼが侵入し拡大している地域も出てきている。このように、森林は我々が思っているよりも早く変化しており、しかも想定していなかった方向に、すなわち、森林の低質林化や生物多様性の減少へと向かっている。これが京都三山の森の実態である。早急な森林保全対策が必要とされている。

持続可能な森づくりの案

森林の保全対策を進めていくには、まず、目標林型を定める必要があるが、その場合にも幾つかの考え方がある。

一つの考え方は、古都京都の昔ながらの風景林に戻そうとするものである。それは、アカマツやコナラ等の落葉樹を主体とする明るい森であり、コバノミツバツツジなどの低木のツツジ類も存在する森である。また、春は桜、秋は紅葉を楽しむことができる森である。たとえば、アカマツ林であれば幹と幹の間から遠くを見通すことが可能となるので、場所によっては幹と幹との間に眺望が開けることになる。また、尾根筋に連なるアカマツ林であれば、月の出をよりいっそう楽しむことができる。それは、月がまもなく昇ってくる予兆をアカマツ林の隙間を通して見ることができるので、月の出の瞬間を期待を持って見つめることができるという楽しみである。東山魁夷の絵の世界でいえば、「宵桜」や「花明り」に描かれているような世界である。しかし、東山風景林全体をアカマツ林に戻すことは、ほとんど不可能に近い。なぜなら、折角育てたアカマツ林も一〇年生を超えたくらいの大きさになると伝染病のマツ枯れによって枯れてしまうからである。マツ枯れは、北米原産のマツノザイセンチュウを病原体とし、一九〇五年に長崎市周辺で発生したマツの集団枯損が最初とされている。現在では北海道を除くすべての都府県で発生している。したがって、外来種のマツノザイセンチュウからの被害を受けることになった現代社会では、薬剤による防除を繰り返し実施しないとアカマツ林は維持できない。さらに、アカマツ林特有の難しさもある。アカマツは富栄養な林地では他の樹種との生存競争に負けてしまうので、林床の落枝落葉を取り除く地掻きをするなどして土地の貧栄養化を図る必要がある。しかし、長年放置されてきた森林は落枝落葉が溜まり富栄養化していることが多い。それらの林地にアカマツを再生しようとすれば、薬剤による防除のコスト、持続的な地掻き等に膨大な労力が掛かることになる。

もう一つの考え方は、合自然性を重視するものである。これは、局所的な立地条件に応じた森を再生しようというものであり、適地適木の原則に従うものである。この方法は自然に逆らわない方法であるので、維持管理のことを考えると、おそらく一番コストがかからない。京都市では、二〇一一年五月に「京都市三山森林景観保全・再生ガイドライン」を作成しており、表層地質、地形の凹凸、堆積区分、斜面勾配（傾斜）、表層土粒径の五つの環境要因の組み合わせに基づいて、京都三山の森の立地を一七種類に類型区分している。この立地類型区分に対応する森林類型を導入することにすれば、合自然で安定した森林が形成されることになる。しかし、これを実施するには、既に多くの林地を占有してしまっているシイやソヨゴ、あるいは近年分布域を拡大しているナンキンハゼ等の森林の林相を改良することから始めなければならない。また、マツ枯れ低質林等に合自然な樹種を植栽していくとすれば、それらの植栽木をシカの食害から守るため、防鹿柵を設置するなどの対策が必要である。したがって、適地適木の考え方で森の再生を行う場合も、それなりの労力と経費がかかることになる。

　三番目の考え方は、京都三山の森の再生を一律に考えるのではなく、場所ごとにいろいろな考え方があっても良いと許容するものである。本来、京都三山の森は、五山の送り火に代表されるように宗教的な価値や役割を担っているとともに、風景林として、特に、麓に拡がる庭園等の借景としての役割を担ってきた。一方では、「京都一周トレイル」に代表される京の自然を歩く愛好家の方々や野外レクリエーションや野外観察に関心がある方々にも利用されている。したがって、基本的には上述の適地適木の考え方に基づいて森林の再生を図ることにするものの、部分的には、それぞれの土地に対する要望や、歴史的・文化的価値に基づいて、それらの特殊性に配慮した森林再生を図る必要性がある。当然のことながら、労力や経費は余分にかかることになるが、「森林美」に係わる要素を森林整備に取り入れることは、文化の成熟度を示す具体的な証となり、千年の都「京都」に相応しい事業であるとともに、それらが観光資源にもなりうると考えている。

　ただし、ここで注意しなければならないことは、森林は生命体であり、変化するものであるということだ。森を育て、維持管理していくことは、半永久的に続く作業である。一度や二度、大型の予算を付けたり、大口の寄付金を集めたからといって、達成できるものではない。何世代にもわたり地道に継続していくことによって完成されるものである。マツ枯れが始まる前の京都三山の森は、燃料革命が始まる前の薪や炭の燃材に依存していた時代に、普通の生活の営みの中で里山的な利用によって形成されてきた森林であり、そこに、千年の都の歴史や文化に基づく想いが加味された文化的景観であった。しかし、今日、昔ながらの里山的利用に基づく生活に戻れるはずはないし、仮に戻れたとしても、昔にはなかったマツ枯れなどの問題が生じることになるので、容易ではない。我々は二一世紀という時代に相応しいやり方で、かつ、あまり無理をせずに継続できるやり方で京都三山の森を再生し、維持管理していかねばならない。当初は試行錯誤が続くかもしれないが、やがては安定したものになり、それが、二一世紀の京都三山の森の文化的景観になっていくものと期待している。

おわりに

京都三山の森を再生し、持続可能な森づくりを進めて行くには、多くの市民の理解と協力、そして、世代を超えた非常に長い年月が必要である。また、長期、中期、短期の目標ならびにビジョンを示すことも重要である。しかし、森は生命体であり変化するものであるので、思い描いたようにならないのが常である。マツ枯れやナラ枯れ等の病虫害のリスク、シカの食害などのリスクに加えて、最近では、地球温暖化の影響により強大化する傾向にある台風のリスクについても考えなければならない。

二〇一八年九月四日に上陸した台風二一号は近畿地方を中心に大きな被害をもたらし、京都三山の森も甚大な被害を受けた。その後始末はまだ終わっていない。まずは、台風の被害跡地における森の修復から始めなければならないだろう。一九三四年（昭和九）の室戸台風の時には、清水山周辺の東山区域も壊滅的な被害を受け、それが契機となって国有林による森林再生のための森林計画が策定された。植林に用いられたのはヒノキとシイなどであった。それが、今日の東山の森林景観を形成している。

日本は森の国、木の文化の国であるが、雨がよく降るとともに地震も多いので災害多発の国でもある。森がもたらす豊かな恵みと、台風や地震がもたらす災いが混ざり合うことによって日本文化の基層が形成されてきたといっても過言ではないであろう。八百万の神の存在や、諸行無常の思想などは、この世には人間よりももっと大きな力の存在があることを常に意識させるものであり、人間の力の限界を知らしめるものである。人間は自然に対して謙虚な姿勢を持ち続けねばならない。そうした気持ちを持って自然との共生を図っていくことは、京都三山の森だけでなく、地球環境を守っていく上で重要なことである。二一世紀は気候変動が激しくなる地球温暖化の時代になるであろう。京都三山において森との共生を図り、二一世紀に相応しい文化的森林景観をつくっていくことは、京都議定書を採択した京都の使命であると考えている。

参考文献

◎京都市都市計画局（二〇一一）「京都市三山森林景観保全・再生ガイドライン—京都三山の森林景観を守り続けるために—（概要版）」

◎田中和博編（二〇〇八）『古都の森を守り活かす—モデルフォレスト京都—』京都大学学術出版会

伝統文化の森推進協議会　セミナー・シンポジウム等一覧

年月日	活動内容	場所	講師（敬称略）	所属	概要
平成20年9月5日	第1回東山森林セミナー「東山の森林の現状と市民の意識」	東山区役所大会議室	田中和博	京都府立大学大学院教授（森林整備・景観対策専門委員長）	東山でのシイの分布拡大の原因・問題点と東山についての意識調査結果
11月7日	第2回東山森林セミナー「里山の健康を保つにはどうすれば良いのか」	東山区役所大会議室	黒田慶子	森林総合研究所関西支所地域研究監（森林整備・景観対策専門委員）	東山でのナラ枯れ・マツ枯れと里山としての維持管理の重要性
21年1月23日	第3回東山森林セミナー「絵図などから辿る東山の森林の遷移について～江戸時代から現在まで～」	ホテルルビノ京都堀川	山折哲雄	宗教学者（伝文会長）	新桃太郎説話の環境・教育とのつながり
			小椋純一	京都精華大学教授（森林整備・景観対策専門委員）	昔の絵図の描写から東山のかつての姿や変遷を知る
5月29日	第4回東山森林セミナー「京都の山を構想する～京都の価値をつくる森づくり～」	東山区役所大会議室	高田研一	NPO法人森林再生支援センター常務理事（森林整備・景観対策専門委員）	森林立地の観点から京都の森づくりの方向性について
6月6日	シンポジウム「森に学び、森に学ぶ」	京都市国際交流会館	川島みちこ	放送作家	（司会）
			山折哲雄	宗教学者（伝文会長）	基調講演
			浜田久美子	作家、伊那谷森と人を結ぶ協議会副代表	森林に関わるそれぞれの取組み
			森　孝之	大垣女子短期大学名誉教授、アイトワ主宰	
			久山慶子	フィールドソサエティー事務局長	
			田中和博	京都府立大学大学院教授（森林整備・景観対策専門委員長）	（パネルディスカッションコーディネーター）
			山折哲雄		（パネルディスカッション）
			浜田久美子		
			森　孝之		
			久山慶子		

22年1月22日	第5回東山森林セミナー「京都の森を襲った2つの流行病」	東山区役所大会議室	二井一禎	京都大学大学院教授（森林整備・景観対策専門委員）	マツ枯れとナラ枯れのメカニズムや発生状況について
3月26日	第6回東山森林セミナー「京女の森をご存知ですか?~生命環境教育を20年やってます~」	東山区役所大会議室	高桑　進	京都女子大学教授（森林整備・景観対策専門委員）	京都市内で取り組んでいる環境教育活動について
11月3日	シンポジウム「森が育む生物多様性」	京都府立大学合同講義棟第3講義室	エリオット・マッキンタイアー	ラヴァル大学教授	生物多様性の価値の再構築~種の再生・保護区・地域の支援~について
			高原　光	京都府立大学教授（森林整備・景観対策専門委員）	京都三山の森の移り変わり~照葉樹林からマツ林、シイ林、そして…
			平山貴美子	京都府立大学講師	シイ林化による森の多様性の変化~宝ヶ池丘陵・林地での調査から~
			竹内裕子	京都大学助教	東山と宝ヶ池における土壌中の菌根菌の多様性の違いについて
			高田研一	NPO法人森林再生支援センター常務理事（森林整備・景観対策専門委員）	ナラ枯れ跡地やシカの食害から森林をどのように回復していくべきか
23年3月15日	文化的価値発信事業公開シンポジウム「京都の森は何をもたらしたか?その「文化的価値」を考える」	清水寺大講堂「洗心洞」	大西真興	清水寺執事長（伝文委員）	挨拶
			丘眞奈美	(同)京都ジャーナリズム歴史文化研究所代表（文化的価値発信専門副委員長）	「京都の森」についてどう考えるか
			原田憲一	京都造形芸術大学教授（文化的価値発信専門委員）	
			梶川敏夫	京都市埋蔵文化財研究所次長（文化的価値発信専門委員）	
			日置弘一郎	京都大学経済学部教授（文化的価値発信専門委員）	
			吉岡　洋	京都大学文学部教授（文化的価値発信専門委員）	
			近藤高弘	陶芸・美術作家（文化的価値発信専門委員）	
			大西宏弘	京都造形芸術大学准教授（文化的価値発信専門委員）	
			鎌田東二	京都大学こころの未来研究センター教授（文化的価値発信専門委員）	

3月	パンフレット「京都三山の危機 森林の荒廃・景観の変貌が進んでいます」の発行				京都三山の危機（マツ枯れ、シイ林の拡大、ナラ枯れ、シカの食害、竹林の拡大）、植生の変遷、本協議会の活動概要を紹介するパンフレット
4月10日 4月27日 5月7日	ナラ枯れの薪で陶器を焼こう！	NPO法人ウリズン工房			木材の「搬出」から「利用」までを普及啓発することを目的に、平成22年12月に実施した「使って守ろう京都三山の森～ナラ枯れ木搬出薪割り大作戦！～」で作られた薪500束を使って陶器を焼くイベントを実施。参加者は一連の作業（作陶・火入れ・窯出し）を体験した。
6月16日	文化的価値発信事業 第1回公開セミナー「京都の森はどのような「文化的価値」を発信してきたか？ものづくりと歴史的文化から考える」	京都大学稲森財団記念館	近藤高弘	陶芸・美術作家（文化的価値発信専門委員）	これまでの様々な活動について
			丘眞奈美	(同)京都ジャーナリズム歴史文化研究所代表（文化的価値発信専門副委員長）	清水・五条界隈の東山の森と文化
			鎌田東二	京都大学こころの未来研究センター教授（文化的価値発信専門委員）	（パネルディスカッションコーディネーター）
			近藤高弘 丘眞奈美		（パネルディスカッション）
9月22日	文化的価値発信事業 第2回公開セミナー「京都三山の自然と歴史を探る」	京都大学稲森財団記念館	原田憲一	京都造形芸術大学教授（文化的価値発信専門委員）	京都の園庭文化や盆石、京都の野菜や料理の発達について
			梶川敏夫	㈶京都市埋蔵文化財研究所次長（文化的価値発信専門委員）	山に残る遺跡の保存と活用について
			鎌田東二	京都大学こころの未来研究センター教授（伝文副会長、文化的価値発信専門委員長）	（パネルディスカッションコーディネーター）
			原田憲一 梶川敏夫		（パネルディスカッション）
11月3日	国際森林年の文化の日に森林と木の「文化」について語る公開シンポジウム	京都府立大学合同講義棟第3講義室	田中和博	京都府立大学大学院教授（森林整備・景観対策専門委員長）	挨拶
			只木良也	名古屋大学名誉教授	森林が生んだ文化―日本人の思考と行動―
			岩井吉彌	木の文化を具体化する推進委員会委員長	人と森との関係―日欧の比較から―
			小澤普照	京都府立大学客員教授、元林野庁長官	モデルフォレスト運動に見る森と人との関係
			鎌田東二	京都大学こころの未来研究センター教授（文化的価値発信専門委員）	自然災害と日本人の自然観
			原田憲一	京都造形芸術大学教授（文化的価値発信専門委員）	日本列島の自然がもたらす恵みと災難―地球科学の視点から―

3日～7日	「東山文化発心―ナラ灰「再生」ウツワ展」への共催	若宮八幡神宮社務所、近藤悠三記念館、河井寛次郎記念館			京焼・東山文化を考える会、第26回国民文化祭実行委員会との共催。陶芸家が作った東山のナラ枯れ木の薪からできたナラ灰を使った器の作品展示や座談会を実施。制作された器は販売され、売上金は東日本大震災で被災した窯業地（益子）に、残った器は石巻市に届けられた。
11月19日	シンポジウム「三山におけるこれからの森林景観づくり」	左京区総合庁舎1階大会議室	森本幸裕	京都大学大学院教授（伝文副会長）	（基調講演）三山の現状と課題 コーディネーター
			黒田慶子	神戸大学大学院教授（森林整備・景観対策専門委員）	パネリスト
			白湯昌彦	月桂冠㈱技術部副部長	
			高田研一	NPO法人森林再生支援センター常務理事（森林整備・景観対策専門委員）	
			田中博武	清水自治連合会会長	
			渡邊真梨英	森なかま（京都府立大学生）	
			髙谷基彦	京都市都市計画局都市景観部長	
			大西真興	清水寺執事長（伝文委員）	ビデオ出演
23年10月20日	PRキャラクターコンペの実施	京都大学稲森財団記念館	山折哲雄	宗教学者（伝文会長）	PRキャラクターを公募したところ、106点もの応募があり、選考委員による審査の後、第3回公開セミナーで入選作品の発表と表彰を行った。応募に先駆け、鎌田東二会長（当時 委員）作詞・作曲によるPRテーマソングも作成された。5点の入選作品のうち最優秀賞の「くーりん」と優秀賞の「京だらぼっち」を採用することとなった。
			鎌田東二	京都大学こころの未来研究センター教授（伝文副会長、文化的価値発信専門委員長）	
24年1月20日			丘眞奈美	(同)京都ジャーナリズム歴史文化研究所代表（文化的価値発信専門副委員長）	
			吉岡　洋	京都大学文学部教授（文化的価値発信専門委員）	
			近藤高弘	陶芸・美術作家（文化的価値発信専門委員）	
			大西宏弘	京都造形芸術大学准教授（文化的価値発信専門委員）	
			田中和博	京都府立大学大学院教授（森林整備・景観対策専門委員長）	

24年2月28日	文化的価値発信事業　第3回公開セミナー「京都の森と地域文化創造の過去・現在・未来」	京都大学稲森財団記念館	大西宏志	京都造形芸術大学准教授（文化的価値発信専門委員）	京都の森　テーマソングとキャラクター
			日置弘一郎	京都大学大学院教授（文化的価値発信専門委員）	森と川と庭
			吉岡　洋	京都大学大学院教授（文化的価値発信専門委員）	森と芸術・森の美学
			鎌田東二	京都大学こころの未来研究センター教授（文化的価値発信専門委員）	総合司会
			山折哲雄	国際日本文化研究センター名誉教授（伝文会長）	「京都の森・人・伝統文化を結ぶキャラクター募集！」コンペティション　審査委員長
			鎌田東二		同　審査委員
			丘眞奈美	(同)京都ジャーナリズム歴史文化研究所代表（文化的価値発信専門副委員長）	同　審査委員
			吉岡　洋		同　審査委員
			近藤高弘	陶芸・美術作家（文化的価値発信専門委員）	同　審査委員
			大西宏志		同　審査委員
			田中和博	京都府立大学	同　審査委員
6月7日	文化的価値発信事業　第4回公開セミナー「京のみやこの神性を災害から読み解く」	京都大学稲森財団記念館	原田恵一	NPO法人シンクタンク京都自然史研究所特別研究員（文化的価値発信専門委員）	平安京の外なる自然と内なる自然の神性
			中川要之助	応用自然史研究所「人と大地」室長	同志社今出川校地の地質から想定される平安京の水環境
			梶川敏夫	㈶京都市埋蔵文化財研究所次長（文化的価値発信専門委員）	発掘調査成果から見た院政期における土木・建築の創意工夫
			鎌田東二	京都大学こころの未来研究センター教授（文化的価値発信専門委員）	（パネルディスカッションコーディネーター）
			原田恵一		（パネルディスカッション）
			中川要之助		
			梶川敏夫		

9月27日	文化的価値発信事業　第5回公開セミナー「生と死の信仰空間、京の山」	京都大学稲森財団記念館	丘眞奈美	(同)京都ジャーナリズム歴史文化研究所代表（文化的価値発信専門副委員長）	京の聖山と平安京三大葬場
			高田研一	NPO法人森林再生支援センター常務理事（森林整備・景観対策専門委員）	京都三山の生態史～生産・聖地・墓所・遊山～
			山折哲雄	国際日本文化研究センター名誉教授（伝文会長）	京都の山々と信仰空間の形成
			原田憲一	NPO法人シンクタンク京都自然史研究所特別研究員（文化的価値発信専門委員）	（パネルディスカッションコーディネーター）
			丘眞奈美		（パネルディスカッション）
			高田研一		
			山折哲雄		
11月12日	東山にある山寺・山城現地視察会	左京区鹿ケ谷如意ケ嶽付近	梶川敏夫	㈶京都市埋蔵文化財研究所次長（文化的価値発信専門委員）	
11月23日	公開シンポジウム「森が育む文化、森を育む文化～森との歴史からひもとく～」	東山区総合庁舎	只木良也	京都府立林業大学校学校長	森林が育む文化～日本文化の進展とマツ林の衰退～
			高原　光	京都府立大学教授（森林整備・景観対策専門委員）	京都盆地周辺の森林の移り変わり
			外山武比古	林野庁近畿中国森林管理局京都大阪森林管理事務所長（伝文相談役）	京都東山国有林　施業の変遷と課題
			安藤　信	京都大学フィールド科学教育センター准教授（森林整備・景観対策専門委員）	林想改善事業モニタリング報告
			高田研一	NPO法人森林再生支援センター常務理事（森林整備・景観対策専門委員）	今後の林想改善事業の方向性
			吉野浩樹	NPO法人森林再生支援センター	今後の林想改善事業の方向性
25年2月28日	文化的価値発信事業　第6回公開セミナー「森と人、森と街をつなぐ京都のキャラクター」	京都大学稲森財団記念館	尾池和夫	（公財）国際高等研究所所長	
			鎌田東二	京都大学こころの未来研究センター教授（文化的価値発信専門委員）	古事記のキャラクターと物語によるコスモロジー創り
			関本徹生	京都造形芸術大学教授	京都のものづくりとキャラクター……
			大西宏志	京都造形芸術大学准教授（文化的価値発信専門委員）	京都伝統文化の森推進協議会キャラクター展開
			京菓子司 俵屋吉富		啓発キャラクターを使った和菓子の試食会、意見交換会
			鎌田東二		（パネルディスカッションコーディネーター）
			尾池和夫		（パネルディスカッション）
			関本徹生		
			大西宏志		

3月22日	公開シンポジウム　取組報告②「京都東山の森づくりにおける地域力の活かし方」	京都女子大学J校舎	田中和博	京都府立大学大学院教授（森林整備・景観対策専門委員長）	「京都伝統文化の森推進協議会の過去5年間の活動を振り返って」
			外山武比古	林野庁近畿中国森林管理局京都大阪森林管理事務所長（伝文相談役）	「京都東山国有林の森林整備の方向と地域のかかわり方について」
			高桑　進	京都女子大学教授（森林整備・景観対策専門委員）	「これからの里山とどう付き合うか～薪割りウォークの全国展開～」
6月6日	文化的価値発信事業　第7回公開セミナー「京都の庭園と森～人と自然の調和～」	京都大学稲森財団記念館	尼崎博正	京都造形芸術大学教授	「日本庭園の自然観」
			加藤友規	植彌加藤造園㈱代表取締役社長	「自然と調査する庭園を育む」
			鎌田東二	京都大学こころの未来研究センター教授（伝文副会長）	（パネルディスカッションコーディネーター）
			尼崎博正		パネルディスカッション
			加藤友規		
11月13日	文化的価値発信事業　第8回公開セミナー現地視察会「京都東山如意ヶ嶽山中の遺跡を訪ねて」	如意ケ嶽周辺	梶川敏夫	（公財）京都市埋蔵文化財協会研究所次長（文化的価値発信専門委員）	京都市東山如意ヶ嶽周辺の山林の現地視察会
26年1月18日	公開シンポジウム「京都東山の森の歴史を学ぶ」	東山区総合庁舎	福田　敦	林政学研究者	「社寺と国有林をめぐる歴史」
			綱本逸雄	京都地名研究会常任理事	「京都盆地の災害地名」
			高桑　進	京都女子大学名誉教授	（パネリストコーディネーター）
			高田研一	NPO法人森林再生支援センター常務理事（森林整備・景観対策専門委員）	（パネルディスカッション）
			梶川敏夫	（公財）京都市埋蔵文化財協会研究所次長（文化的価値発信専門委員）	
2月20日	文化的価値発信事業　第9回公開セミナー「日本の「木」の魅力と癒し—檜三味線の演奏と語らい—」	京都大学稲森財団記念館	野村深山	野村深山工房	演奏と語り
			鎌田東二	京都大学こころの未来研究センター教授（伝文副会長）	（コーディネーター）
			野村深山		語らい
			原田憲一	NPO法人シンクタンク京都自然史研究所特別研究員（文化的価値発信専門委員）	
			近藤高弘	陶芸・美術作家（文化的価値発信専門委員）	

3月	協議会キャラクターのキャッチコピー及びステッカー案の作成				検討の結果、「京都三山の森を守り育てよう！」を合言葉に、「くーりん」は「くーりんと森であそぼう」、「京だらぼっち」は「未来に伝える京都三山」となり、次年度にステッカーにすることとなった。
6月18日	文化的価値発信事業　第10回公開セミナー「観光都市京都・三山の魅力を探る」	京都大学稲森財団記念館	河角龍典	立命館大学教授（文化的価値発信専門委員）	3次元デジタル地図で見る平安京の三山と街づくり
			高橋義人	平安女学院大学特任教授 京都大学名誉教授（文化的価値発信専門委員）	古都を守る―日独の比較をもとに
			鎌田東二	京都大学こころの未来研究センター教授（文化的価値発信専門委員）	（コーディネーター）
			河角龍典		パネルディスカッション
			高橋義人		
7月	協議会ステッカーの作成				
10月29日	文化的価値発信事業　第11回公開セミナー現地視察会「京都東山の遺跡を巡る～森に眠る霊山城跡と清閑寺旧境内～」	高台寺山国有林周辺	梶川敏夫	（公財）京都市埋蔵文化財研究所次長（文化的価値発信専門委員）	霊山城跡の見学
27年1月29日	くーだら劇団事業 協議会啓発キャラクターストーリーコンペティションの実施	京都大学稲森財団記念館	鎌田東二	京都大学こころの未来研究センター教授（文化的価値発信専門委員長）	協議会啓発キャラクター「くーりん」、「京だらぼっち」を使い、「京都の森と山を守る」をテーマとした紙芝居のストーリーコンペティションを実施し、5名の応募の中から京都造形芸術大学学生が作成した「千樹の花がひらくとき」が採用された。
			丘眞奈美	（同）京都ジャーナリズム歴史文化研究所代表（文化的価値発信専門副委員長）	
			大西宏志	京都造形芸術大学准教授（文化的価値発信専門委員）	
			吉岡　洋	京都大学大学院文学研究科教授（文化的価値発信専門委員）	
			中井真由美	京都造形芸術大学プロジェクトセンター	

2月19日	シンポジウム「千年都市京都　人と森のつながり」	キャンパスプラザ京都第3講義室	山折哲雄	宗教学者（伝文相談役、前会長）	「千年都市京都　人と森のつながり」
			鎌田東二	京都大学こころの未来研究センター教授（伝文会長、文化的価値発信専門委員長）	「京都はなぜ千年の都たりえたか」
			原田憲一	至誠館大学学長代行（伝文副会長、文化的価値発信専門委員）	「京文化を育んだ三山の資源から人と森のつながりを考える」
			梶川敏夫	（公財）京都市埋蔵文化財研究所次長、京都市考古資料館館長（文化的価値発信専門委員）	「遺跡から見た京（みやこ）の人と森のつながり―京都盆地周辺の峰々にあたる遺跡から―」
			高桑　進	京都女子大学名誉教授（伝文理事、森林整備・景観対策専門委員長）	「これからの東山の森をどうするのか」
			高田研一	NPO法人森林再生支援センター常務理事（森林整備・景観対策専門委員）	「洛外の集落と三山の土地利用史」
			鎌田東二		（コーディネーター）
			山折哲雄		パネルディスカッション
			原田憲一		
			梶川敏夫		
			高桑　進		
			高田研一		
3月5日	文化的価値発信事業　第12回公開セミナー「森と心身変容」	京都大学稲森財団記念館	三宅一樹	彫刻家	「木彫刻のアニミズム」
			伊勢武史	京都大学フィールド科学研究教育センター准教授	「森と自然とひととのかかわり」
			鎌田東二	京都大学こころの未来研究センター教授（伝文会長、文化的価値発信専門委員）	（コーディネーター）
			三宅一樹		
			伊勢武史		（総合討論）
			小松正史	京都精華大学教授	
	現代京都藝苑2015「悲とアニマ―モノ学・感覚価値研究展」への共催				

3月7日	「悲とアニマ」展 公開シンポジウム①「モノ学・感覚価値研究アート」	京都大学稲森財団記念館	・基調講演①「モノ学・感覚価値研究とは何か」 鎌田東二（本事業監修） ・基調講演②「モノ学・感覚価値研究会アート分科会の歩み」 大西宏志 ・基調講演③「『悲とアニマ』展について」 秋丸知貴（本事業企画者） ・総合討論 基調講演者に加え、岡田修二氏、近藤高弘氏の5名
10日	「悲とアニマ」展 公開シンポジウム②「火と水と森とアート」	京都大学稲森財団記念館	・基調講演①「森とアート」 やなぎみわ ・基調講演②「火とアート」 勝又公仁彦 ・基調講演③「水とアート」 近藤高弘 ・総合討論 基調講演者に加え、鎌田東二、吉岡洋、大西宏志の3名の文化的価値発信専門委員及び秋丸知貴の7名
11日	「悲とアニマ」展 鎮魂茶会	北野天満宮茶室	近藤高弘が主導する茶会を実施
11日	「悲とアニマ」展 鎮魂舞台	北野天満宮境内駐車場	・前口上（鎌田東二、やなぎみわ） ・移動舞台車ライトアップ&トランスフォーム（やなぎみわ） ・淡路人形芝居「戎舞」（淡路人形座） ・電気紙芝居「千樹の花がひらくとき」（くーだら劇団） ・能舞「天神～鎮魂・悲とアニマ」（河村博重、鎌田東二） ・後口上（加藤迪夫）

6月28日	文化的価値発信事業　第13回公開セミナー「森と遊び」	京都大学稲森財団記念館	小松正史	京都精華大学教授	「森と響き～由良川シンフォニーの制作と森の音」
			銅金裕史	京都造形芸術大学教授	「森の〝声〟を聴くプラントロンとメディアアート」
			大西宏志	京都造形芸術大学教授（文化的価値発信専門委員）	「森の映像」
			くーだら劇団	京都造形芸術大学　学生有志	パフォーマンス紙芝居「千樹の花がひらくとき」
			鎌田東二	京都大学こころの未来研究センター教授（伝文会長、文化的価値発信専門委員長）	（コーディネーター）
			小松正史		（総合討論）
			銅金裕史		
			大西宏志		
10月21日	文化的価値発信事業　第14回公開セミナー現地視察会「戦国期の山城～京都東山北白川城跡を巡る～」	狸山不動院～瓜生山～北白川仕伏町～瓜生山不動明王	梶川敏夫	京都女子大学非常勤講師、京都造形芸術大学非常勤講師（文化的価値発信専門委員）	遺跡巡り
28年2月20日	文化的価値発信事業　第15回公開セミナー「京都の聖山と信仰」	京都大学稲森財団記念館	鎌田東二	京都大学こころの未来研究センター教授（伝文会長、文化的価値発信専門委員長）	「東山三十六峰と信仰」
			松田亮海	大本山狸谷山不動院貫主	「大本山狸谷山不動院と開山・木食養阿上人（木食正禅朋厚）」
			梶川敏夫	京都女子大学非常勤講師、京都造形芸術大学非常勤講師（文化的価値発信専門委員）	「京都東山に築かれた山城と瓜生山の北白川城跡」
			丘眞奈美	(同)京都ジャーナリズム歴史文化研究所代表（文化的価値発信専門副委員長）	「京都三山と聖地～パワースポットの形成と山と水の関係～」
			鎌田東二		（コーディネーター）
			松田亮海		（総合討論）
			梶川敏夫		
			丘眞奈美		

6月4日	文化的価値発信専門事業　第16回公開セミナー「森を活かす」	京都大学稲森財団記念館	広井良典	京都大学こころの未来研究センター教授	「鎮守の森のプロジェクトから見えてくる森の公共性」
			吉岡　洋	京都大学こころの未来研究センター「こころの豊かさ」寄付部門特定教授（文化的価値発信専門委員）	「森とアート」
			鎌田東二	上智大学グリーフケア研究所特任教授、京都大学名誉教授、放送大学客員教授（伝文会長、文化的価値発信専門委員長）	（コーディネーター）
			広井良典 吉岡　洋		（総合討論）
10月29日	文化的価値発信事業　第17回公開セミナー「鎌倉新仏教を興した僧たちが歩んだ叡山への山道～雲母坂（きららざか）を登る～」	鷺森神社～雲母橋～修学院雲母坂城跡～水飲対陣碑～赤山禅院	梶川敏夫	京都女子大学非常勤講師、京都造形芸術大学非常勤講師（文化的価値発信専門委員）	山城跡等の見学
29年2月25日	文化的価値発信事業　第18回公開セミナー「農業・造園・陶芸の技から見る京都三山」	京都大学稲森財団記念館	秋山豊寛	京都造形芸術大学教授、宇宙飛行士	農家について
			小川勝章	植治次期十二代	作庭家について
			近藤高弘	陶芸・美術作家（文化的価値発信専門委員）	陶芸家について
			鎌田東二	上智大学グリーフケア研究所特任教授、京都大学名誉教授、放送大学客員教授（伝文会長、文化的価値発信専門委員長）	（コーディネーター）
			秋山豊寛 小川勝章 近藤高弘		（総合討論）
3月	森の映像の作成				「森の人」というテーマで、森林を取材するため京都三山を訪れた外国人が、京都三山の森について学んでいくストーリーを通じて、京都の森林の現状及び本協議会の活動について、市民に広く理解してもらう映像

6月24日	文化的価値発信事業　第19回公開セミナー「京都三山と信仰〜松尾大社・平成の御遷宮によせて〜」	京都大学稲森財団記念館	生島經和	松尾大社宮司	
			梶川敏夫	京都女子大学非常勤講師、京都造形芸術大学非常勤講師（文化的価値発信専門委員）	「京都三山に眠る遺跡」
			丘眞奈美	(同)京都ジャーナリズム歴史文化研究所代表（文化的価値発信専門副委員長）	「古代ハイテク集団・秦氏と古代葛野」
			鎌田東二	上智大学グリーフケア研究所特任教授、京都大学名誉教授、放送大学客員教授（伝文会長、文化的価値発信専門委員長）	（コーディネーター）
			生島經和		（総合討論）
			梶川敏夫		
			丘眞奈美		
10月28日	文化的価値発信事業　第20回公開セミナー「松尾大社の磐座登拝と秦氏ゆかりの古墳群を訪ねて」	松尾大社〜月読神社〜西芳寺川古墳群	梶川敏夫	京都女子大学非常勤講師、京都造形芸術大学非常勤講師（文化的価値発信専門委員）	遺跡巡り
12月10日	10周年記念シンポジウム〜京都三山のこれからを考える〜	京都大学稲森財団記念館	山折哲雄	宗教学者（伝文相談役）	基調講演「京都伝統文化の森推進協議会の始まりと森の文化を考える」
			丘眞奈美	(同)京都ジャーナリズム歴史文化研究所代表（文化的価値発信専門副委員長）	報告1
			梶川敏夫	京都女子大学文学部非常勤講師（文化的価値発信専門委員）	報告2
			大西皓久	清水寺執事補（伝文委員）	報告3
			勝占　保	林野庁近畿中国森林管理局京都大阪森林管理事務所長（伝文相談役）	報告4
			高田研一	NPO法人森林再生支援センター常務理事（森林整備・景観対策専門委員）	報告5
			安藤　信	元京都大学フィールド科学教育研究センター准教授（森林整備・景観対策専門委員）	報告6
			鎌田東二	上智大学グリーフケア研究所特任教授、京都大学名誉教授、放送大学客員教授（伝文会長、文化的価値発信専門委員長）	（コーディネーター）
			山折哲雄		（総合討論）
			丘真奈美		
			梶川敏夫		
			大西皓久		
			勝占　保		
			高田研一		
			安藤　信		

30年2月24日	文化的価値発信事業　第21回公開セミナー「京都三山の森と水のはぐくみ」	京都商工会議所講堂	楠見晴重	関西大学教授	森と地下水の関わり〝京都水盆〟
			谷口順彦	京の川の恵みを活かす会副会長（東北大学名誉教授、京都大学農学博士、淀川河川レンジャー）	帰ってきた京都の鮎〝森と海をつないで〟
			田中安比呂	賀茂別雷神社宮司（伝文委員）	上賀茂神社と森と水〝賀茂氏の歴史から〟
			鎌田東二	上智大学グリーフケア研究所特任教授、京都大学名誉教授、放送大学客員教授（伝文会長、文化的価値発信専門委員長）	（コーディネーター）
			楠見晴重		（総合討論）
			谷口順彦		
			田中安比呂		
7月1日	文化的価値発信事業　第22回公開セミナー「京都三山と森への誘い～観光の視点から～」	京都大学稲森財団記念館	梶浦秀樹	㈱庵プロデュース代表取締役	「インバウンドに向けた地域の観光まちづくり―暮らすように旅をする―京都三山と森への誘い～観光の視点から～」
			大西宏志	京都造形芸術大学教授（文化的価値発信専門委員）	「京都三山と森への誘い～〈極私的〉観光の視点から～」
			高橋義人	平安女学院大学特任教授、京都大学名誉教授（文化的価値発信専門委員）	「京都三山とまちづくり」
			鎌田東二	上智大学グリーフケア研究所特任教授、京都大学名誉教授、放送大学客員教授（伝文会長、文化的価値発信専門委員長）	（コーディネーター）
			梶浦秀樹		（総合討論）
			大西宏志		
			高橋義人		
10月20日	文化的価値発信事業　第23回公開セミナー「京都東山の歴史遺産を巡る―青蓮院から将軍塚・清水山を経て清水寺へ―」	あおくすの庭～粟田口～尊勝院～将軍塚～清水山～清水寺	梶川敏夫	京都女子大学非常勤講師、京都造形芸術大学非常勤講師（文化的価値発信専門委員）	遺跡巡り

31年2月23日	文化的価値発信事業　第24回公開セミナー「菊渓とキクタニギクの文化」	京都大学稲森財団記念館	佐藤正吾	（公財）京都市都市緑化協会企画総務課長	古くて新しい?キクタニギクにまつわる話題――生態、歴史文化、保全――
			梶川敏夫	京都女子大学非常勤講師、京都造形芸術大学非常勤講師（文化的価値発信専門委員）	平安京鴨東の東山に残る遺跡
			鎌田東二	上智大学グリーフケア研究所特任教授、京都大学名誉教授、放送大学客員教授（伝文会長、文化的価値発信専門委員長）	（コーディネーター）
					（総合討論）事務局から菊渓の現状報告の後に、台風後の東山の森のあり方について、参加者と意見交換

伝統文化の森推進協議会　森づくり活動一覧

年月日	活動内容	場所	概要
平成20年3月30日	「伝統文化の森事始」	高台寺山国有林　清水山	・高台寺山国有林における本格的な森林整備の事始めとして、除伐、林床整理等を実施 ※イベントに先立ち、除伐等の環境整備を実施
5月21日	マツ林再生に向けた現地検討会	銀閣寺山国有林	平成19年度に実施されたマツ林再生に向けた施業実施結果の確認
6月11日	カシノナガキクイムシ被害木処理作業の見学会	高台寺山国有林	被害の状況やその駆除方法、処理材の取扱などの説明と現地作業の見学
11月16日	東山クリーン作戦	高台寺山国有林周辺	東山山頂公園周辺の清掃活動
12月19日	東山薪割プロジェクト	高台寺山国有林	ナラ枯れ木を薪にして活用
21年2月 3月	林相改善事業（清水山地区）	高台寺山国有林　清水山	清水山の西斜面にあるコジイ、ヒノキを主な構成樹種とする放置林分3箇所において、小規模な高木伐採と樹下植栽を実施
10月25日	東山クリーン作戦	高台寺山国有林周辺	東山山頂公園周辺の清掃活動
12月8日	薪割とシイの実料理	高台寺山国有林	・ナラ枯れ木を薪にして活用 ・シイの実を食材として活用
12月 22年3月	林相改善事業（清水山地区、東本願寺地区）	高台寺山国有林	・清水山地区にて、ナラ枯れ木の除去、クロバイなどの常緑樹が多数生育している林内の林相改善及び植栽 ・東本願寺地区にて、市街地隣接斜面に急増したナラ枯れ木の除去及び植栽
3月28日	東山の景観改善森林整備	高台寺山国有林	試験的にシイ、クロバイ、ヒノキ等を間伐
10月24日	東山クリーン作戦	高台寺山国有林周辺	東山山頂公園周辺の清掃活動

10月24日 12月7日 12月10日	清水小学校森林学習	高台寺山国有林及び清水小学校	高桑進委員（当時　京都女子大学教授）が講師となり、清水小学校２年生を対象に「シイの実を食べてみよう」と「ウラジロのしめ縄を作ろう」、３・４年生を対象に「ナラ枯れの現状と東山について」の題目で、学習会を実施
12月14日 15日 16日 18日	使って守ろう京都三山の森 ～ナラ枯れ木搬出薪割り大作戦！～	高台寺山国有林周辺	ナラ枯れ被害木約20本を事前に約１２００束の薪にしたうえで、市民活動により、バケツリレー方式で搬出
23年3月	林相改善事業（高台寺・正法寺地区、清水山地区）	高台寺山国有林	・高台寺・正法寺地区にて、コジイ林の林相改善及び植栽 ・清水山地区にて、伐期３００年のヒノキ林へ向けた間伐及び植栽
5月17日	清水山山頂の景観改善に向けた森づくり①	高台寺山国有林	清水山山頂における、ヒノキ林下層の常緑中低木の除伐
7月23日	国際森林記念　落第忍者乱太郎「京都の森を守ろう」ウォーク	高台寺山国有林	・親子を対象に、京都森林インストラクター会の案内で知恩院山門前から清水寺までの山道を歩き、東山の森の現状を学ぶウォーキングイベントを実施 ・道中、スタンプラリーやネイチャーゲーム、ナラ枯れ被害木の伐採も見学
10月16日	東山クリーン作戦	高台寺山国有林周辺	東山山頂公園周辺の清掃活動
12月6日 7日 8日 10日	第２回使って守ろう京都三山の森 ～ナラ枯れ木搬出薪割り大作戦！～	高台寺山国有林周辺	・ナラ枯れ被害木を事前に伐採し玉切りしたうえで、市民活動により、バケツリレー方式で搬出
12月10日	京都の森を守ろう　薪割り＆ウォーク	高台寺山国有林周辺	・ナラ枯れ等の森の現状を、一般市民に周知することを目的に実施 ・京都森林インストラクター会の案内で三十三間堂から青蓮院門跡まで歩き、途中で薪割り作業を体験

12月18日	清水山の森づくり（子安観音地区）	高台寺山国有林	コジイ等の常緑樹に被圧されたヒノキ林において、常緑中低木の除伐・集積作業をサポーター、活動協力団体等の協力により実施し、作業後はシューターを活用した木材の搬出作業の実演を見学
24年2月 3月	林相改善事業（高台寺・正法寺地区、清水山地区）	高台寺山国有林	・高台寺・正法寺地区にて、コジイ林の林相改善及び植栽、ナラ枯れしたコジイの伐倒 ・清水山地区にて、コジイの萌芽抑制、ナラ枯れによるギャップにおける植栽、常緑中低木の除伐等を実施
3月29日	清水山山頂の景観改善に向けた森づくり②	高台寺山国有林	清水山山頂及び成就院北側における常緑中低木の除伐作業をサポーター、活動協力団体等の協力により実施
7月21日	落第忍者乱太郎「京都の森を守ろう」ウォーク	高台寺山国有林	・京都森林インストラクター会の案内により、親子を対象に東山の森の現状を周知するウォーキングイベントを実施 ・イベント内容は、スタンプラリーや宝探しゲーム、高木の伐採を見学、おさらい学習会やプレゼント抽選会
10月14日	東山クリーン作戦	高台寺山国有林周辺	東山山頂公園周辺の清掃活動
11月19日 11月22日	「開睛小学校森林学習」への支援	開睛小学校	開睛小学校4年生を対象に、ナラ枯れ、本協議会について講義
12月4日 5日 6日 8日	第3回薪割りイベント	高台寺山国有林周辺	・バケツリレーによる搬出、薪割機による小割、結束、斧による薪割デモンストレーションを実施 ・最終日は「京都の森を守ろう　薪割り大作戦&ウォーク」参加者を迎え、薪割り体験を実施
12月8日	京都の森を守ろう　薪割り大作戦&ウォーク	高台寺山国有林周辺	・ナラ枯れ等の森の現状を、一般市民に周知することを目的に実施 ・京都森林インストラクター会の案内で青蓮院門跡から清水寺まで歩き、途中で薪割り作業を体験

25年1月 3月	林相改善事業（将軍塚地区、高台寺・正法寺地区、清水山地区）	高台寺山国有林	・将軍塚地区にて、シイ林の林相改善を実施 ・高台寺・正法寺地区にて、シイ林の林相改善を実施 ・清水山地区にて、コジイ、ヒノキの伐採及び常緑中低木の除伐、植栽
3月2日	「京都の森を未来へ 第1回四季・彩りの森づくり」への共催	左京区鹿ケ谷周辺の森林	京都市が、ナラ枯れ跡地の森林再生として取り組んでいる「四季・彩りの森復活プロジェクト」の一環として、景観面及び防災面を勘案して選定された苗木植栽のイベントに共催
4月12日	清水山山頂の景観改善に向けた森づくり④	高台寺山国有林（清水山山頂、成就院東側）	常緑中低木の除伐作業及び林相改善事業実施箇所の説明
9月28日	第3回落第忍者乱太郎「京都の森を守ろう 清水の舞台裏を探検！」	清水寺周辺及び高台寺山国有林	・親子を対象に、森林の現状と歴史に関する普及啓発を目的とした、清水寺の舞台と修復現場の見学、檜皮剥ぎデモンストレーション、木工体験を実施 ・京都森林インストラクター会の案内により、清水寺大講堂から将軍塚までを往復する、スタンプラリーも実施
10月2日	将軍塚周辺の景観改善に向けた森づくり①	高台寺山国有林（将軍塚周辺）	常緑中低木、ササ等の除伐作業を実施
10月27日	東山クリーン作戦	高台寺山国有林周辺	東山山頂公園周辺の清掃活動
12月3日 4日 5日 7日	第4回薪割りイベント	高台寺山国有林周辺	・バケツリレーによる搬出、薪割機による小割、結束作業を実施 ・最終日は「京都の森を守ろう 薪割り大作戦&ウォーク２０１３」参加者を迎え、薪割り体験を実施
12月7日	京都の森を守ろう 薪割り大作戦&ウォーク２０１３	高台寺山国有林周辺	・ナラ枯れ等の森の現状を、一般市民に周知することを目的に実施 ・京都森林インストラクター会の案内で円山公園から東山山頂公園を往復し、途中で薪割り作業を体験

26年2月 3月	林相改善事業（将軍塚地区、清水山地区）	高台寺山国有林	・将軍塚地区にて、シイ林の林相改善を実施 ・清水山地区にて、ヒノキ林育成に向けたシイ等の除伐、シイ林の林相改善、萌芽の除去を実施
3月15日	第２回四季・彩りの森づくりへの共催	左京区鹿ケ谷栗木谷町地内	京都市が、ナラ枯れ跡地の森林再生として取り組んでいる「四季・彩りの森復活プロジェクト」の一環として、景観面及び防災面を勘案して選定された苗木植栽のイベントに共催
４月16日	将軍塚周辺の景観改善に向けた森づくり②	高台寺山国有林（将軍塚周辺）	将軍塚から安養寺までの散策道の両側にある常緑中低木の除伐
７月19日	第４回落第忍者乱太郎「京都の森を守ろう　山で「むかし遊び」に挑戦だ！」	清水寺及び高台寺山国有林	・親子を対象に、森林の現状と歴史に関する普及啓発を目的とした、奥の院・阿弥陀堂の修復現場や昔ながらのパチンコ作り等を実施 ・京都森林インストラクター会の案内により、清水寺から東山山頂公園までを往復し、スタンプラリーも実施
９月	東山風景林　散策道整備事業	高台寺山国有林（粟田口）	・全長４５０ｍ、幅員０・９ｍの散策道を整備 ・散策道沿いの常緑低木を伐採し、すれ違い・休憩ポイントを、傾斜部分には小丸太を用いたステップを設置 ・本散策道は、京都一周トレイルに設定された
10月19日	東山クリーン作戦	高台寺山国有林周辺	東山山頂公園周辺の清掃活動
10月24日	第１回青蓮院の森づくり	高台寺山国有林	平成26年９月に完成した新歩道周辺にて常緑中低木の除伐
12月２日 ３日 ６日	第５回薪割りイベント	高台寺山国有林周辺	・バケツリレーによる搬出、薪割機による小割、結束作業を実施 ・最終日は「京都の森を守ろう　薪割り大作戦＆ウォーク２０１４」参加者を迎え、薪割り体験を実施

12月6日	京都の森を守ろう　薪割り大作戦＆ウォーク２０１４	高台寺山国有林周辺	・ナラ枯れ等の森の現状を、一般市民に周知することを目的に実施 ・京都森林インストラクター会の案内であおくすの庭（青蓮院門跡北隣）から、新設した歩道を通り、東山山頂公園まで登り、清水寺までを歩くコースを設定し、途中で薪割りや木工、シイの実の試食を実施
27年2月 3月	林相改善事業（将軍塚地区、高台寺・正法寺地区、清水山地区）	高台寺山国有林	・将軍塚地区にて、新たに整備した散策道沿いにて除伐や排水処理、シイ林の林相改善を実施 ・高台寺・正法寺地区にて、シイ林の林相改善を実施 ・清水山地区にて、シイ林の林相改善、ヒノキの間伐を実施
3月15日	第３回四季・彩りの森づくりへの共催	左京区鹿ケ谷	・京都市が、ナラ枯れ跡地の森林再生として取り組んでいる「四季・彩りの森復活プロジェクト」の一環として、景観面及び防災面を勘案して選定された苗木植栽のイベントに共催 ・門川市長による挨拶からはじまり、専門委員による植栽指導や森林内にある遺跡の解説が行われた。
5月20日	第５回清水寺地区の森づくり	高台寺山国有林（清水山山頂周辺）	清水山山頂周辺における常緑中低木の除伐
5月27日	第３回将軍塚地区の森づくり	高台寺山国有林（将軍塚周辺）	将軍塚北側の京都一周トレイル沿いにおける常緑中低木の除伐
7月25日	第５回落第忍者乱太郎「京都の森を守ろうウォーク」大文字を間近で見よう！	左京区鹿ケ谷、浄土寺	「五山の送り火」で知られる大文字周辺で、ナラ枯れ跡地の森づくり現場の見学や、森の成り立ちやそこに生息する生き物を知る紙芝居、フィールドビンゴゲームなどを交え、森を守ることの大切さを学ぶスタンプラリー方式のウォーキングイベントを実施
10月21日	東山クリーン作戦	高台寺山国有林周辺	東山山頂公園周辺の清掃活動
28年1月28日	シイの木で木炭づくりと椎茸づくり	高台寺山国有林（防火貯水槽横　管理道）	・祇園商店街振興組合、京都森林インストラクター会、朝日新聞社、東山区役所が参加し、林相改善事業にて伐採したシイの木を活用したシイタケの菌打ち作業、ドラム缶炭窯の炭焼きデモンストレーションを行った後、予め点火しておいた炭窯から完成した炭を参加者にて確認 ・当日、ＫＢＳ京都の取材があり、同日夕方のニュースにて本協議会の林相改善事業の現場が放映

3月	林相改善事業（将軍塚地区、高台寺・正法寺地区、清水山地区）	高台寺山国有林	・将軍塚地区にて、シイ等の常緑樹の除伐、植栽 ・高台寺・正法寺地区にて、シイ林の林相改善を実施 ・清水山地区にて、シイ林の林相改善、植栽
3月	林相改善事業の案内板の設置	高台寺山国有林	清水山地区及び将軍塚地区の京都一周トレイル沿いに、林相改善事業のイメージ図を記載した案内板を設置
3月3日	京の森づくり技術者育成講座への共催	（室内講習）京都市文化財建造物保存技術研修センター（現場研修）高台寺山国有林	京都市主催の講座では、「地図や現場で読み解く森林立地及び自然配植方法」をテーマに本協議会が取り組む林相改善事業区域をフィールドとして実施
3月12日	第4回四季・彩りの森づくりへの共催	左京区鹿ケ谷	京都市が、ナラ枯れ跡地の森林再生として取り組んでいる「四季・彩りの森復活プロジェクト」の一環として、景観面及び防災面を勘案して選定された苗木植栽のイベントに共催 専門委員による植栽指導や森林内の遺跡の解説
6月11日	清水山山頂の森での〝柴刈り〟（第6回清水山地区の森づくり）	高台寺山国有林（清水山山頂周辺）	・東山地域及び西陣地域の京都市立小学校の5、6年生参加のもと、常緑広葉樹を中心に除伐し、森林の手入れを実施 ・除伐した柴は、同年8月に開催された「京の七夕」のかがり火として活用
6月15日	将軍塚周辺の森での〝柴刈り〟（第4回将軍塚地区の森づくり）	高台寺山国有林（将軍塚周辺）	
10月23日	東山クリーン作戦	高台寺山国有林周辺	東山山頂公園周辺の清掃活動
11月19日	第6回落第忍者乱太郎 京都の森を守ろうウォーク「東山をガッツリ体験だ！」	高台寺山国有林周辺、清水寺	京都森林インストラクター会の案内により、シイ林や森づくりの現場を観察するとともに、東山山頂公園など3箇所で、木（①種 ロケットラワン飛ばし、②幹 シイタケのコマ菌の打ち付け、③葉 色鉛筆等を使った葉脈のこすり出し）の3つの体験を実施
	キクタニギクの咲く菊渓川の再生へ（現地調査、水生生物調査、森づくり）		高台寺山国有林を源流とする菊渓川での森づくりを通じて、かつて自生していたキクタニギク（京都府レッドデータブック２０１５にて絶滅危惧種に区分）を再生する取組

11月7日	現地調査	高台寺山国有林（菊渓）	林相改善事業実施前の現地の様子を本協議会専門委員の解説のもと、調査する市民対象イベントを実施
12月6日	第1回水生生物調査	高台寺山国有林（菊渓川本流）	菊渓川での林相改善事業実施前における水生生物調査
29年2月28日	第2回水生生物調査	高台寺山国有林（菊渓川支流）	菊渓川支流での林相改善事業後の箇所及び事業未実施の箇所における水生生物調査
2月	林相改善事業（菊渓地区）の案内板の設置	高台寺山国有林（菊渓川支流）	菊渓地区での林相改善事業をイメージ図により紹介する案内板を設置
3月4日	市民×地域×企業との協働による森づくり～キクタニギクの咲く菊渓川の再生へ～（第5回四季・彩りの森づくりと合同で開催）	高台寺山国有林（菊渓川支流）	シイ林の林相改善事業を実施後、参加した市民とともにキクタニギクの株、地域性苗木「京の苗木」の植栽を実施
2月 3月	林相改善事業（将軍塚地区、高台寺・正法寺地区、清水山地区、菊渓地区）	高台寺山国有林	・将軍塚地区にて、シイやヒノキ劣勢木の伐採、常緑樹の除伐、植栽 ・高台寺・正法寺地区にて、シイやヒノキ劣勢木の伐採 ・清水山地区にて、常緑樹の除伐、植栽 ・菊渓地区にて、シイ、スギ、アラカシなどの常緑高木の伐採による林相改善を実施
4月13日	清水山シイ林の除伐活動（第7回清水山地区の森づくり）	高台寺山国有林（清水山山頂周辺）	清水山山頂周辺及び将軍塚周辺の森林における常緑中低木の除伐 除伐した柴は、同年8月に実施された「京の七夕」のかがり火として活用
5月10日	キクタニギク散策道の補修活動	高台寺山国有林（菊渓川支流周辺）	キクタニギクを植栽した菊渓川沿いの散策道において、降雨等により洗堀を受け、歩きにくくなっている箇所を市民参加で補修
5月20日	東山で〝しば刈り〟体験しよう！（第5回将軍塚地区の森づくり）	高台寺山国有林（将軍塚周辺）	清水山山頂周辺及び将軍塚周辺の森林における常緑中低木の除伐 除伐した柴は、同年8月に実施された「京の七夕」のかがり火として活用
30年3月12日	第3回水生生物調査	高台寺山国有林（菊渓川支流）	菊渓川での林相改善事業実施前における水生生物調査

3月17日	キクタニギクの花咲く菊渓の森づくり	高台寺山国有林（菊渓川支流）	シイ等を伐採した菊渓において、市民参加を得てキクタニギクを植栽
3月19日	キブネダイオウの花咲く貴船の森づくりへの共催	左京区鞍馬本町　梅ノ宮橋周辺の森林	・京都市が実施する森林整備の一環で市民参加の森づくり活動へ共催 ・キブネダイオウ（京都府レッドデータブック２０１５にて絶滅寸前種に区分）を植栽
2月 3月	林相改善事業（将軍塚地区、清水山地区、菊渓地区）	高台寺山国有林	・将軍塚地区にて、シイ等の常緑樹、ヒノキ劣勢木等の除伐 ・清水山地区にて、シイ等の常緑樹の除伐、清水寺本殿の廃棄する檜皮をチップにし散布 ・菊渓地区にて、シイ等の常緑樹の伐採
3月	林相改善事業（菊渓地区）の箇所を示す案内標識の設置	高台寺山国有林（菊渓川支流上部）	菊渓支流の谷頭で東山山頂公園、知恩院へ続く分岐点に標識を設置
4月16日	将軍塚〝森のお手入れ〟（第6回将軍塚地区の森づくり）	高台寺山国有林（将軍塚周辺）	清水山山頂周辺及び将軍塚周辺の森林における常緑中低木の除伐
5月16日	清水山〝森のお手入れ〟（第8回清水山地区の森づくり）	高台寺山国有林（清水山地区）	
10月13日	東山クリーン作戦	高台寺山国有林周辺	東山山頂公園周辺の清掃活動
11月8日	地域協働による嵐山の森づくり～ランの花咲く森林を目指して～	嵐山国有林	・同年4月から本協議会の活動エリアとなった嵐山国有林における初の活動 ・地域の小学生とともに、嵐山の植生やシカの痕跡を観察した後、ラン生育地周辺の枝葉の搬出作業を実施 ・搬出した枝葉は、破砕機にかけチップにした後、林内のある蔵王権現堂参道に散布
31年2月	パンフレット「古都の森・東山を歩いてみませんか」の作成		花博記念協会助成金を活用して、本協議会の林相改善事業などを紹介するパンフレットを作成

2月 3月	林相改善事業（将軍塚地区、清水山地区、菊渓地区）	高台寺山国有林	平成30年9月台風21号により倒木などの被害が発生した将軍塚地区、清水山地区、菊渓地区の各地区において、林内整備を実施
3月23日	キクタニギクの花咲く菊渓の森づくり	高台寺山国有林（菊渓川支流）	・林相改善事業にて整備を進めている菊渓は、平成30年9月台風21号により倒木などの被害が発生 ・本活動では、林相改善事業にて必要最低限の整備を実施した後、市民参加を得て、台風被害の現状を説明し、キクタニギクの植栽や手作業で可能な林内の整備を実施

執筆者一覧（執筆順）

鎌田東二（かまた・とうじ）
京都伝統文化の森推進協議会会長。上智大学グリーフケア研究所特任教授。京都大学名誉教授。著作：『言霊の思想』（青土社）、他。

勝占　保（かつら・たもつ）
林野庁近畿中国森林管理局京都大阪森林管理事務所長。

森本幸裕（もりもと・ゆきひろ）
公益財団法人 京都市都市緑化協会理事長。京都大学名誉教授。

原田憲一（はらだ・けんいち）
元至誠館大学学長。著作：『地球について』（国際書院）、他。

中川要之助（なかがわ・ようのすけ）
応用自然史研究室「人と大地」室長。著作：『人と暮らしと大地の科学』（法政出版）、他。

高原　光（たかはら・ひかる）
京都府立大学大学院生命環境科学研究科教授。著作：『シリーズ現代の生態学2　地球環境変動の生態学』〔共著〕（共立出版）、他。

黒田慶子（くろだ・けいこ）
神戸大学大学院農学研究科教授。著作：『森林病理学―森林保全から公園管理まで―』〔共編著〕（朝倉書店〔近刊〕）、他。

高田研一（たかだ・けんいち）
ＮＰＯ法人森林再生支援センター常務理事。

安藤　信（あんどう・まこと）
公益財団法人 阪本奨学会理事。著作：『森林フィールドサイエンス』〔共著〕（朝倉書店）、他。

高桑　進（たかくわ・すすむ）
京都女子大学名誉教授。著作：『京都北山　京女の森』（ナカニシヤ出版）、他。

丘　眞奈美（おか・まなみ）
合同会社京都ジャーナリズム歴史文化研究所代表。歴史作家。
著作：『松尾大社～神秘と伝承～』（淡交社）、他。

梶川敏夫（かじかわ・としお）
京都女子大学文学部非常勤講師。元京都市考古資料館館長。著作：『よみがえる古代京都の風景―復元イラストから見る古代の京都―』、他。

吉岡　洋（よしおか・ひろし）
京都大学こころの未来研究センター特定教授。

高橋義人（たかはし・よしと）
平安女学院大学国際観光学部特任教授。京都大学名誉教授。著作：『悪魔の神話学』（岩波書店）、他。

広井良典（ひろい・よしのり）
京都大学こころの未来研究センター教授。著作：『人口減少社会のデザイン』（東洋経済新報社）、他。

田中和博（たなか・かずひろ）
京都先端科学大学バイオ環境学部学部長。著作：『古都の森を守り活かす―モデルフォレスト京都―』〔編著〕（京都大学学術出版会）、他。

●コラム

近藤高弘（こんどう・たかひろ）
陶芸・美術作家。

大西宏志（おおにし・ひろし）
京都造形芸術大学教授。

●特別寄稿

大西真興（おおにし・しんこう）
清水寺執事長。

山折哲雄（やまおり・てつお）
京都伝統文化の森推進協議会初代会長。宗教学者。

北村典生（きたむら・のりお）
祇園商店街振興組合理事長。いづ重主人。

京都の森と文化

二〇二〇年三月三〇日　初版第一刷発行

編　者　京都伝統文化の森推進協議会
発行者　中西　良
発行所　株式会社　ナカニシヤ出版
〒六〇六-八一六一　京都市左京区一乗寺木ノ本町一五番地
電話　（〇七五）七二三-〇一一一
ファックス　（〇七五）七二三-〇〇九五
振替　〇一〇三〇-〇-一三一二八
URL　http://www.nakanishi.co.jp/
e-mail　iihon-ippai@nakanishiya.co.jp

印刷・製本　ファインワークス
装幀　大橋彩子

ISBN978-4-7795-1458-6 C0045